UG NX 数控编程

于文强　赵耀庆　赵　健　编著

清华大学出版社
北京

内 容 简 介

UG NX 是 Siemens PLM Software 公司推出的面向制造行业的 CAD/CAE/CAM 高端软件，是当今最先进、最流行的工业设计软件之一。本书结合工程实际和教学经验，通过典型的加工案例来介绍 UG NX CAM 模块的功能、使用方法和使用技巧，辅之以实用的关键参数进行讲解，可使读者以最快的速度胜任数控加工工作。

本书共分为 11 章，分别介绍了 UG NX 数控加工概述、数控加工基本操作及共同项、UG NX 编程工艺知识、平面铣和面铣、型腔铣和深度加工轮廓铣、固定轮廓铣、钻加工、扩展模块、数控车削加工、数控电火花线切割加工、五轴与复杂腔体加工等内容。

本书适合大专院校机械及相关专业的师生、企业里模具制造或数控编程工作人员，以及想通过自学快速掌握 UG NX 数控编程并用于实际工作的读者朋友。

图书在版编目(CIP)数据

UG NX 数控编程/于文强等编著. —北京：清华大学出版社，2023.7
ISBN 978-7-302-62947-4

Ⅰ．①U… Ⅱ．①于… Ⅲ．①数控机床—程序设计—应用软件 Ⅳ．①TG659-39

中国国家版本馆 CIP 数据核字(2023)第 038511 号

责任编辑：陈冬梅　李玉萍
封面设计：李　坤
责任校对：么丽娟
责任印制：丛怀宇
出版发行：清华大学出版社
　　　　　网　　　址：http://www.tup.com.cn, http://www.wqbook.com
　　　　　地　　　址：北京清华大学学研大厦 A 座　　邮　　编：100084
　　　　　社 总 机：010-83470000　　　　　　　　邮　　购：010-62786544
　　　　　投稿与读者服务：010-62776969, c-service@tup.tsinghua.edu.cn
　　　　　质量反馈：010-62772015, zhiliang@tup.tsinghua.edu.cn
　　　　　课件下载：http://www.tup.com.cn, 010-62791865
印 装 者：三河市铭诚印务有限公司
经　　销：全国新华书店
开　　本：185mm×260mm　　印　张：19.75　　字　数：480 千字
版　　次：2023 年 8 月第 1 版　　　　　　印　次：2023 年 8 月第 1 次印刷
印　　数：1～1200
定　　价：59.00 元

产品编号：073262-01

前　言

UG NX 集合了概念设计、工程分析与加工制造的功能，实现了优化设计与产品生产过程的组合。

本书由山东理工大学于文强、珠海市技师学院赵耀庆、盐城工学院赵健等多位从事 UG NX CAM 教学培训的高校教师与企业中从事模具制造和数控编程工作的一线工程技术人员联合精心编著，由密苏里大学林于一教授主审。在讲解 UG NX 命令的功能后，辅以企业的模具数控加工案例进行讲解，有效地突破了命令与参数的困扰，并列举数控加工参数的经验数据，包括加工工艺的考虑、刀具的选用、切削用量的选择等，能够帮助读者迅速成为一名数控编程高手。另外，针对市面书籍普遍对数控车削加工工艺的描述比较少的问题，本书结合数控车削的典型零件实际的加工工艺，用了比较大的篇幅进行讲解，可使读者在最短的时间内胜任数控车削的工作。

本书共分为 11 章，各章的具体内容分别如下。
- 第 1 章　UG NX 数控加工概述
- 第 2 章　数控加工基本操作及共同项
- 第 3 章　UG NX 编程工艺知识
- 第 4 章　平面铣和面铣
- 第 5 章　型腔铣和深度加工轮廓铣
- 第 6 章　固定轮廓铣
- 第 7 章　钻加工
- 第 8 章　扩展模块
- 第 9 章　数控车削加工
- 第 10 章　数控电火花线切割加工
- 第 11 章　五轴与复杂腔体加工

为方便读者学习，本书实例所涉及的*.prt 文件都收录在配套教学资源文件的 part 文件夹中；比较复杂的关键工程项目实例的操作过程录制成了*.avi 动画文件，并配有全程语音讲解，以便读者学习。

由于编者水平有限，书中难免存在疏漏和不妥之处，敬请广大读者批评、指正。

最后，感谢您选择本书，希望我们的努力对您的工作和学习有所帮助。

编　者

目　　录

第 1 章　UG NX 数控加工概述

学习提示：数控加工在现代产品和模具生产中占有举足轻重的地位，得到了广泛应用。本章主要介绍 CAD/CAM 的基本概念、常见的 CAD/CAM 软件、UG NX 数控加工方式和特点、UG NX 典型编程流程等。

技能目标：使读者了解 UG NX 软件的相关知识，并对如何使用 UG NX 软件进行数控加工有一个大概的认识。

1.1　数控模块分析与 UG NX 数控加工方式及特点

目前，应用于数控编程的软件很多，大多数都集计算机辅助设计(CAD)和计算机辅助制造(CAM)于一体。UG NX 是当今世界上最经济、最有效及全方位的 CAD/CAM 软件之一。

1.1.1　CAD/CAM 软件数控模块分析

1. CAD/CAM 的基本概念

计算机辅助设计(Computer Aided Design，CAD)是指以计算机为辅助工具，根据产品的功能要求，完成产品的工程信息及制图。

计算机辅助制造(Computer Aided Maufacturing，CAM)是指以计算机为辅助工具，控制刀具进行指定的运动，以加工出需要的工件。

2. 常见的 CAD/CAM 软件

1) Mastercam

Mastercam 是由美国 CNC Software 公司推出的基于 PC 平台的 CAD/CAM 软件，它具有强大的加工功能，尤其在对复杂曲面自动生成加工代码方面具有独到的优势。Mastercam 主要针对数控加工，因此其零件的设计造型功能不强，但由于它对硬件的要求不高，且操作灵活，易学易用，价格较低，因此受到众多企业的欢迎。

2) UG NX

UG NX 由 Siemens PLM Software 公司开发经销，其不仅具有复杂造型和数控加工的功能，还具有管理复杂产品装配，进行多种设计方案的对比分析和优化等功能。该软件具有较好的二次开发环境和数据交换能力。其庞大的模块群为企业提供了从产品设计、产品分析、加工装配、检验，到过程管理、虚拟运作等全系列的技术支持。UG NX 运行对计算机的硬件配置有很高的要求，因此其早期试用版本只能在小型机和工作站上使用。随着微机配置的不断升级，现已开始在微机上使用。目前该软件在国际市场上已占有较大的份额。

本书将以 UG NX 为例来介绍零件自动编程的方法。

3) Pro/ENGINEER

Pro/ENGINEER 是美国 PTC 公司研制和开发的软件,它开了三维 CAD/CAM 参数化的先河。该软件具有基于特征、全参数、全相关和单一数据库的特点,可用于设计和加工复杂的零件。另外,它还具有零件装配、机构仿真、有限元分析、逆向工程、同步工程等功能。

4) CATIA

CATIA 是最早实现曲面造型的软件,它开创了三维设计的新时代。它的出现,首次实现了用计算机完整描述产品零件的主要信息,使 CAM 技术的开发有了现实基础。目前,CATIA 已发展成从产品设计、产品分析、产品加工、产品装配和检验,到具有过程管理、虚拟动作等众多功能的大型 CAD/CAM/CAE 软件。

5) CIMATRON

CIMATRON 是以色列 Cimatron 公司提供的 CAD/CAM/CAE 软件,它是较早在微机平台上实现三维 CAD/CAM 的全功能软件。它具有三维造型、生成工程图、数控加工等功能,还具有各种通用和专用的数据接口及产品数据管理等功能。该软件在我国很早就得到了全面汉化,已积累了一定的应用经验。

6) CAXA

CAXA 是由中国北航海尔软件有限公司研制开发的全中文、面向数控铣床和加工中心的三维 CAD/CAM 软件。CAXA 基于微机平台,采用 Windows 原创菜单和交互方式,全中文界面,便于轻松地学习和操作。CAXA 既具有线框造型、曲面造型和实体造型的设计功能,又具有生成二轴至五轴的加工代码的数控加工功能,可用于加工具有复杂三维曲面的零件,其特点是易学易用,价格较低,已在国内众多企业、院校及研究院中得到应用。

1.1.2　UG NX 数控加工方式及特点

在 UG NX 的加工环境中提供了许多操作模板,但实际上只需要掌握最基本的几种操作即可具备编程的能力,并投入实际工作,其他操作都是从这几种基本操作中扩展出来的,稍有区别,在实际使用时甚至可以不使用扩展操作。以下是 UG NX 数控加工主要模块的介绍。

1) 型腔铣

型腔铣(cavity milling)模块在加工中特别有用,应用于大部分工件的粗加工、半精加工和部分精加工。型腔铣操作的原理是通过计算毛坯除去工件后剩下的材料作为被加工的材料来产生刀位轨迹,所以只需要定义工件和毛坯即可计算刀轨,使用简便且智能化程度高。

2) 平面铣和面铣

平面铣和面铣(planar milling)模块是 UG NX 数控加工最基本的操作,这两种操作创建的刀位轨迹是基于平面曲线进行偏移而得到的。平面铣通过定义的边界在 XY 平面创建刀位轨迹。面铣是平面铣的特例,它基于平面的边界,在选择了工件几何体的情况下,可以自动防止过切。

3) 固定轴曲面轮廓铣

固定轴曲面轮廓铣(Fixed-Axis milling)模块是 UG NX 的精髓,是 UG NX 精加工的主要操作步骤。固定轴曲面轮廓铣的操作原理是,首先通过驱动几何体产生驱动点,然后将驱动点投影到工件几何体上，再通过工件几何体上的投影点计算得到刀位轨迹点，并按设定的非切削移动计算出所需的刀位轨迹。

4) 可变轴曲面轮廓铣

可变轴曲面轮廓铣(variable axis milling)模块支持在任一 UG 曲面上的固定和多轴铣功能，是完全的 3～5 轴轮廓运动，刀具方位和曲面光洁度质量可以设置，利用曲面参数，投射刀轨到曲面上后用任一曲线或点控制刀轨。

5) 点位加工

使用点位加工(point to point)可产生钻、扩、镗、铰和攻螺纹等操作的加工路径。该加工的特点是：用点作为驱动几何，可根据需要选择不同的固定循环。

6) 车削加工

UG NX 提供了强大的数控车削加工(lathe)模块，包含了粗车加工、精车加工、示教加工、中心钻孔加工、螺纹加工等操作，能够实现各种复杂回转类零件的数控加工编程。

7) 线切割

UG NX 提供了强大的线切割(wire EDM)加工的编程方法，包括外轮廓、内轮廓、开放边界等，能够实现 2 轴或 4 轴的加工方法。

1.2　界 面 介 绍

UG NX 是标准的 Windows 图形用户界面，其界面简单易懂，用户只要了解各部分的位置与用途，就可以充分运用系统的操作功能，给自己的设计工作带来方便。

1.2.1　基本功能界面

UG NX 的基本功能界面如图 1-1 所示，在工作界面中主要包括菜单栏、工具栏、浮动工具条、资源条和图形工作区等。

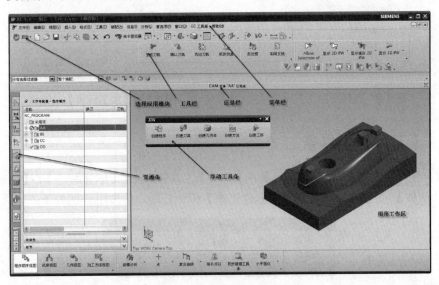

图 1-1　基本功能界面

菜单栏包含了 UG NX 的所有功能命令。系统将所有的命令或设置选项予以分类，分别放置在不同的菜单项中，以方便用户的查询及使用。

工具条可以是固定的，也可以是浮动的，系统按照功能模式的要求建立了各种工具条，在工具条的图标中几乎包含了 UG NX 系统的全部功能。每个工具条中的图标按钮都对应着不同的命令，图标按钮以图形的方式直观地表现了该命令的功能，用户也可以根据使用需要，定制工具条的按钮功能、是否下方显示文本提示等信息。

资源条中包含了在具体的应用模块中系统可以提供的资源，如在加工模块中，可以调用【装配导航器】、【约束导航器】、【部件导航器】、【工序导航器】、【加工特征导航器】、【机床导航器】等多个资源条，方便用户使用。

图形工作区是用户使用最多的工作窗口。在图形工作区中主要进行模型的显示和编辑等。

1.2.2 加工环境的设置

进入 UG NX 的基本环境，单击【启动】按钮，将弹出下拉菜单。

选择【加工】命令，如图 1-2 所示，当一个工件是首次进入加工模块时，系统将会弹出【加工环境】对话框，如图 1-3 所示。如果是第二次或多次进入加工模块时，则不会弹出该对话框。【加工环境】对话框要求进行初始化，【要创建的 CAM 设置】列表框指定加工设定的默认文件即加工方式，在其中选择一个加工模板集。选择的模板文件决定了加工环境初始化后可以选用的操作类型，同时决定了在生成程序、刀具、方法、几何体时可以选择的父节点类型。【要创建的 CAM 设置】选择好后，单击【确定】按钮，系统会根据指定的加工配置，调用相应的模板和相关的数据进行加工环境的初始化。

图 1-2 选择【加工】命令

图 1-3 【加工环境】对话框

1.2.3 【刀片】工具条

图 1-4 所示为加工环境中非常重要的【刀片】工具条，包含【创建程序】、【创建刀具】、【创建几何体】、【创建方法】、【创建工序】5 个工具，其作用分别如下。

图 1-4 【刀片】工具条

- 【创建程序】：用于新建程序对象。
- 【创建刀具】：用于新建加工所用的刀具并设置参数。
- 【创建几何体】：用于新建几何体组对象，可设定该几何体包含的工件、毛坯或坐标系等。
- 【创建方法】：用于新建加工方法组，设定该方法的余量和加工公差。
- 【创建工序】：用于新建操作，选择操作模板，并设定操作参数。

1.2.4 导航器

UG NX 加工环境中的工序导航器是一个对创建的操作进行全面管理的窗口，它有 4 个视图，分别是【程序顺序视图】、【机床视图】、【几何视图】和【加工方法视图】，如图 1-5 所示。这 4 个视图分别使用程序组、几何体、刀具和方法作为主线，通过树形结构显示所有的操作，如图 1-6～图 1-9 所示。当一个工件是首次进入加工模块时，需要单击【工序导航器】按钮 ，将打开【导航器】工具条，单击任意一项内容，将打开其对应的导航器。

这 4 个工序导航器是互相联系的、统一的整体，绝不可误解为是各自孤立的部分，它们始终围绕着操作这条主线，按照各自的规律显示。这 4 个工序导航器只是数控程序的几个侧面，通过不同主线，分别集中显示程序组、几何体、刀具和方法，使所进行的操作看起来一目了然。

图 1-5　导航器

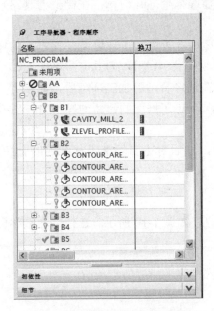

图 1-6　程序顺序工序导航器

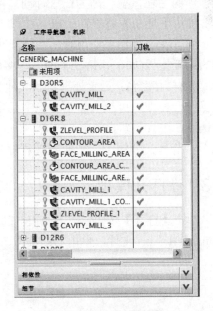

图 1-7　机床工序导航器

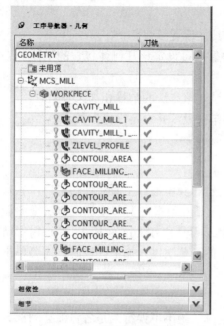

图 1-8　几何工序导航器

图 1-9　加工方法工序导航器

1.3　UG NX 典型编程流程

　　UG 是根据单位实体模型创建加工刀具路径的，因此，在进入加工模块前，应先在建模环境下建立零件的三维模型，也可导入其他 CAD 软件创建的三维模型，如 SolidEdge、SolidWorks、Pro/ENGINEER、CITIA 等。在进入加工模块前，应在建模环境下建立用于加工零件的毛坯模型。因为在进行创建操作时，需要选择毛坯几何体；在模拟刀具路径时，需要使用毛坯来观察零件的成形过程。

　　当首次进行加工应用时，系统要求设置加工环境。设置加工环境就是指定当前零件相应的加工模板(如车、钻、平面铣、多轴铣和型腔铣等)、数据库(刀具库、机床库、切削用量库和材料库等)、后置处理器和其他高级参数。在选择合适的加工环境后，如果用户需要创建一个操作，可继承加工环境中已定义的参数，不必在每次创建新的操作时，对系统的默认参数进行重新设置。

　　本节首先介绍 UG 生成数控程序的一般步骤，然后对主要环节进行细致的介绍。

1.3.1　打开模型

　　单击【打开】按钮 ，将弹出【打开】对话框，如图 1-10 所示。选择配套教学资源中的\part\1\1-1.prt 文件，单击 OK 按钮，调入工件。

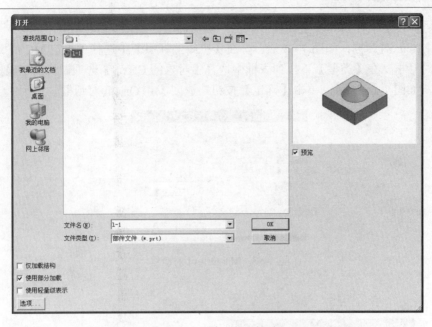

图 1-10 【打开】对话框

1.3.2 初始化加工环境

step 01 初始化加工环境。选择【启动】下拉菜单中的【加工】命令,打开【加工环境】
对话框,如图 1-11 所示。在【要创建的 CAM 设置】列表框中选择 mill_contour 作为操作模
板,单击【确定】按钮,进入加工环境。

step 02 设定工序导航器。单击图 1-12 左侧资源条中的【工序导航器】按钮 ,打
开工序导航器,单击右上角的【锁定】按钮 ,使它变成 状,这样就锁定了导航器,
在【导航器】工具条中单击【几何视图】按钮 ,则工序导航器如图 1-12 所示。

图 1-11 【加工环境】对话框

图 1-12 几何工序导航器

step 03 设定坐标系和安全高度。在工序导航器中，双击坐标系图标 ⊞ ⛭ MCS_MILL ，打开 Mill Orient 对话框，如图 1-13 所示。在【机床坐标系】中选择【指定 MCS】选项，弹出 CSYS 对话框，在【类型】下拉列表框中选择【对象的 CSYS】选项，将加工坐标系放置于圆中心，如图 1-14 所示。单击【确定】按钮，返回 Mill Orient 对话框。

图 1-13　Mill Orient 对话框

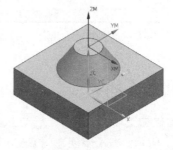

图 1-14　设定加工坐标系

step 04 在【安全设置】选项组的【安全设置选项】下拉列表框中选择【自动平面】选项，如图 1-13 所示，单击【指定平面】按钮，弹出【平面】对话框，如图 1-15 所示。默认选择【按某一距离】类型，单击零件顶面，并在【距离】文本框中输入 20，即安全高度为 20mm，单击【确定】按钮，完成设置。

step 05 创建铣削几何体。在工序导航器中单击 ⊞ ⛭ MCS_MILL 图标前的"+"按钮，将展开坐标系父节点，双击其下的 WORKPIECE 选项，打开【铣削几何体】对话框，如图 1-16 所示。单击【指定部件】按钮 ▣，打开【部件几何体】对话框，在绘图区选择零件作为部件几何体。

图 1-15　【平面】对话框

step 06 创建毛坯几何体。单击【确定】按钮，返回到【铣削几何体】对话框，在该对话框中单击【指定毛坯】按钮 ▱，打开【毛坯几何体】对话框。在【类型】列表框中选中第三个图标按钮【包容块】，将生成默认毛坯，如图 1-17 所示。单击两次【确定】按钮，返回主界面。

图 1-16　【铣削几何体】对话框

图 1-17　【毛坯几何体】对话框

1.3.3　创建粗加工操作

step 01　创建刀具。单击【刀片】工具条中的【创建刀具】按钮，打开【创建刀具】对话框，【刀具子类型】默认为【铣刀】，在【名称】文本框中输入 D16，如图 1-18 所示。单击【应用】按钮，打开刀具参数对话框，在【直径】文本框中输入 16，如图 1-19 所示。

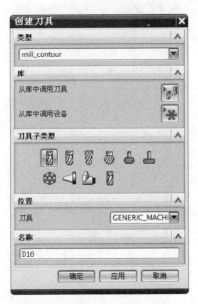

图 1-18　【创建刀具】对话框

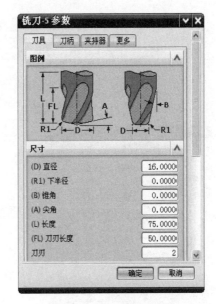

图 1-19　刀具参数对话框

step 02　创建方法。单击【刀片】工具条中的【创建方法】按钮，打开【创建方法】对话框，在【名称】文本框中输入 MILL_0.35，如图 1-20 所示。单击【应用】按钮，打开【铣削方法】对话框，在【部件余量】文本框中输入 0.35，在【公差】选项组中设定【内公差】和【外公差】均为 0.03，如图 1-21 所示。单击【确定】按钮，这样就创建了一个余量为 0.35mm 的方法。

图 1-20 【创建方法】对话框

图 1-21 【铣削方法】对话框

step 03 创建型腔铣。单击【刀片】工具条中的【创建工序】按钮 ，打开【创建工序】对话框，如图 1-22 所示。选择【型腔铣】 ，设置【几何体】为 WORKPIECE、【刀具】为 D16、【方法】为 MILL_0.35，【名称】默认为 CAVITY_MILL，单击【确定】按钮，打开【型腔铣】对话框，如图 1-23 所示。

图 1-22 【创建工序】对话框

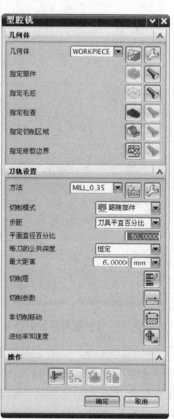

图 1-23 【型腔铣】对话框

step 04　刀轨设置。在【型腔铣】对话框的【刀轨设置】选项组中，将【切削模式】设置为【跟随部件】、【步距】设置为【刀具平直百分比】、【平面直径百分比】设置为 65、【每刀的公共深度】设置为【恒定】、【最大距离】设置为 0.6，如图 1-24 所示。

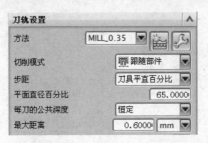

图 1-24　【刀轨设置】选项组

step 05　设定切削策略和连接。单击【切削参数】按钮 ，打开【切削参数】对话框，在【策略】选项卡中设置【切削方向】为【顺铣】、【切削顺序】为【深度优先】，如图 1-25 所示。在【连接】选项卡中设置【开放刀路】为【变换切削方向】，如图 1-26 所示。

图 1-25　【策略】选项卡　　　　　　图 1-26　【连接】选项卡

step 06　设定切削余量。单击【切削参数】按钮 ，打开【切削参数】对话框，切换到【余量】选项卡，取消选中【使底面余量与侧面余量一致】复选框，设置【部件侧面余量】为 0.35、【部件底面余量】为 0.15。【内公差】和【外公差】均设置为 0.05，如图 1-27 所示，单击【确定】按钮。

step 07　设定进刀参数。单击【非切削移动】按钮 ，打开【非切削移动】对话框，设定进刀参数，如图 1-28 所示。

step 08　设定进给率和速度。单击【进给率和速度】按钮 ，打开【进给率和速度】对话框，设定参数。设定【主轴速度】为 2200，设定【切削】为 1000，单击【主轴速度】文本框后的【计算】图标 ，生成表面速度和每齿进给量，如图 1-29 所示。单击【确定】按钮，退出设定。

图 1-27 【余量】选项卡

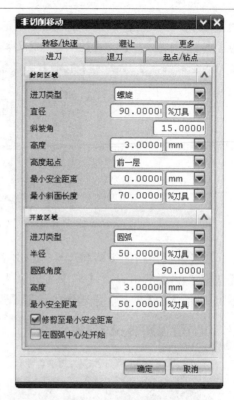

图 1-28 【非切削移动】对话框

step 09 生成刀位轨迹。单击【生成】按钮，系统将计算出粗加工的刀位轨迹，如图 1-30 所示。

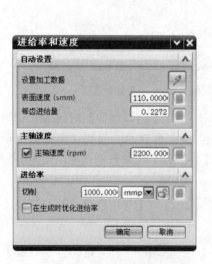

图 1-29 【进给率和速度】对话框

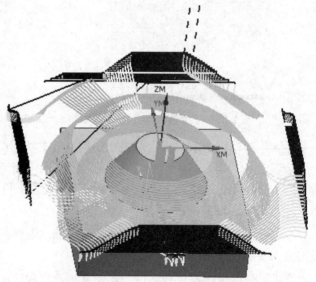

图 1-30 粗加工的刀位轨迹

1.3.4　模拟

　　打开工序导航器，在 WORKPIECE 节点上右击，在弹出的快捷菜单中选择【刀轨】|
【确认】命令(见图 1-31)，则回放所有该节点下的刀轨，接着打开【刀轨可视化】对话框，
如图 1-32 所示。切换到其中的【2D 动态】或【3D 动态】选项卡，单击对话框底部的【播
放】按钮，系统开始模拟加工的全过程。图 1-33 所示为刀轨实体 3D 加工模拟。

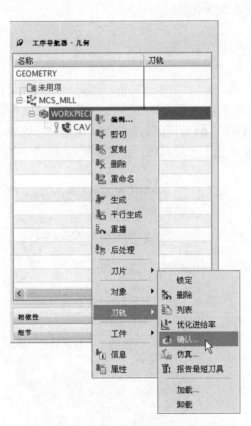

图 1-31　选择【刀轨】|【确认】命令

图 1-32　【刀轨可视化】对话框

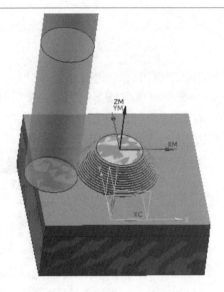

图 1-33　刀轨实体 3D 加工模拟

1.3.5　后处理

在工序导航器中，选择创建的操作 CAVITY_MILL，然后右击，在弹出的快捷菜单中选择【后处理】命令(见图 1-34)，打开【后处理】对话框，如图 1-35 所示。在【文件名】文本框中输入文件名及路径，单击【应用】按钮，系统开始对选择的操作进行后处理，产生一个 1-1.ptp 文件，如图 1-36 所示，将 NC 文件输入数控机床，实现零件的自动控制加工。

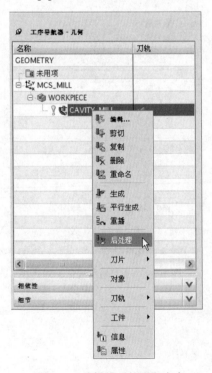

图 1-34　选择【后处理】命令

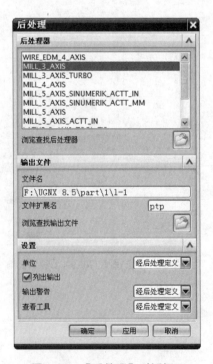

图 1-35　【后处理】对话框

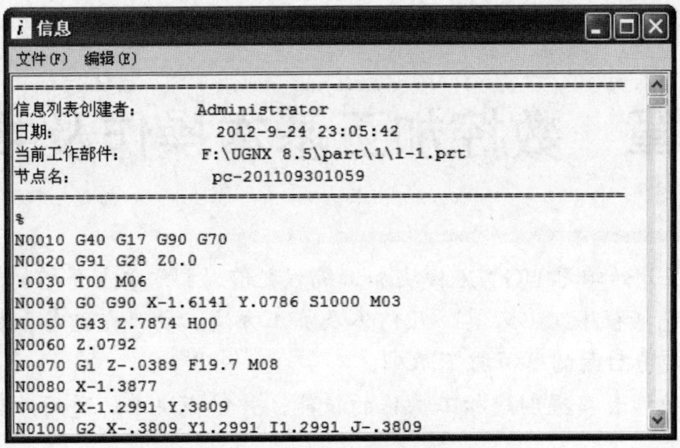

```
信息
文件(F)  编辑(E)
================================================
信息列表创建者:     Administrator
日期:              2012-9-24 23:05:42
当前工作部件:       F:\UGNX 8.5\part\1\1-1.prt
节点名:            pc-201109301059
================================================
%
N0010 G40 G17 G90 G70
N0020 G91 G28 Z0.0
:0030 T00 M06
N0040 G0 G90 X-1.6141 Y.0786 S1000 M03
N0050 G43 Z.7874 H00
N0060 Z.0792
N0070 G1 Z-.0389 F19.7 M08
N0080 X-1.3877
N0090 X-1.2991 Y.3809
N0100 G2 X-.3809 Y1.2991 I1.2991 J-.3809
```

图 1-36　后处理信息

1.4　本 章 小 结

本章介绍了数控常用加工软件, 主要对 UG NX 数控模块进行了详细的讲解, 并对 UG NX 数控加工的操作界面和典型的生成刀位轨迹的步骤进行举例, 做了详细的讲解, 以便读者更好地学习后面的内容。

思考与练习

1. UG NX 数控模块有哪些特点?

2. UG NX 数控加工有哪些主要方式? 各有什么特点?

3. UG NX 数控加工生成数控程序的一般步骤是什么?

第2章　数控加工基本操作及共同项

学习提示：在开始学习 UG NX 模块加工编程之前，本章重点介绍创建加工操作的 4 个父对象的方法，包括程序组、刀具、几何体及加工方法。初步介绍各个模块中的通用参数和基本概念，为学习后面的章节打下基础。

技能目标：使读者掌握创建加工操作的技能，并对模块中的通用参数和基本概念有一定的了解。

2.1　创建加工操作的 4 个父对象

在创建各种数控加工操作之前，一般需要先创建此加工操作的 4 个父对象，包括程序组、刀具、几何体及加工方法。

2.1.1　创建程序组

程序组用于排列各加工操作在程序中的次序，将几个加工操作存放在一个程序组对象中。例如，一个复杂零件如果需要在不同的机床上完成表面加工，则应该将同一机床上加工的操作组合成程序组，以便刀具路径的输出。合理地安排程序组，可以在一次后置处理中按程序组的顺序输出多个操作。在程序顺序工序导航器中，将显示每个操作所属的程序组以及各操作在机床上的执行顺序。

单击【刀片】工具条中的【创建程序】按钮 ，然后在【创建程序】对话框中设置【类型】、【位置】、【名称】。单击两次【确定】按钮后，就建立了一个程序。打开程序顺序工序导航器，可以看到刚刚建立的程序 AA，如图 2-1 所示。

图 2-1　创建程序的步骤

在导航器菜单下单击【角色】按钮，在弹出的对话框中单击【基本功能】图标，将会出现带汉字注释的工具条；单击【高级】图标，将会出现不带汉字注释的工具条。

2.1.2　创建刀具

在创建铣削、车削和孔加工操作时，必须创建刀具或从刀具库中选取刀具。创建和选取刀具时，应考虑加工类型、加工表面的形状和加工部位的尺寸大小等因素。

单击【刀片】工具条中的【创建刀具】按钮，弹出【创建刀具】对话框，在【类型】下拉列表框中选择 mill_planar 选项，在【刀具子类型】列表框中选择铣刀的类型，并在【刀具】文本框中输入刀具名称，如图 2-2 所示，单击【确定】按钮或【应用】按钮。

单击【确定】按钮后，将弹出【铣刀-5 参数】对话框。在该对话框中可以设置刀具的有关参数，单击【确定】按钮，即可完成刀具的设置，如图 2-3 所示。

图 2-2　创建刀具的步骤

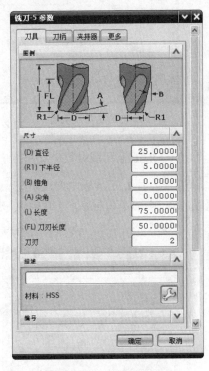

图 2-3　设定刀具参数

2.1.3　创建几何体

创建几何体主要定义了加工几何体和工件在机床上的放置位置，创建铣削几何体包含加工坐标系、工件、铣削边界、铣削几何和切削区域等。在各加工类型的操作对话框中，也可用几何按钮指定操作的加工对象。但是，在操作对话框中指定的加工对象，只能为本操作使用，而用创建几何体创建的几何对象，在各操作中都可以使用，并不需要在各操作中分别指定。下面将简单介绍创建加工坐标系对象和创建工件对象的过程。

打开配套教学资源"\part\2\2-1.prt"文件，如图 2-4 所示。在功能界面中选择【启动】|

【加工】命令，进入加工模块。

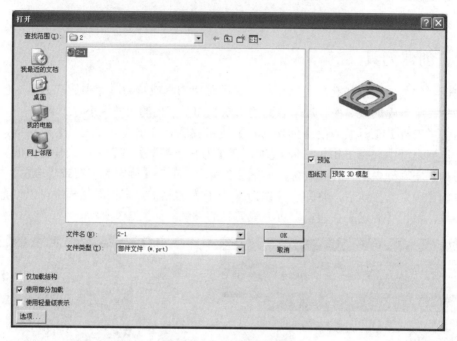

图2-4　【打开】对话框

1. 创建加工坐标系对象

单击【刀片】工具条中的【创建几何体】按钮，然后在【创建几何体】对话框中设置【类型】为mill_planar、【几何体子类型】为MCS、【几何体】为GEOMETRY、【名称】为MCS，如图2-5所示。单击【确定】按钮后，弹出MCS对话框，如图2-6所示。

图2-5　【创建几何体】对话框

图2-6　MCS对话框

在MCS对话框中单击MCS图标，弹出CSYS对话框，在【类型】下拉列表框中选择【对象的CSYS】选项，如图2-7所示，单击零件上表面，系统自动将加工坐标系MCS设置在平面的中心。

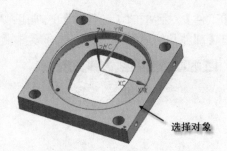

选择对象

图 2-7　设定加工坐标系

单击【确定】按钮，返回 MCS 对话框，在【安全距离】文本框中输入 20，完成安全平面的创建，如图 2-8 所示，单击【确定】按钮，完成 MCS 的设定。

图 2-8　MCS 的设定

2. 创建工件对象

单击【刀片】工具条中的【创建几何体】按钮，打开【创建几何体】对话框，设置【类型】为 mill_planar、【几何体子类型】为 WORKPIECE、【几何体】为 MCS、【名称】为 WORKPIECE_1，如图 2-9 所示。单击【确定】按钮后，弹出【工件】对话框，如图 2-10 所示。

图 2-9　【创建几何体】对话框　　　　图 2-10　【工件】对话框

在【工件】对话框的【几何体】选项组中将【指定部件】设置为 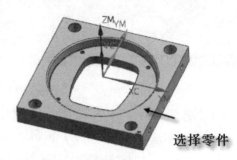，单击【确定】按钮，弹出【部件几何体】对话框，选择零件模型，如图 2-11 所示。

图 2-11 选择零件模型

毛坯几何体指定将要切削掉的原始材料的模型，即表示被加工零件毛坯的几何形状。在【工件】对话框的【几何体】选项组中将【指定毛坯】设置为 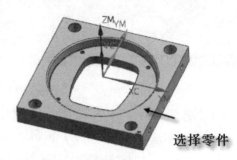，单击【确定】按钮，弹出【毛坯几何体】对话框，选中【类型】下拉列表框中的【包容块】按钮，系统生成默认毛坯，单击【确定】按钮，如图 2-12 所示。

打开几何工序导航器，可以看到刚刚建立的加工坐标系 MCS 和工件对象，如图 2-13 所示。另外，适用于复杂零件的加工时需要建立多个坐标系，以便创建不同类型的几何组。

图 2-12 【毛坯几何体】对话框

图 2-13 几何工序导航器

2.1.4 创建加工方法

加工方法对象定义了切削的方法，系统已经定义了粗加工、半精加工、精加工方法，用户可以自定义加工方法对象，如图 2-14 所示，对象包含内公差、外公差、部件余量、切削方法、进给、颜色和编辑显示等选项。在不同的类型中，加工对象的参数也有所不同，如图 2-15 所示。

图 2-14　【创建方法】对话框

图 2-15　【铣削方法】对话框

2.1.5　创建工序

创建工序是完成创建刀位轨迹的最后环节，在创建工序的过程中需要设定操作的【类型】、【工序子类型】、4 个父对象以及相关的控制参数、【名称】等，如图 2-16 所示。

图 2-16　【创建工序】对话框

2.2　加工中的共同项

UG NX 提供的各种加工操作中有一些参数是相同的，本节将详细介绍加工中的共同项，这样可以对 UG NX 加工过程中的一些概念有一个初步的认识，为后面的学习打下基础。

2.2.1　安全高度

当一段刀轨结束，要转移到另一处加工时，就需要将刀具提升到安全高度，再运动到另一处，然后进刀加工，这个过程就是横越运动。但实际加工时，为提高加工效率，通常指定横越运动发生在先前平面的高度上，系统会自动计算以避免过切。先前平面是平面铣和型腔铣操作中的进退刀参数，是指上一层的高度。

2.2.2　余量的设置和意义

按工件的加工工序，加工一般可分为粗加工、半精加工和精加工等步骤，在每一个工序都需要保留加工余量。UG NX 提供了多种定义余量的方式。

- 部件余量：在工件所有的表面上指定剩余材料的厚度值，如图 2-17 所示。
- 壁余量：在工件的侧边上指定剩余材料的厚度值，在每一个切削层上，它是在水平方向测量的数值，应用于工件的所有表面，如图 2-18 所示。
- 最终底面余量：在工件的底边上指定剩余材料的厚度值，它是在刀具轴方向测量的数值，只应用于工件上的水平表面，如图 2-19 所示。
- 检查余量：指定切削时刀具离开检查几何体的距离，如图 2-20 所示。将一些重要的加工面或者夹具设置为检查几何体，设置余量可以起到安全保护的作用。
- 修剪余量：指定切削时刀具离开修剪几何体的距离，如图 2-21 所示。
- 毛坯余量：指定切削时刀具离开毛坯几何体的距离。毛坯余量可以是负值，所以使用毛坯余量可以放大或缩小毛坯几何体，如图 2-22 所示。

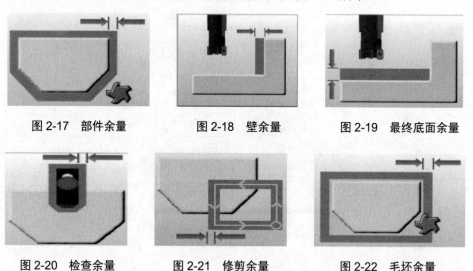

图 2-17　部件余量　　　　图 2-18　壁余量　　　　图 2-19　最终底面余量

图 2-20　检查余量　　　　图 2-21　修剪余量　　　　图 2-22　毛坯余量

在切削参数中，还需要说明另外一个参数：毛坯距离。在工件边界或者工件几何体上增加一个偏置距离，而将产生的新的边界或几何体作为新定义的毛坯几何体，此偏置距离即为毛坯距离，如图 2-23 所示。

不要混淆毛坯余量和毛坯距离的概念，虽然它们都是用于调整和定义毛坯的，但是毛坯余量应用于毛坯几何体，而毛坯距离应用于工件几何体。

2.2.3　刀具的定义

在加工的过程中，刀具是从工件上切除材料的工具，在创建铣削、车削和孔加工操作时，必须创建刀具或从刀具库中选取刀具。创建和选取刀具时，应考虑加工类型、加工表面的形状和加工部位的尺寸大小等因素。

图 2-23　毛坯距离

UG NX 可以使用的刀具种类特别多，且功能强大，主要的铣刀的定义种类有四种，分别为 5 参数、7 参数、10 参数、球形铣刀。常用的是 5 参数铣刀，例如最常用的平刀、牛鼻刀、球刀都属于 5 参数铣刀。如果不考虑刀柄的过刀检查，常用的铣刀通常只定义直径和下半径就可以了。

1．自定义刀具

单击【刀片】工具条中的【创建刀具】按钮 🔧，弹出【创建刀具】对话框，如图 2-24 所示，【类型】参数可以根据加工情况选择 mill_planar 选项，【刀具子类型】选择 🔧，在【名称】文本框中输入 D25R5，单击【确定】按钮，打开刀具参数对话框，从中可以设置所需刀具的各项参数，如图 2-25 所示，在【直径】文本框中输入 25，在【下半径】文本框中输入 5，单击【预览】选项中的【显示】按钮，在绘图区原点的位置将显示刀具的形状。单击【确定】按钮，则创建了一把直径为 25mm、下半径为 5mm 的铣刀。

图 2-24　【创建刀具】对话框

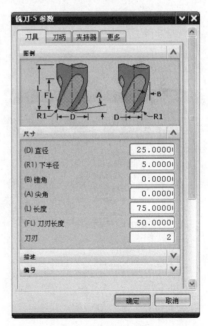

图 2-25　设置刀具参数

单击资源条中的【工序导航器】按钮 🔧，将打开工序导航器，单击 🔧 按钮，将固定视图，单击【导航器】工具条中的【机床视图】按钮 🔧，在打开的机床工序导航器中可以看到刚刚创建的刀具，如图 2-26 所示。如果需要修改，双击刀具显示条，将打开刀具参数对话框，在其中修改参数即可。

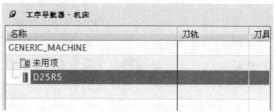

图 2-26　机床工序导航器

2. 从刀具库中调出刀具

对于常用的刀具，UG NX 使用刀具库来进行管理。在创建刀具时可以从刀具库中调用某一刀具。在【创建刀具】对话框的【库】选项组中，选中【从库中调用刀具】按钮，单击【确定】按钮，弹出【库类选择】对话框，如图 2-27 所示。

选取刀具时，首先确定加工机床的类别，如铣刀(Milling)或车刀(Turning)，单击对应类别前的"+"按钮，展开该类别的刀具，然后选择所需要的刀具类型，单击【确定】按钮；弹出如图 2-28 所示的【搜索准则】对话框，在该对话框中输入查询条件，单击【确定】按钮，系统会把当前刀具库内符合条件的刀具列表显示在屏幕上，并弹出如图 2-29 所示的【搜索结果】对话框，从列表中可以选择一个所需的刀具，最后单击【确定】按钮。

图 2-27　【库类选择】对话框

图 2-28　【搜索准则】对话框

图 2-29　【搜索结果】对话框

2.2.4　切削步距

切削步距是指在每一个切削层相邻两次走刀之间的距离。

切削步距的确定需要考虑刀具的承受能力、加工后残余材料量、切削负荷等因素。切削步距常用的有 4 种指定方法，如图 2-30 所示，分别是恒定、残余高度、刀具平直百分比、变量平均值，下面分别进行介绍。

图 2-30　切削步距选项

1. 恒定

通过指定的距离常数值作为切削的步距值。在用球刀进行精加工时常使用此参数控制步距。此参数较为直观，但要根据一定的经验给出。

2. 残余高度

通过指定加工后残余材料的高度值来计算出切削步距值，残余波峰高度和切削步距的关系如图 2-31 所示。残余高度一般都设置得很小，为 0.001～0.01。可以先大约设定一个值，系统计算后生成刀轨，然后测量出刀轨的切削步距的大小，就可以估计出加工的表面质量，再来调整设定值。

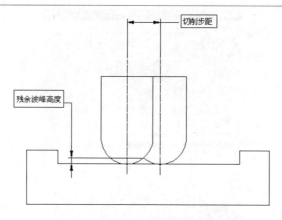

图 2-31 残余波峰高度和切削步距的关系

3. 刀具平直百分比

以刀具直径乘以百分比参数的积作为切削步距值。工件的粗加工常用此参数，一般粗加工可设定切削步距为刀具直径的 50%～75%。

计算步距时刀具直径是按有效刀具直径计算的。对于平刀和球刀，刀具直径指的是刀具参数中的直径；而使用牛鼻刀时，刀具直径指的是刀具参数中的直径减去两个刀角半径的差值。

4. 变量平均值

变量平均值即为可变步距设置，对于双向切削、单向切削、单向带轮廓切削方法，要求指定最大和最小两个切削步距值，如图 2-32 所示。系统根据切削区域的总宽度在这两个值之间取一个使刀轨数量最少的数值作为实际的切削步距值。

图 2-32 设置可变步距的最大值和最小值

对于跟随周边切削、跟随部件切削、轮廓加工和标准驱动方法，要求指定多个切削步距值以及每个切削步距值的走刀数量，如图 2-33 所示。依据可变步距的设定，可以得到如图 2-34 所示的刀轨，刀轨间的距离都按设定的步距大小和刀路数进行排列。

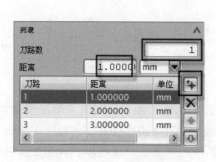

图 2-33 多个切削步距值的设置

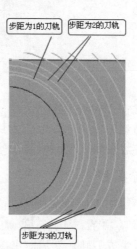

图 2-34 可变步距刀轨

2.2.5　内、外公差

内、外公差决定了刀具可以偏置工件表面的允许距离，也就是实际加工出的工件表面与理想模型之间的允许偏差，如图 2-35 所示。内公差是实际加工过切的最大的允许误差，外公差是实际加工不足的最大允许误差。

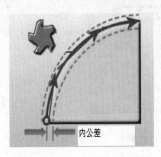 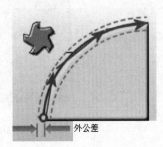

图 2-35　内、外公差

公差值越小，工件表面就越光滑，越接近理想模型，反之则工件表面越粗糙。虽然公差值越小工件表面的加工质量越高，但系统生成刀轨的时间会变长，NC 文件的大小也会剧增。因此，要在能满足工件精度和粗糙度要求的前提下，尽量取大的公差值。

按经验，一般工件的粗加工设置内、外公差分别为 0.05；半精加工设置内、外公差分别为 0.03；精加工设置内、外公差分别为 0.01。

2.2.6　顺铣和逆铣

在一般情况下，数控机床主轴的旋转默认为顺时针旋转，由于刀具进给的方向不同，可以分为顺铣和逆铣，如图 2-36 和图 2-37 所示。箭头表示刀具相对工件的进给方向。

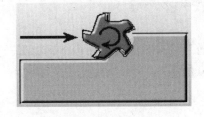 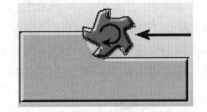

图 2-36　顺铣　　　　　　　　　　　　图 2-37　逆铣

因为逆铣较容易产生过切现象，因此在数控加工中尽量采用顺铣加工。但在设置余量较大的粗加工，以及在只精加工余量均匀的工件表面时，为了提高加工效率，可以采用顺铣和逆铣的混合加工方法。也有一些特殊性刀具的加工更适合逆铣加工，例如粗皮刀等。

2.2.7　切削模式

UG NX 提供了多种切削模式。下面重点介绍几种常用的切削方式，包括跟随部件、跟随周边、轮廓走刀、标准驱动、摆线、往复、单向和单向轮廓。

(1) 跟随部件▣。

跟随部件的走刀方式是沿着零件几何产生一系列同心线来创建刀具轨迹路径，该方式可以保证刀具沿所有零件几何进行切削，一般用于零件内有孤岛的型腔域和外形轮廓的加工，如图 2-38 所示。

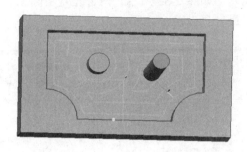

图 2-38　"跟随部件"刀轨

(2) 跟随周边▣。

跟随周边的走刀方式是沿切削区域轮廓产生一系列同心线来创建刀具轨迹路径，该方式在横向进刀的过程中一直保持切削状态，一般用于零件型腔域的加工，如图 2-39 所示。

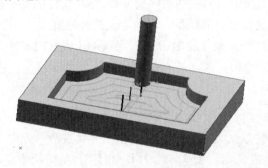
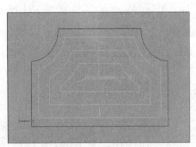

图 2-39　"跟随周边"刀轨

(3) 轮廓走刀▣(配置文件)。

轮廓走刀是创建一条刀路或指定数量的切削刀路来对部件壁面进行精加工。它既可以加工开放区域，也可以加工闭合区域，如图 2-40 所示。

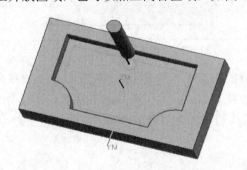
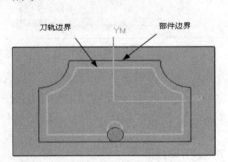

图 2-40　"轮廓走刀"刀轨

(4) 标准驱动▣。

标准驱动(仅平面铣)是一种轮廓切削方式，它允许刀具准确地沿指定边界移动，从而不需要应用"轮廓"中使用的自动边界裁剪功能。另外，可以使用"标准驱动"切削方式来确定是否允许刀轨自相交，如图 2-41 所示。

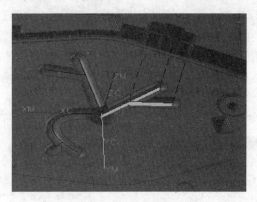

图 2-41　"标准驱动"刀轨

(5) 摆线 ◯。

摆线切削是一种刀具以圆形回环模式移动而圆心沿刀轨方向移动的铣削方法。

(6) 往复 ☰。

往复式走刀创建的是一系列往返方向的平行线，这种加工方法能够有效地减少刀具在横向跨越的空刀距离，提高加工的效率，但往复式走刀在加工过程中要交替变换顺铣、逆铣的加工方式，比较适合粗铣表面加工，如图 2-42 所示。

(7) 单向 ☰。

单向式走刀的加工方法能够保证在整个加工过程中都保持同一种加工方式，比较适合精铣表面加工，如图 2-43 所示。

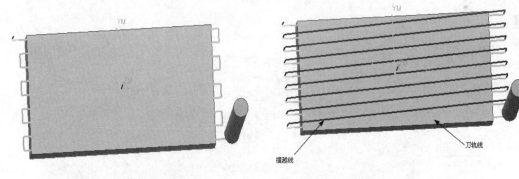

图 2-42　往复式刀轨　　　　　　图 2-43　单向式刀轨

(8) 单向轮廓 ⮂。

单向轮廓产生一系列单向的平行线刀轨，回程是快速横越运动，在两段连续刀轨之间跨越的刀轨(步距)是切削壁面的刀轨，因此，壁面的加工质量比往复式走刀和单向式走刀的切削模式都要好。

2.2.8　进给率和主轴转速的设定

进给率和主轴转速是操作的重要参数，对于没有现场加工经验的初学者来说，很难快速给出适当的进给率和主轴转速参数。在实际加工过程中，可以通过数控机床的操作面板进行调整，所以在编制程序时只要给出大致的参数值即可。也可参照有关铣削加工手册。

单击各类操作对话框中的【进给率和速度】按钮 ，打开【进给率和速度】对话框，如图 2-44 所示。选中【主轴速度】复选框，可在其后的文本框中输入刀具转速的值。

单击【进给率】选项组中的【更多】按钮，可以设定刀轨在不同运动阶段的进给速率。在 UG NX 中，刀轨的各种进给率及其对应的运动阶段如图 2-45 所示。

图 2-44　【进给率和速度】对话框　　图 2-45　刀轨的各种进给率及其对应的运动阶段

一条完整的刀轨按刀具运动阶段的先后分别为快进、逼近、进刀、第一刀切削、单步执行、切削、移刀、退刀、离开，如图 2-46 所示。

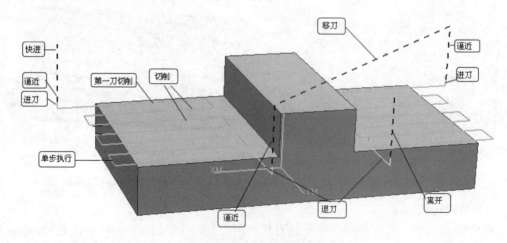

图 2-46　刀轨的运动阶段

在各个选项中，设置为"0"并不表示进给速率为"0"，而是使用其默认方式，如非切削移动的快进、逼近、移刀、退刀、离开等选项将采用快进方式，即使其用 G00 方式移动。而切削移动中的进刀、第一刀切削、步进选项将使用切削进给的进给率。各运动阶段的意义如下。

- 快进：在非切削状态下的快速换位速度。一般接受默认设置，为零。
- 逼近：进入切削前的进给速度。一般可比快进速度小一些，也可以设置为零。
- 进刀：进刀速度。需要考虑切入时的冲击，应取比剪切更小的速度值。
- 第一刀切削：切入材料后的第一刀切削。需要考虑到毛坯表面有一层硬皮，应取比剪切更小的速度值。
- 单步执行：相邻两刀之间的跨过速度。一般可取与切削速度相同的速度值。
- 切削：切削进给的速度。最重要的切削参数，一般根据经验综合考虑刀具和被加工材料的硬度及韧性，给出速度值。
- 移刀：刀具从一个切削区域转移到另一个切削区域的非切削移动速度。可以取较高的速度值，但最好不要取零。
- 退刀：离开切削区的速度。可以取与切削相同的速度值，当取零时，如果是线性退刀，系统就使用快速进给；如果是圆弧退刀，系统就使用切削速度。
- 离开：退刀运动完成后的返回运动。一般接受默认设置，为零。

2.2.9　非切削移动

非切削移动包括进刀移动、退刀移动、刀具接近移动、离开移动和移动等，这里主要介绍铣削加工中的进刀、退刀运动。

在 UG NX 中提供了非常完善的进刀和退刀的控制方法，针对封闭的区域提供了螺旋线进刀、沿形状斜进刀和插铣进刀方法；针对开放的区域提供了线性进刀、圆弧进刀等常用的进刀方法。退刀方法可以选择与进刀方法相同。

1. 封闭的区域进刀

1) 螺旋线进刀

螺旋线进刀方式能够实现在比较狭小的槽腔内进行进刀，进刀占用的空间不大，并且进刀的效果比较好，适合粗加工和精加工。螺旋线进刀主要由 6 个参数来控制，包括直径、斜坡角、高度、高度起点、最小安全距离、最小斜面长度，如图 2-47 所示。

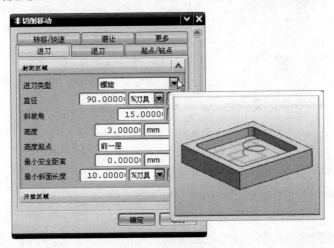

图 2-47　螺旋线进刀

2) 沿形状斜进刀

当零件沿某个切削方向比较长时，可以采用斜线进刀的方式控制进刀，这种进刀方式比较适合粗铣加工。沿形状斜进刀主要由6个参数来控制，包括斜坡角、高度、高度起点、最大宽度、最小安全距离、最小斜面长度，如图2-48所示。

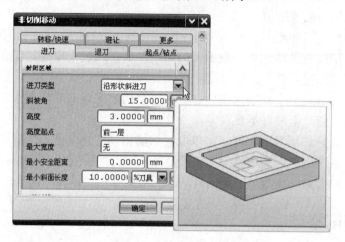

图 2-48　沿形状斜进刀

3) 插削进刀

当零件封闭区域面积较小，不能使用螺旋线进刀和沿形状斜进刀时，可以使用插削进刀的方式。这种进刀方式需要严格控制进刀的进给速度，否则容易使刀具折断。插削进刀主要由高度参数来控制插削的深度，如图2-49所示。

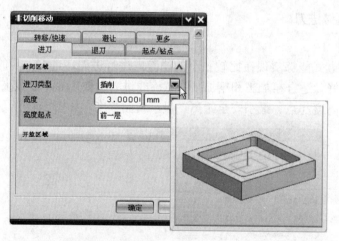

图 2-49　插削进刀

2. 开放的区域进刀

开放的区域进刀主要介绍常用的线性进刀和圆弧进刀。

1) 线性进刀

对于开放区域的进刀运动，线性进刀方法主要由 5 个参数来控制，包括长度、旋转角度、斜坡角、高度和最小安全距离，如图2-50所示。

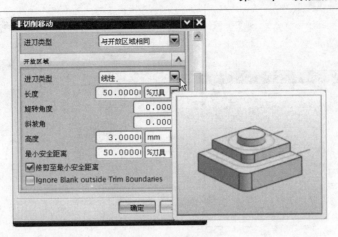

图 2-50　线性进刀

2) 圆弧进刀

对于开放区域的进刀运动，圆弧进刀方法可以创建一个圆弧的运动与零件加工的切削起点相切，圆弧进刀方法主要由 4 个参数来控制，包括半径、圆弧角度、高度和最小安全距离，如图 2-51 所示。

图 2-51　圆弧进刀

2.2.10　刀轨的编辑

打开【面铣】对话框，在【组】选项卡中单击【编辑显示】按钮，弹出【显示选项】对话框，在该对话框中可以设置刀位轨迹的显示控制，还可以指定刀位轨迹中不同运动的显示颜色，设置过程显示参数等，如图 2-52 和图 2-53 所示。

(1) 刀具显示：包括【无】、2D 和 3D 三个选项，分别表示不显示刀具、以一个圆显示刀具和用三维显示刀具。

(2) 刀轨显示颜色：为刀轨的各阶段指定显示颜色，一般为默认值。

(3) 刀轨显示：包括【实线】、【虚线】、【轮廓线】、【填充】和【轮廓线填充】5 个选项，分别表示刀轨以实线、虚线、轮廓线、填充和轮廓线填充方式显示刀轨。

图 2-52　【编辑显示】选项

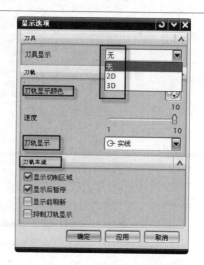

图 2-53　刀轨的编辑

2.2.11　刀轨的确认控制

生成刀位轨迹后需要对刀位轨迹进行确认，打开【刀轨可视化】对话框，UG 提供了 3 种确认方式，包括刀位轨迹重播、刀位轨迹 3D 动态仿真和刀位轨迹 2D 动态仿真，如图 2-54 所示。

图 2-54　【刀轨可视化】对话框

刀轨确认后，打开工序导航器，如图 2-55 所示。此时每个操作所使用的几何体、刀具和方法都清楚地显示出来了，而且每个节点和操作前都会出现各种状态标记，这些标记标明节点和操作的当前状态，其意义分别如下。

🚫：操作没有正常生成，或节点下包含至少一个未生成的操作。

🔔：操作正常生成，或节点下的所有操作都已生成。

✔：操作正常生成且已后处理输出，或节点下的所有操作已生成且已后处理输出。

图 2-55　工序导航器

2.2.12　刀轨的后处理操作

在工序导航器中，选择创建的操作 ZLEVEL_PROFILE，然后右击，在弹出的快捷菜单中选择【后处理】命令，如图 2-56 所示，打开【后处理】对话框，如图 2-57 所示。在【文件名】文本框中输入文件名及路径。单击【应用】按钮，系统开始对选择的操作进行后处理，产生一个 2-1.ptp 文件，如图 2-58 所示，将 NC 文件输入数控机床，即可实现零件的自动控制加工。

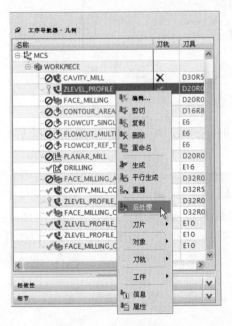

图 2-56　选择【后处理】命令

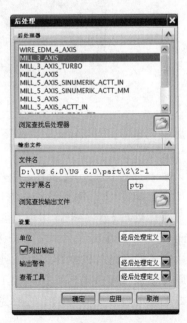

图 2-57　【后处理】对话框

图 2-58　后处理信息

2.2.13　UG 后处理软件的安装方法

对于实际生产，则应定制与自己公司机床相对应的后处理。以 fanuc 系统的数控铣床为例，下面讲述 UG 后处理软件的安装方法。如图 2-59 所示为 fanuc 系统的后处理软件，其中有两个文件，文件的扩展名为.TCL 和.DEF。把这两个文件复制至C:\ProgramFiles\UGS\NX\MACH\resource\postprocessor。

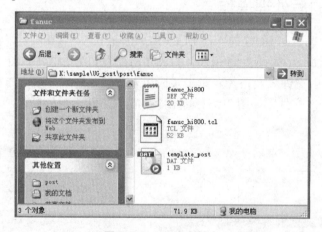

图 2-59　fanuc 文件夹

然后用记事本打开 fanuc 文件夹下的 template_post.DAT 文件，如图 2-60 所示。复制扩展名为*.def 的文件。

用记事本打开 postprocessor 文件夹下的 template_post.DAT 文件，粘贴扩展名为*.def 的文件，如图 2-61 所示。保存设置并退出记事本。

打开【后处理】对话框，可以看到刚刚安装的 fanuc 系统的后处理器 ChitHong，选择 ChitHong 选项，在【文件名】文本框中输入文件名及路径，如图 2-62 所示。单击【应用】按钮，系统开始对选择的操作进行后处理，产生一个文件，将 NC 文件输入 fanuc 系统数控机床，就可以实现零件的自动控制加工，如图 2-63 所示。

做好的后处理用于实际加工时要先进行全面测试与仿真，在确保无误后方可加工。

```
template_post - 记事本
文件(F) 编辑(E) 格式(O) 查看(V) 帮助(H)
#################################################################
# template_post config file - Event Handler and Definition files for
#                         Generic Machine
#
#
#
# REVISIONS
#   Date        Who          Reason
# 15-Nov-1999  Joachim Meyer  Move WIRE EDM to top of the list.
#                            This is necessary because this list is the
#                            list of posts for the generic machine and thus
#                            the first post must not have any
#                            Turret/Pocket definitions.
#################################################################
ChitHong,${UGII_CAM_POST_DIR}fanuc_hi800.tcl,${UGII_CAM_POST_DIR}fanuc_hi800.def
NC,${UGII_CAM_POST_DIR}nc.tcl,${UGII_CAM_POST_DIR}post.def
MIN,${UGII_CAM_POST_DIR}min.tcl,${UGII_CAM_POST_DIR}post.def
```
该处复制

图 2-60　复制.def 类型文件

```
template_post - 记事本
文件(F) 编辑(E) 格式(O) 查看(V) 帮助(H)
#################################################################
# template_post config file - Event Handler and Definition files for
#                         Generic Machine
#
#
#
#################################################################
WIRE_EDM_4_AXIS,${UGII_CAM_POST_DIR}wedm.tcl,${UGII_CAM_POST_DIR}wedm.def
MILL_3_AXIS,${UGII_CAM_POST_DIR}mill3ax.tcl,${UGII_CAM_POST_DIR}mill3ax.def
MILL_3_AXIS_TURBO,${UGII_CAM_POST_DIR}mill3ax_turbo.tcl,${UGII_CAM_POST_DIR}mill3ax_turbo.def
MILL_4_AXIS,${UGII_CAM_POST_DIR}m4bh.tcl,${UGII_CAM_POST_DIR}m4bh.def
MILL_5_AXIS,${UGII_CAM_POST_DIR}m5abtt.tcl,${UGII_CAM_POST_DIR}m5abtt.def
LATHE_2_AXIS_TOOL_TIP,${UGII_CAM_POST_DIR}lathe_tool_tip.tcl,${UGII_CAM_POST_DIR}lathe_tool_tip.def
LATHE_2_AXIS_TURRET_REF,${UGII_CAM_POST_DIR}lathe_turret_ref.tcl,${UGII_CAM_POST_DIR}lathe_turret_ref.def
MILLTURN,${UGII_CAM_POST_DIR}millturn_3axis_mill.tcl,${UGII_CAM_POST_DIR}millturn_3axis_mill.def
MILLTURN_MULTI_SPINDLE,${UGII_CAM_POST_DIR}millturn_4axis_mill.tcl,${UGII_CAM_POST_DIR}millturn_4axis_mill.def
TOOL_LIST(text),${UGII_CAM_POST_DIR}post_tool_list_text.tcl,${UGII_CAM_POST_DIR}post_shopdoc.def
TOOL_LIST(html),${UGII_CAM_POST_DIR}post_tool_list_html.tcl,${UGII_CAM_POST_DIR}post_shopdoc.def
OPERATION_LIST(text),${UGII_CAM_POST_DIR}post_operation_list_text.tcl,${UGII_CAM_POST_DIR}post_shopdoc.def
OPERATION_LIST(html),${UGII_CAM_POST_DIR}post_operation_list_html.tcl,${UGII_CAM_POST_DIR}post_shopdoc.def
ChitHong,${UGII_CAM_POST_DIR}fanuc_hi800.tcl,${UGII_CAM_POST_DIR}fanuc_hi800.def
NC,${UGII_CAM_POST_DIR}nc.tcl,${UGII_CAM_POST_DIR}post.def
MIN,${UGII_CAM_POST_DIR}min.tcl,${UGII_CAM_POST_DIR}post.def
```
粘贴

图 2-61　粘贴文件

图 2-62　【后处理】对话框

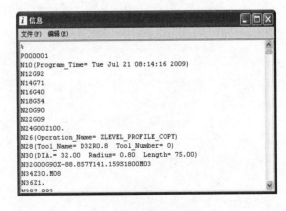

图 2-63　后处理信息

2.3　本　章　小　结

　　本章介绍了数控加工创建操作的 4 个主要的父对象，集中讲解了几类关键的 UG NX 基本操作中的基本概念和共同项，这样可以使读者对 UG NX 加工过程中的一些概念建立一个初步的认识，为以后的学习打下基础。

思考与练习

1. 安全平面有什么作用？
2. 刀具的定义有哪些方法？
3. 公差的设置要注意哪些问题？
4. 切削模式有哪几种？它们的适用范围是什么？
5. 在非切削参数的设置中，各种进刀类型的应用场合分别是什么？

第 3 章　UG NX 编程工艺知识

学习提示：机械零件形状复杂，加工要求也多种多样，本书中所提供的例子只是机械零件中的一小部分，希望能起到抛砖引玉的作用。一个复杂工件的加工可能涉及平面铣、型腔铣、曲面轮廓铣和钻加工等多种操作，要把握好这些操作，往往需要在实际加工中多多体会和总结。本章主要介绍加工原则、加工方法、刀具选择和加工余量等编程工艺知识。

技能目标：使读者了解 UG NX 编程工艺知识，并能很好地应用到各个实际加工操作中。

3.1　数控加工的基本流程

数控加工的基本流程主要包括以下内容。

首先是加工工艺的设计与规划，按以下步骤进行。

(1) 获得 CAD 模型。

(2) 完善 CAD 模型，在需要的地方做出适当的修补或延长。

(3) 设置各父本组、加工坐标、加工工件、程序名、刀具以及加工方法。

(4) 按思路记下需要的刀具。

其次是考虑 NC 程序的质量标准，主要包括以下几个方面。

(1) 工件加工的安全性(是否过切、撞刀、插刀)。

(2) 工件加工的高效性(时间的长短)。

(3) 加工的稳定性(刀路运动是否有忽轻忽重现象)。

(4) 工件加工是否达到精度要求和表面粗糙度要求。

(5) 工件加工的经济性(刀具磨损是否严重，是否断刀严重)。

最后是 NC 程序员的水平标准，需要经过编程技术人员的实际工作经验积累，主要有以下几个方面。

(1) NC 程序的质量。

(2) 工作效率。

(3) 其他综合素质。

3.2　UG NX 编程的加工原则

无论工件多复杂，使用了多少刀具和操作，都要经过由粗加工、半精加工到精加工的各个阶段，而且每个阶段都有各自的特点。

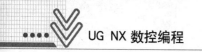
3.2.1　粗加工原则

粗加工应选用直径尽量大的刀具，设定尽可能高的加工速度，粗加工的目标是尽可能高的去除率。但必须综合考虑刀具性能、工件材料、机床负载及损耗，从而决定合理的切削深度、进给速度、切削速度和刀具转速数值。

一般来说，粗加工的刀具直径、切削深度和步进的值较大，而受机床负载能力的限制，切削速度和刀具转速较小。

UG NX 粗加工大多数情况下使用型腔铣，选择"跟随部件"或"跟随周边"切削方式，也可以使用面铣和平面铣进行局部的粗加工。跟随部件就是跳刀比较多，导致加工时间比较长；跟随周边就是走的空刀比较多。

3.2.2　半精加工原则

半精加工是在精加工前进行的准备工作，目的是保证在精加工之前，工件上所有需要精加工区域的余量基本均匀。如果在粗加工之后，工件表面的余量比较均匀，则不必进行半精加工。

对于平面或曲面工件，经过大直径刀具的型腔铣粗加工或平面铣加工之后，可能留下不均匀的余量，一般有以下 5 种情况。

(1) 大直径刀具的腔无法进入的凹谷或窄槽处会留下的台阶余量。

(2) 陡面侧壁大刀具无法清理到的角落。

(3) 在非陡面上切削层与层之间留下的台阶余量。

(4) 大直径的球刀加工不到的小圆角。

(5) 刀具在加工时，会产生刀具磨损，导致加工不到位。

半精加工的刀轨形式较为灵活，根据以上情况，相应的处理方式如下。

(1) 使用型腔铣设置残留毛坯加工。

(2) 使用型腔铣设置参考刀具进行清角。

(3) 使用曲面轮廓铣中的区域铣削方式，并设置非陡面角度。

(4) 创建曲面轮廓铣的清根操作或径向切削操作，使用小的刀具清理未切削的材料。

在实际工作中，较复杂的工件往往是多种情况并存，此时可先采用型腔铣的残留毛坯进行半精加工，然后用型腔铣参考刀具加工，最后根据具体情况，使用深度加工轮廓进行适当的加工，得到较均匀的余量。

3.2.3　精加工原则

经过了半精加工后，工件表面只保留了较均匀的切削余量，由精加工操作进行切除。曲面工件通常采用曲面轮廓铣实现精加工，设置较大的切削速度、主轴转速和很小的切削步距。而平面型工件则不同，粗加工之后使用平面铣和面铣的轮廓方式进行精加工，设置较小的切削速度、切削步距和较高的主轴转速。

对于曲面工件，通常采用曲面轮廓铣的区域铣削切削方式，设置一定的步距，但这样则会导致越陡峭的表面加工质量越粗糙，解决这一问题的加工方式很多。下面以一个工件为例，列举 3 种常见的加工方法。另外，也可使用曲面轮廓曲面区域驱动方式，产生螺旋刀轨。

1．陡面和非陡面刀轨

使用曲面轮廓铣区域驱动方式中的非陡面加工，设置非陡峭的角度为 65°，生成的刀轨如图 3-1 所示。使用深度加工轮廓操作，设置陡角必须为 50°，生成的刀轨如图 3-2 所示。为了避免两个操作刀轨产生接刀痕，设定了它们的陡角有重叠的部分。

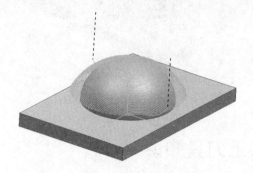

图 3-1　非陡面刀轨

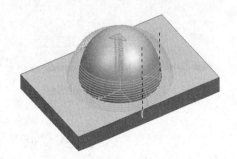

图 3-2　陡面刀轨

2．3D 等距刀轨

曲面轮廓铣区域驱动方式在设定步进时可以在【区域铣削驱动方法】对话框中选择【在平面上】或【在部件上】选项，如图 3-3 所示。但这两个选项只在刀轨图样为【平行线】和【跟随周边】时才有效。当选择【在部件上】选项时，步进距离为在工件表面上计算的两刀之间的三维距离，则加工后工件表面粗糙度较均匀，所得刀轨如图 3-4 所示。

图 3-3　【区域铣削驱动方法】对话框

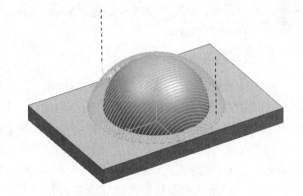

图 3-4　等距刀位轨迹

3．优化深度加工轮廓刀轨

在深度加工轮廓铣的【切削参数】对话框中，切换到【连接】选项卡，如图 3-5 所示，可以设置深度加工轮廓铣的【在层之间切削】参数，生成的刀轨如图 3-6 所示。

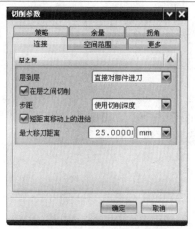

图 3-5 【切削参数】对话框

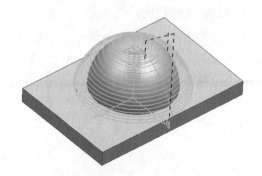

图 3-6 优化深度加工轮廓刀轨

3.3 NC 加工刀具知识

3.3.1 常用刀具及 NC 应用的设置

数控铣床所用刀种类很多，下面按分类进行介绍。

1. 按尺寸区分

公制直径有 0.5mm、1mm、2mm、2.5mm、3mm、4mm、5mm、6mm、8mm、10mm、12mm、16mm、20mm、25mm、30mm、32mm、40mm 等大小的铣刀，5mm、20mm、32mm、40mm 较少使用，一般用得较多的是 0.5mm、1mm、2mm、3mm、4mm、6mm、8mm、10mm、12mm、16mm、30mm。

2. 按材质区分

(1) 高速钢，有公制和英制两种，这种刀具最常用，特别是加工铜公、模料时很常用。这种刀是数控铣床最常用的刀具，其价格便宜，易买，但易磨损，易损耗，进口的高速钢刀具含有铬、锰等合金，较耐用，精度也高，如 LBK、YG 等。

(2) 合金刀，也称 CAB 刀，用合金材料制成。其耐高温，耐磨损，能加工高硬度材料(如烧焊过的模)。这种刀具较贵，一般工厂都不会大量使用。这种刀因耐高温，所以转速通常会比较高，加工效率及质量都比高速钢刀具要好，但低转速时容易崩刀，故转速通常很快。

(3) 舍弃式刀粒，这种刀的刀粒是可以更换的，而刀粒是合金材料做成的，刀粒通常又有涂层，较耐用，价格也便宜，加工钢料时最好使用这种刀具。刀粒有方形、菱形、圆形几种。方形、菱形刀粒只能用两个角，而圆形刀粒一圈都可以用，并更耐用一些。常用的有 Φ25×R5、Φ12×R0.4、Φ30×R5、Φ32×R5、Φ32×R6、Φ32×R0.8、Φ16×R0.6、Φ20×R0.6、Φ25×R0.8、Φ30×R0.8 等种类。还有一种半圆刀粒，即球形刀粒，它用于曲面光刀，常用的有 R5、R6、R8、R10、R12.5 等种类。

3. 按形状特征区分

(1) 平头铣刀：公制、英制的刀把都有，各种尺寸的刀都有。

(2) 球头铣刀：即 R 刀，公制、英制、刀把都有，各种尺寸的刀都有。因数控铣床经常要加工曲面，所以这种刀很常用。

(3) 斜度刀：公制、英制的刀把都有，这种刀用于加工斜度，有 0.5°、1°、1.5°、2°、3°、4°、5°、8°、10°、15°等种类。斜度刀的大小以小头大小表示。Φ10×1 表示小头直径为 10mm 的 1°刀，这种刀磨过以后就不准了。

(4) T 形刀：因形状似 T 形而命名，用于加工行位槽。

(5) 螺纹刀(也称粗皮刀)：这种刀专用于开粗，刀侧锋上有波浪纹，容易排屑。

(6) 牛鼻刀(有单边、双边及五边)：用于钢料开粗(R0.8、R0.3、R0.5、R0.4)。

4. 按刀杆区分

(1) 直杆刀：适用于各种场合。

(2) 斜杆刀：不适用于直身面及斜度小于杆斜度的面。

5. 按刀刃区分

按刀刃分为两刃、三刃、四刃几种，刃数越多，效果越好，做功越多，转速及进给要相应调整，刃数多，寿命就长。

6. 球刀与飞刀光刀的区别

(1) 球刀：凹面尺寸小于球尺寸及平面尺寸小于球半径时，光不到(清理不到底角)。

(2) 飞刀：其缺点是凹面尺寸及平面尺寸小于飞刀直径时光不到，优点是能清理到底角。

相同参数的情况下，飞刀转速快，切削力大，光出的表面粗糙度好，飞刀较多地用于深度加工轮廓铣外形，有时用飞刀不需中光。

3.3.2　按材料选用刀具

1. 铜、铝

铜、铝这两种材料比较软，是比较容易加工的材料，一般刀具都能加工。铜虽较软，但韧性大，如果刀不锋利则会起毛。另外，当没法螺旋进刀时，可以垂直下刀(进刀量 $H<0.5$)，刀一般不会断。加工铜时，刀具的转速要高一些，这样走刀就可以快一些，从而提高了加工效率。

2. 钢料

钢的种类比较多，按材料的硬度可分为以下三种。

(1) 软钢：如进口王牌国产 45#钢、50#钢，这些材料较容易加工，用国产的高速钢刀如 AIA，进口的如 LBK、STK、YG 等就可方便地加工。

(2) 硬钢：如 738、p20 等，用 AIA 刀较难加工，用进口的如 YG 则可以加工，最好用合金刀或刀把进行加工。

(3) 很硬钢：如 718、S136、油钢，及五金模用的合金钢，用 AIA 刀很难加工，用进口

的 YG 类则可以加工，最好用合金刀或刀把进行加工。

3. 淬火或烧焊模料

一般不允许用高速钢刀加工，改用合金刀或刀把进行加工。

综上所述，按材料选用刀具如表 3-1 所示。

表 3-1　按材料选用刀具

刀　具	材　料		
	铜、铝	钢　料	淬火或烧焊模料
高速钢刀	好	一般	不好
合金刀	好	好	好
舍弃式刀粒	一般	好	好

表 3-1 是根据加工材料来选择刀具种类，但每一种刀具都有多种类型，应怎么选择刀具的大小与种类呢？一般应遵循以下原则。

(1) 尽可能选择大刀，因为刀大则刚性好，不易断，加工质量有保证。

(2) 根据加工深度选刀，深度越深，刀越大。简单地讲，深度大于 50mm，刀具要大于直径 1/2；深度大于 30mm，刀具要大于直径 1/4。

(3) 根据工件大小选刀，工件大的，选大刀，反之选小刀。

(4) 加工钢料，尽量选刀把，这种刀刚性好，耐磨，吃刀量大，加工效率高，也比较经济，是加工钢料的第一选择。

(5) 根据加工种类选择刀具，开粗要用平头铣刀，不允许用 R 球刀，光曲面则尽量用球刀，用平刀光曲面效果不好。

(6) 根据加工效率选择刀具，如光平面用平刀或牛鼻刀效率高些，光斜度面用斜度刀效率高些。

3.3.3　切削加工参数的选择

前文讲述了刀具的分类、选用及进刀量的选择，下面再简要概述一下。

(1) 在适当的情况下选用大点的刀。

(2) 加工钢料尽量用牛鼻刀。

(3) 工件表面要求高，则公差、进刀量就要小，走刀速度也要慢，反之亦然。

表 3-2 是实际模具加工生产中，以模具钢 738 为例，粗加工的切削参数。

表 3-2　切削参数

刀　具	切削深度/mm	转速/(r/min)	进给率/(mm/min)	加工方法
D3	0.1～0.2	3000～4000	650～800	粗加工
D4	0.1～0.25	3000～4000	650～950	粗加工
D5	0.1～0.25	3000～4000	800～1000	粗加工
D6	0.15～0.25	3000～4000	800～1200	粗加工
D8	0.2～0.3	2800～3500	800～1350	粗加工

刀　具	切削深度/mm	转速/(r/min)	进给率/(mm/min)	加工方法
D10	0.2～0.3	2500～3500	1000～1500	粗加工
D12	0.2～0.3	2500～3000	1000～1500	粗加工
D16	0.2～0.3	1800～2500	1000～1500	粗加工
D16R0.8	0.25～0.4	1500～2000	1500～2000	粗加工
D20R4	0.3～0.5	1350～1500	2000～3000	粗加工
D30R5	0.3～0.5	1400～1600	2000～3500	粗加工

3.3.4　加工工件的装夹方法

加工工件的装夹方法具体如下。

(1) 所有的装夹都是横长竖短。

(2) 虎钳装夹：装夹高度不应低于 10 mm，在加工工件时必须指明装夹高度与加工高度，加工高度应高出虎钳平面 5 mm 左右，目的是保证牢固性，同时不伤及虎钳，此种装夹属一般性的装夹。装夹高度还与工件的大小有关，工件越大，则装夹高度相应增大。

(3) 夹板装夹：夹板用码仔码在工作台上，工件用螺丝锁在夹板上，此种装夹适用于装夹高度不够及加工力较大的工件，一般中大型工件效果特别好。

(4) 在工件较大、装夹高度不够，又不准在底部锁螺丝时，则用码铁装夹，此种装夹需二次装夹。

① 先码好四角，加工好其他部分，最后再码四边，加工四角，原则是二次装夹时，要非常小心，不要让工件松动，先码再松。

② 先码两边，再加工另两边。码铁有一个优点：接触面积大，不易变形。像铝、镁之类的软金属一定要用码铁防止其变形。

(5) 刀具的装夹：直径 10 mm 以上，不低于 30 mm；直径 10 mm 以下，不低于 20 mm。刀具全部是不低于 15 mm 就可以了，没必要 30 mm。

刀具对工件的冲击可造成：①工件移动；②断刀；③刀具变形，工件损坏；④刀具松动、掉刀或加工工件不准。因此，刀具的装夹与工件的装夹都要牢固，严防撞刀与直接插入工件。

3.4　铜公的加工工艺

电极加工是模具加工中的重要内容。虽然不同的电极加工过程各异，但大部分电极的加工方式还是有规律可循的，通常电极都由电极头和电极底座组成，可将普通电极的加工思路整理如下。

3.4.1　铜公的加工原则

铜公的加工原则是让产品做得更完美，让实际产品与设计产品的误差尽量地缩小。在需要铜公加工的位置，要考虑以下问题。首先是加工工艺的设计与规划，按以下步骤进行。

(1) 对称的两边形状做在一起，多个骨位做在一起，太小的、间距太窄的做成两个或三个，以能进刀为原则。

(2) 拆分铜公的原则。

① 刀完全下不去就要做铜公，在一个铜公中还有下不去的，形状凸出时需再分。

② 刀能下去，但易断刀的也需做铜公，需要根据实际情况而定。

③ 要求火花纹的产品需做铜公。

④ 铜公做不成的，骨位太薄太高，易损铜公且易变形，加工中变形与打火花变形，此时需镶件。

⑤ 铜公加工出的零件表面(特别是曲面会很顺、很均匀)能克服精铣与绘图中的许多问题。

铜公加工存在的缺陷主要有：打不出利角，火花位很难精确控制，要求精确外形或余量多时必须做粗铜公。

3.4.2 铜公的加工方法

铜公的加工方法具体如下。

(1) 铜公图的做法如下。

① 选出要做铜公的面。

② 补全该补的面，或延长该延长的面，保证铜公的所有边缘大于要打的边缘，同时不伤及其他产品的面，去掉不必要的清不到的平面角(与平面角相交处是更深的胶位)，补成规则形状。

(2) 找出铜公最大外形：用一边界然后投影到托面。

(3) 定出基准框大小，剪掉托面，至此，铜公图基本完成。

(4) 备料：长×宽×高，长与宽大于等于铜公的最大长与宽尺寸，基准框实际铜料的长与宽必须大于图上基准框。高大于等于铜公的理论尺寸+基准框高+装夹高度。

铜公的制作必须留出放电间隔(火花位)，即将铜公要放电的部分缩小一个放电间隔的距离。一般精工电极火花位为单边 0.05～0.1mm，粗工电极火花位为 0.2～0.5mm。

3.4.3 图纸定数问题

下面介绍图纸定数问题。

(1) 在没有现成的加工面时，平面四面分中，中心对原点，顶面对零，顶面不平时(对铜公而言)留 0.1 的余量，即碰数时，实际对 0(z)，图上偏低 0.1，可用底为零。

(2) 当有现成的加工面时，使图上的现成面对 0(z)，平面能分中则分中，否则以现成边碰数(单边)，加工面要校核实际高度、宽度、长度与图纸差别，按实际的料来编程。一般情况下，先加工成图上的尺寸，再加工图上的形状。

(3) 当要多个位加工时，第一个位(标准位)，就要把其他几个位的基准铣好，长、宽、高的基准都要铣，所有下一次加工基准要以上次已加工好的面为准。

(4) 分开镶、整体铣，镶件并不妨碍刀路。镶件的定位如下。

① 放在整体里面，把下面垫起一定高度，然后图纸也升至此高度，平面按整体分中，高度按图示，下面用螺丝锁住。

② 若是方方正正的则可直分中。

③ 粗略一点的可用最大外形分中。

④ 按夹具分中，镶件图与夹具的相对位置确定后，将图纸原点放在夹具中心点处。

⑤ 可钻螺丝孔，锁板可针对各种不同形状铜公加工。

(5) 铜公的碰数。

① 平面：工件的中心(基准)与铜公的中心的相对位置，在做铜公时要定好。

② 高度：碰数平面到铜公所要打到的最低点的坐标数。

3.5　本 章 小 结

本章主要介绍了关于编程的加工原则、加工方法、刀具选择和加工余量等编程工艺知识，从而使读者能很好地将其应用到各个实际加工操作中，对数控加工可作为参考。

思考与练习

1. 按加工工序分，UG NX 编程的加工原则有哪些？各个原则需要注意哪些问题？

2. 铜公的加工原则是什么？加工方法有哪些？

第4章 平面铣和面铣

学习提示：平面铣加工模块是 UG NX 加工最基本的操作，主要用于平面区域的粗、精加工。本章主要介绍平面铣和面铣的加工特点、加工的适用范围，一般平面铣和面铣的创建过程，平面铣加工几何体的类型和创建，公用选项参数的基本设置，包括切削模式、切削步进、切削参数、非切削参数、进给率和速度等。最后通过实例来说明平面铣和面铣的运用。

技能目标：使读者了解平面铣和面铣的基本知识，通过对实例的学习，初步掌握平面铣和面铣创建的方法和技巧。

4.1 平面铣加工概述

平面铣是 UG NX 加工最基本的操作，这种操作创建的刀位轨迹是基于平面曲线进行偏移而得到的，因此平面铣实际上就是基于曲线的二维刀轨。UG NX 的平面铣可设定每段曲线与刀具，可保留材料侧的位置关系，其提供 8 种切削方式、5 种定义切削深度的方法。

平面铣操作创建了可去除平面层中材料量的刀轨，这种操作类型常用于粗加工，为精加工操作做准备；也可以用于精加工零件的表面及垂直于底平面的侧面。平面铣不需要做出完整的造型，而只依据 2D 图形即可直接进行刀具路径的生成。

平面铣是 UG NX 提供的 2.5 轴加工的操作，通过定义的边界在 XY 平面创建刀位轨迹。平面铣用来加工侧面与底面垂直的平面零件，此类零件的侧面与底面垂直，可以有岛屿或型腔，但岛屿面和型腔底面必须是平面，如台阶平面、底平面、轮廓外形、型芯和型腔的基准平面等。平面铣的工件示例如图 4-1 所示。

图 4-1 平面铣的工件示例

4.2 平面铣参数的基本设置

【平面铣】对话框如图 4-2 所示。下面介绍【平面铣】对话框中几何体、指定部件边界、指定毛坯边界、指定检查边界、指定修剪边界、指定底面等选项，并重点讲解边界和切削深度的设定。

图 4-2 【平面铣】对话框

4.2.1 平面铣选项设置

1. 几何体

创建几何体主要是在零件上定义要加工的几何对象和指定零件在机床上的加工位置。创建几何体包括定义加工坐标系、工件、铣削几何和切削区域等。

一般情况下，创建几何体应在工件创建工序前设置好，在【几何体】下拉列表框中选择已经创建好的几何体就可以了，也可以单击【新建几何体】按钮 或单击【编辑几何体】按钮 。

2. 指定部件边界

部件边界指被加工零件的加工位置，可以通过选择面、曲线和点来定义部件边界。面是作为一个封闭的边界来定义的，其材料侧为内部保留或外部保留。曲线和点来定义部件边界时，边界既可以是开放的，也可以是封闭的。当边界开放时，材料侧为左侧保留或右侧保留；当边界为封闭时，材料侧为内部保留或外部保留。

3. 指定毛坯边界

毛坯边界用于定义切削材料的范围，控制刀轨的加工范围。定义方式与部件边界相似，但边界只能是封闭的。通常情况下可不定义。

4. 指定检查边界

检查边界用于定义刀具需要避让的位置，比如压铁、虎钳等，定义方式与部件边界相似，但边界必须是封闭的。如果工件安装时没有夹具，检查边界可以不定义。

5. 指定修剪边界

修剪边界用于修剪刀位轨迹，去除边界内侧或外侧的刀轨。其必须是封闭边界。修剪边界和部件边界一同使用时，可以进一步地控制加工刀轨的范围。修剪边界可以不定义。

6. 指定底面

底面用于定义最深的切削面，只用于平面铣操作，而且必须被定义。如果没有定义底面，平面铣将无法计算切削深度。

4.2.2 边界的设置

边界是平面铣的重要参数，平面铣的边界定义有 4 种模式，分别是曲线/边、面、点、边界。这 4 种模式的定义对话框如图 4-3～图 4-6 所示，下面进行具体讲解。

图 4-3　"曲线／边"模式定义边界

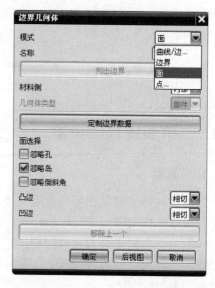

图 4-4　"面"模式定义边界

图 4-5　"点"模式定义边界

图 4-6　"边界"模式定义边界

1. 类型

边界既可以是封闭的，也可以是开放的。

2. 平面

所有边界都是二维的，在同一平面上，而创建边界的曲线/边、点等可以在不同平面上，此时就需要定义投影平面。投影平面有【自动】和【用户定义】两种方式，当选择【自动】时，系统将使用前面选择的曲线或点来建立平面；当选择【用户定义】时，系统将调用平面构造器定义投影平面。

3. 材料侧

定义材料的保留侧，当边界封闭时可定义为内或外，当边界开放时可定义为左或右。

4. 刀具位置

定义刀具与边界的位置关系，有【相切】和【对中】两种方式。当设定为【相切】时，刀具与边界相切，边界显示单边箭头；当设定为【对中】时，刀具中心与边界重合，边界显示双边箭头。

5. 凸边和凹边

在用"面"模式定义边界时，系统将面的边界分为"凸边"和"凹边"，并要求设定边界与刀具的位置关系。凸边和凹边如图 4-7 所示。

6. 永久边界和临时边界

在以"永久边界"模式定义平面铣边界时，只能选择已定义好的永久边界，其他 3 种模式定义的是临时边界，永久边界的命令在加工环境下是菜单栏中的【工具】|【边界】。永久边界可重复使用，而临时边界更便于编辑，一般情况下使用的是临时边界。

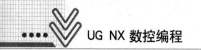
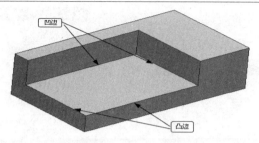

图 4-7　凸边和凹边

4.2.3　切削深度

平面铣操作中，切削深度指的是相邻两个切削层之间的距离。切削区域是指数个连续切削层连接成的一段距离范围，在此范围内可有一个或多个切削层。切削深度与切削区域如图 4-8 所示。

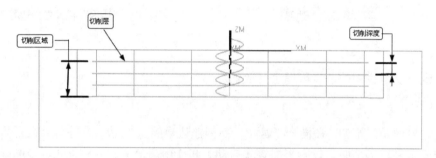

图 4-8　切削深度与切削区域

平面铣操作定义切削深度有 5 种方式，分别是【用户定义】【仅底面】【底面及临界深度】【临界深度】【恒定】，如图 4-9 所示。不同的切削深度方式可实现对多种形式的切削层数和切削范围的控制。下面对 5 种切削深度定义方式分别进行介绍。

图 4-9　切削深度参数

(1) 用户定义：用户自定义切削深度，对话框下部的所有参数选项均被激活，可在对应的文本框中输入数值。除初始层和最终层外，其余各层在最大切削深度和最小切削深度之间取值。

(2) 仅底面：只在底面创建一个切削层。

(3) 底面及临界深度：在底面和岛屿顶面创建切削层，岛屿顶面的切削层不会超出定义的岛屿边界。

(4) 临界深度：切削层的位置在岛屿的顶面和底平面上，刀具在整个毛坯断面内切削。

(5) 恒定：只设定一个最大深度值，除最后一层可能小于最大深度值外，其余层都等于最大深度值。

4.3　面铣加工概述

面铣是平面铣的特例，可直接选择表面来指定要加工的表面几何，也可通过选择存在曲线、边缘或制定一系列有序点来定义表面几何。面铣基于平面的边界，在选择了工件几何体的情况下，可以自动防止过切。

面铣常用于多个平面底面的精加工，也可用于平面底面粗加工和侧壁的精加工。所加工的工件侧壁可以是不垂直的，如复杂型芯和型腔上多个平面的精加工，如图 4-10 所示。

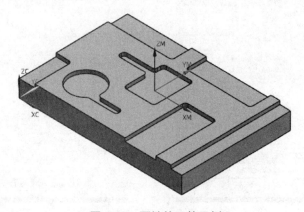

图 4-10　面铣的工件示例

平面铣和面铣的区别如下。

(1) 切削深度定义的不同。平面铣是通过边界和底面的高度差来定义的；面铣是参照定义平面的相对深度，只要设定相对值即可。

(2) 毛坯体和检查体选择的不同。平面铣只能选择边界，面铣可以选择边界、实体和片体。

(3) 底面的定义不同。平面铣必须定义底面，而面铣不用定义底面，因为选择的平面就是底面。

4.3.1　面铣参数的基本设置

【面铣】对话框如图 4-11 所示。

UG NX 汉化版【面铣】操作不用定义底面，其他的主要参数设置和【平面铣】操作基本相同，但选择形式和作用略有不同。下面进行简单介绍，读者可通过后面的实例加深理解。

- 几何体：定义方式与平面铣相同。
- 指定部件：选择需要加工部件。
- 指定面边界：面边界的定义有面边界、曲线边界、点边界等 3 种模式，如图 4-12 所示。

图 4-11　【面铣】对话框

图 4-12　【指定面几何体】对话框

面铣都是封闭边界。当使用曲线边界和点边界时，需要定义投影平面的具体操作与平面铣边界相同。

- 指定检查体：定义方式与平面铣相同。检查体可以不被定义。
- 指定检查边界：与【指定面边界】的定义方法基本相同。检查边界可以不被定义。

4.3.2　切削深度

面铣操作切削深度的定义方式是通过【毛坯距离】和【每刀深度】两个参数值来定义的，即通过【每刀深度】来平分【毛坯距离】得到应该切削的层数，如图 4-13 所示。如果【每刀深度】设定为 0，则切削的层数为 1 层，不管【毛坯距离】是多少，都会一次切除到最终底面余量值。

平面直径百分比	75.0000
毛坯距离	1.0000
每刀深度	0.5000
最终底面余量	0.0000

图 4-13　面铣切削深度设定

4.4　凹型面平面铣实例

依据图 4-14 所示零件型面特征，综合采用平面铣加工操作。先后进行平面铣粗加工、槽底面精加工和槽侧面精加工操作。

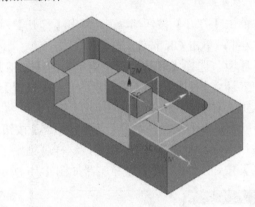

图 4-14　零件的模型

4.4.1　工艺分析

本例是一个比较典型的平面加工零件，主要包括平面铣、轮廓精加工和表面精加工。本例主要目的是通过零件加工的过程，让读者逐步熟悉平面铣和面铣的基本思路和步骤。

零件材料是 45# 钢，加工思路是先通过平面铣进行粗加工，侧面留 0.35mm 加工余量，底面留 0.15mm 余量；再用面铣精加工底面；最后用平面铣精加工侧壁，加工工艺方案如表 4-1 所示。

表 4-1　平面铣的加工工艺方案

工序号	加工内容	加工方式	留余量部件/底面(mm)	机床	刀　具	夹具
10	下料 100mm×50mm×25mm	铣削	0.5	铣床	面铣刀Φ32	机夹虎钳
20	铣六面体 100mm×50mm×25mm，保证尺寸误差在 0.3mm 以内，两面平行度小于 0.05mm	铣削	0	铣床	面铣刀Φ32 立铣刀Φ16	机夹虎钳
30	将工件安装到机夹台虎钳上，夹紧工件两侧面			数控铣床		机夹虎钳

续表

工序号	加工内容	加工方式	留余量部件/底面(mm)	机床	刀　具	夹　具
30.01	凹槽的开粗	平面铣	0.35/0.15		立铣刀Φ8	
30.02	槽底平面的精加工	面铣	0		立铣刀Φ8	
30.03	槽侧平面的精加工	平面铣	0		立铣刀Φ8	

4.4.2　CAM 操作

1. 粗加工

step 01　调入零件。单击【打开】按钮 ⟶ ，弹出【打开】对话框，选择配套教学资源中的"\part\4\4-1.prt"文件，单击 OK 按钮。

step 02　初始化加工环境。选择【启动】下拉菜单中的【加工】命令，进入加工模块，弹出如图 4-15 所示的【加工环境】对话框。在【要创建的 CAM 设置】选项中选择 mill_planar，单击【确定】按钮，进入加工环境。

step 03　设定工序导航器。单击资源条中的【工序导航器】按钮 ⬛，打开工序导航器，单击右上角的【锁定】按钮 ⊞，使它变成 ⊠ 形状，这样就锁定了导航器，在【导航器】工具条中单击【几何视图】按钮 ⬛，则工序导航器如图 4-16 所示。

图 4-15　【加工环境】对话框

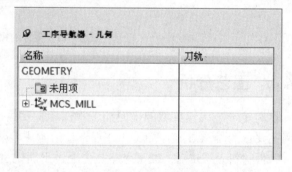

图 4-16　几何工序导航器

step 04　设定坐标系和安全高度。在工序导航器中双击坐标系 ⊞⬛ MCS_MILL ，打开 Mill_Orient 对话框，如图 4-17 所示。选择【指定 MCS】加工坐标系，打开 CSYS 对话框，如图 4-18 所示。在【类型】下拉列表框中选择【对象的 CSYS】，单击平面，设定加工坐标系在平面的中心，如图 4-19 所示。

在【安全设置选项】下拉列表框中选择【平面】，如图 4-20 所示，单击【指定平面】按钮，弹出【平面】对话框，如图 4-21 所示。【类型】默认选择为【自动判断】，单击零件项面，在【距离】文本框中输入 20，即安全高度为 Z20，单击【确定】按钮，完成设置。

step 05　创建刀具。单击【刀片】工具条中的【创建刀具】按钮 🔧，打开【创建刀具】对话框，默认【刀具子类型】为【铣刀】 🔧，在【名称】文本框中输入 D8，如图 4-22 所示。单击【应用】按钮，打开刀具参数设置对话框，在【直径】文本框中输入 8，如图 4-23 所示。这样就创建了一把直径为 8mm 的平铣刀。

图 4-17　Mill_Orient 对话框

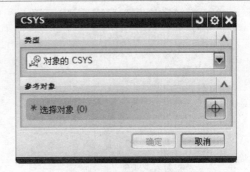

图 4-18　CSYS 对话框

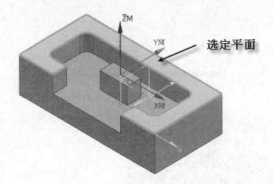

图 4-19　设定坐标系

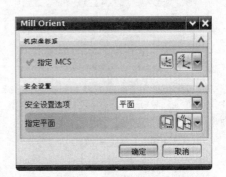

图 4-20　【安全设置】选项组

图 4-21　【平面】对话框

　　若想选用合适的刀具，首先要对零件最小边界处进行测量，然后确定刀具的大小，如图 4-24 所示。

step 06　创建方法。单击【刀片】工具条中的【创建方法】按钮，打开【创建方法】对话框，在【名称】文本框中输入 MILL_0.35，如图 4-25 所示。单击【应用】按钮，打开【铣削方法】对话框，在【部件余量】文本框中输入 0.35，在【公差】选项组中设定【内公差】和【外公差】均为 0.03，如图 4-26 所示。单击【确定】按钮，这样就创建了一个余量为 0.35mm 的方法。同理，自行创建另一个余量为 0 的方法，名称为 MILL_0.0。

　　创建方法也可不设定，可在各种铣削对话框的切削参数对话框中直接设定余量和公差的大小。

图 4-22 【创建刀具】对话框

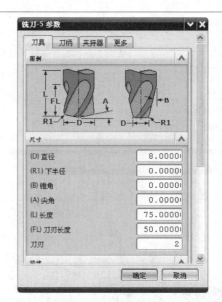

图 4-23 设置刀具参数

图 4-24 测量距离

图 4-25 【创建方法】对话框

图 4-26 【铣削方法】对话框

step 07 查看创建的刀具和方法。在工序导航器中右击，打开机床工序导航器，可以看到刚创建的刀具，如图 4-27 所示。在刀具图标上双击则可以看到该刀具参数对话框。继续在工序导航器中右击，并打开加工方法工序导航器，可以看到刚创建的方法，如图 4-28 所示。在方法图标上双击则可以看到该方法的参数对话框。

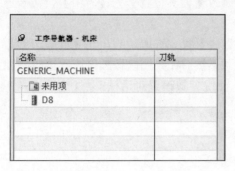

图 4-27　机床工序导航器

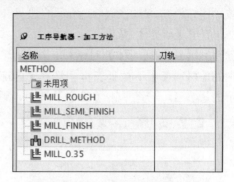

图 4-28　加工方法工序导航器

step 08 创建几何体。在工序导航器中单击 MCS_MILL 图标前的 "+" 按钮，展开坐标系父节点，双击其下的 WORKPIECE，打开【铣削几何体】对话框，如图 4-29 所示。单击【指定部件】按钮，打开【部件几何体】对话框，在绘图区选择零件作为部件几何体。

step 09 创建毛坯几何体。单击【确定】按钮，回到【铣削几何体】对话框，在对话框中单击【指定毛坯】按钮，打开【毛坯几何体】对话框。单击【类型】下的第三个【包容块】按钮，系统自动生成默认毛坯，如图 4-30 所示。单击两次【确定】按钮，返回主界面。

图 4-29　【铣削几何体】对话框

图 4-30　【毛坯几何体】对话框

创建部件几何体和毛坯几何体的作用：①作为平面铣的几何父节点，防止过切；②用于刀位轨迹的实体模拟。

step 10 创建平面铣。单击【刀片】工具条中的【创建工序】按钮，打开【创建工序】对话框，如图 4-31 所示。在【类型】下拉列表框中选择 mill_planar，即选择了平面铣加工操作模板，修改位置参数，填写名称，然后单击 PLANAR_MILL 图标，打开平面

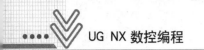
铣参数设置对话框。

step 11 创建边界。在平面铣参数设置对话框中，单击【指定部件边界】按钮 ，打开【边界几何体】对话框，在【模式】下拉列表框中选择【曲线/边】选项，打开【创建边界】对话框，在【材料侧】下拉列表框中选择【外部】选项，如图 4-32 所示。然后在绘图区按顺序依次选取如图 4-33 所示的边界 1，再修改【刀具位置】为【对中】，接着选择边界 2，单击【确定】按钮。

返回【边界几何体】对话框，继续以【曲线/边】模式选取边界，在【创建边界】对话框中的【材料侧】下拉列表框中选择【内部】选项，然后在绘图区按顺序依次选取如图 4-33 所示的边界 3，一直单击【确定】按钮，返回平面铣参数设置对话框。

图 4-31 【创建工序】对话框

图 4-32 【创建边界】对话框

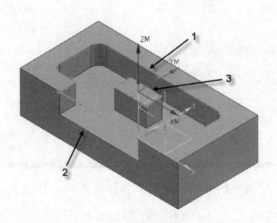

图 4-33 选择边界

step 12 设定底面。单击【指定底面】按钮，打开【平面构造器】对话框，直接在绘图区选择零件的底面，单击【确定】按钮。

step 13　修改切削模式并设定步距。选择【切削模式】为【跟随部件】，【步距】选择【刀具平直百分比】，【平面直径百分比】设置为 65，如图 4-34 所示。

　　粗加工时为提高加工效率，【步距】一般选择【刀具平直百分比】方式，通常【平面直径百分比】为 60%～75%；精加工时【步距】一般选择【恒定】或【残余高度】方式。

图 4-34　【切削模式】选项

step 14　设定进刀参数。单击【非切削移动】按钮，打开【非切削移动】对话框，在【进刀】选项卡下，设定【进刀类型】为【螺旋】，【直径】和【斜坡角】设置如图 4-35 所示，单击【确定】按钮。

　　【螺旋】进刀类型直径为 "%刀具"，一般为 65%～90%刀具直径，斜坡角为 5°～15°。

step 15　设定切削深度。单击【切削层】按钮，打开【切削层】对话框，在【类型】下拉列表框中选择【恒定】选项，并设置【每刀深度】为 0.6，如图 4-36 所示。

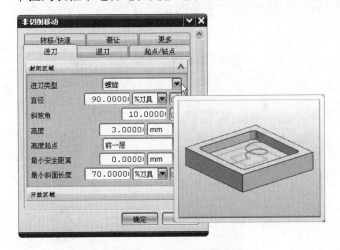

图 4-35　【进刀】选项卡　　　　　　　图 4-36　【切削层】对话框

step 16　设定切削余量。单击【切削参数】按钮，打开【切削参数】对话框，在【余量】选项卡中修改【最终底面余量】为 0.15，如图 4-37 所示，单击【确定】按钮。

step 17　设定进给率和刀具转速。单击【进给率和速度】按钮，打开【进给率和速度】对话框，在【主轴速度】文本框中输入 3000，在【进给率】选项组中设定【切削】为 800，并单击【主轴速度】后的【计算】按钮，生成表面速度和进给量，如图 4-38 所示，单击【确定】按钮。

step 18　生成刀位轨迹。单击【生成】按钮，系统计算出平面铣的刀位轨迹，如图 4-39 所示。

图 4-37　【切削参数】对话框　　　　图 4-38　【进给率和速度】对话框

2. 精加工底面

step 01　创建面铣操作。单击【刀片】工具条中的【创建工序】按钮 ，打开【创建工序】对话框，选择面铣 FACE_MILLING，其他参数设置如图 4-40 所示。单击【确定】按钮，打开面铣参数设置对话框。

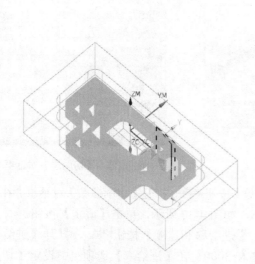

图 4-39　平面铣的刀位轨迹　　　　图 4-40　【创建工序】对话框

step 02　指定面边界。单击【指定面边界】按钮 ，打开【指定面几何体】对话框，直接在绘图区选择零件的底面，单击【确定】按钮。

step 03　设定切削模式和切削深度。更改【切削模式】为【跟随周边】，并设定【毛坯距离】和【每刀深度】均为 1，如图 4-41 所示。

step 04　设定螺旋进刀。单击【非切削移动】按钮 ，打开【非切削移动】对话框，在【进刀】选项卡中，设定【进刀类型】为【螺旋】，【直径】和【斜坡角】设置如图 4-42 所示，单击【确定】按钮。

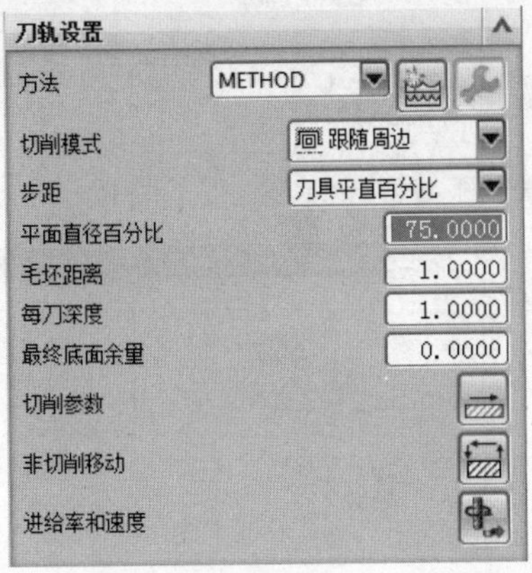

图 4-41　设置【切削模式】和【每刀深度】选项

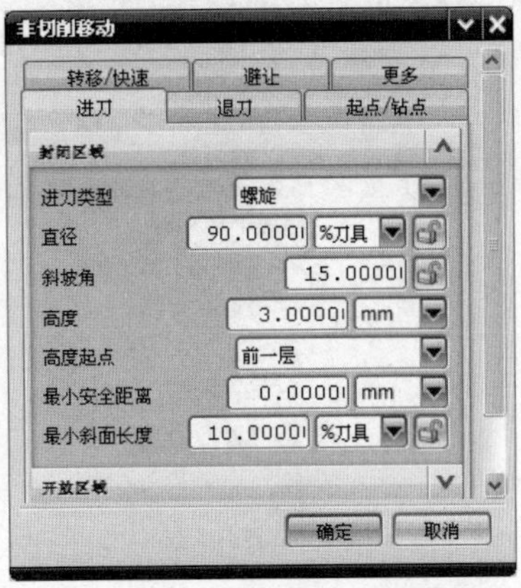

图 4-42　【进刀】选项卡

step 05 生成刀位轨迹。单击【生成】按钮，系统计算出底面精加工的刀位轨迹，如图 4-43 所示。

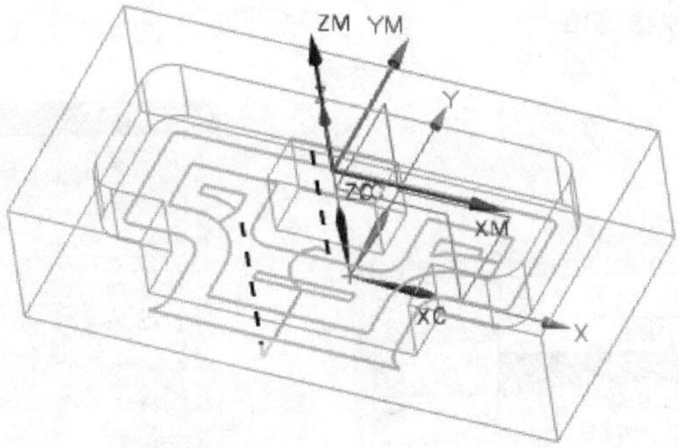

图 4-43　底面精加工的刀位轨迹

3. 精加工侧面

step 01 复制平面铣操作。在工序导航器中，在粗加工的平面铣几何体节点上右击，在打开的快捷菜单中选择【复制】命令，如图 4-44 所示。按照同样的方法，在面铣几何体节点上右击，在打开的快捷菜单中选择【粘贴】命令，则复制了一个新的平面铣操作，如图 4-45 所示。

step 02 修改方法。双击新建的平面铣操作，打开平面铣参数设置对话框，在【刀轨设置】选项卡中，在【方法】列表中选择 MILL_0.0，如图 4-46 所示。这一步重新定义了精加工侧壁的余量为 0。

step 03 设定切削模式。修改【切削模式】为【轮廓加工】，使刀具围绕轮廓切削。

step 04 设定切削底面余量。单击【切削参数】按钮，打开【切削参数】对话框，在【余量】选项卡中修改【部件余量】和【最终底面余量】均为 0，【内公差】和【外公差】设置为 0.01，单击【确定】按钮，如图 4-47 所示。

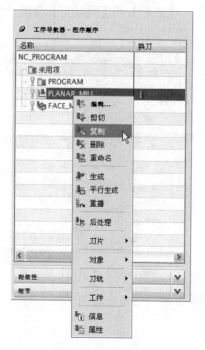

图 4-44　快捷菜单

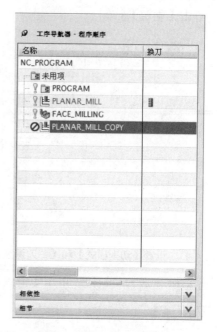

图 4-45　复制平面铣操作

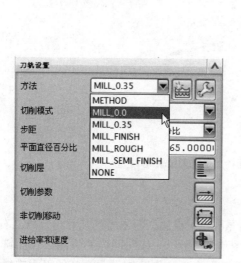

图 4-46　修改方法

图 4-47　修改切削参数

step 05　生成刀位轨迹。单击【生成】按钮 ⊨，系统计算出精加工侧面的刀位轨迹，如图 4-48 所示。

step 06　刀轨实体加工模拟。在工序导航器中，在 WORKPIECE 节点上右击，在打开的快捷菜单中选择【刀轨】|【确认】命令，如图 4-49 所示，则回放所有该节点下的刀轨，接着打开【刀轨可视化】对话框，如图 4-50 所示。选择其中的【2D 动态】或【3D 动态】选项卡，单击下面的【播放】按钮 ▶，系统开始模拟加工的全过程。图 4-51 所示为刀轨实体加工模拟。

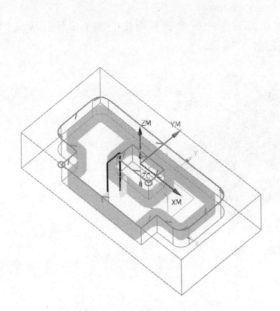

图 4-48　精加工侧面的刀位轨迹

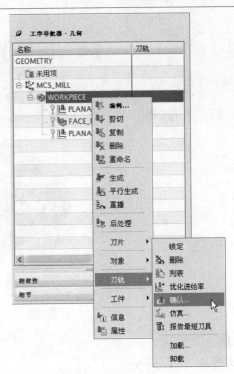

图 4-49　刀轨确认

图 4-50　【刀轨可视化】对话框

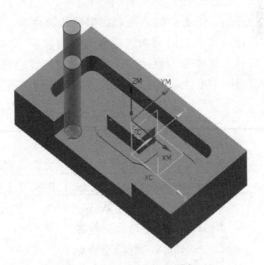

图 4-51　刀轨实体加工模拟

4.5 前模平面精加工综合实例

依据如图 4-52 所示零件前模底面的特征,综合采用平面铣和面铣的加工操作。先后进行对底面的半精加工、精加工以及圆形流道的加工操作。

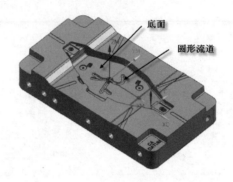

图 4-52 前模

4.5.1 工艺分析

图 4-52 所示为一个粗加工之后的前模,材料为 H13 钢。这是比较复杂的前模加工实例,需要不同类型的加工,才能完成。本实例只对前模的底面进行精加工以及对圆形流道进行加工,目的是介绍复杂模具平面精加工的方法思路,加深读者对刀具与边界的位置关系的理解,展示面铣的功能。

加工思路是首先对底面进行补面,这样可以使做出来的刀路痕迹比较美观。另外,将利用直线、偏置曲线、抽取虚拟曲线等命令,绘制圆形流道的边界线,作为刀路的边界线。其次通过平铣刀对底面进行面铣半精加工、精加工,保证底面的表面粗糙度。最后通过平面铣利用球头铣刀直接加工圆形流道,设定球头刀与边界的位置关系,控制刀位轨迹在圆形流道的中心上。其加工工艺方案如表 4-2 所示。

表 4-2 前模的底面进行精加工和圆形流道进行加工的加工工艺方案

工序号	加工内容	加工方式	留余量部件/底面(mm)	机床	刀具	夹具
10	下料 310mm×170mm×61mm	铣削	0.5	铣床	面铣刀 Φ32	机夹虎钳
20	铣六面体 310mm×170mm×61mm,保证尺寸误差在 0.3mm 以内,两面平行度小于 0.05mm	铣削	0	铣床	面铣刀 Φ32	机夹虎钳
30	在前模底面攻 4 个辅助安装螺丝孔,将工件安装到底板上,然后压紧在工作台上			加工中心		组合夹具

工序号	加工内容	加工方式	留余量部件/底面(mm)	机床	刀 具	夹 具
30.01	底面的半精加工	面铣	0.8/0.1		立铣刀Φ10	
30.02	底面的精加工	面铣	0.2/0		立铣刀Φ10R0.5	
30.03	圆形流道的加工：边界 2	平面铣	0		球头铣刀 R3	
30.04	圆形流道的加工：边界 3、边界 4	平面铣	0		球头铣刀 R3	
30.05	圆形流道的加工：边界 1、边界 5、边界 6	平面铣	0		球头铣刀 R3	

4.5.2　CAM 操作

1. 底面的半精加工

step 01 单击【打开】按钮 ，弹出【打开】对话框，选择配套教学资源中的 "\part\4\4-2.prt" 文件，单击 OK 按钮。

在【建模】应用模块下，利用有界平面和修补开口命令，对底面进行补面。利用直线、偏置曲线、抽取虚拟曲线等命令，绘制圆形流道的边界线。在层设置中打开 150 图层即可见，如图 4-53 所示。

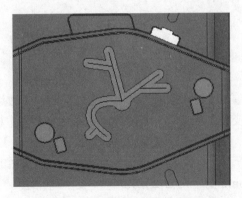

图 4-53　补面和绘制圆形流道边界线

step 02 初始化加工环境。选择【启动】下拉菜单中的【加工】命令，弹出【加工环境】对话框。在【要创建的 CAM 设置】选项组中选择 mill_planar 作为操作模板，单击【确定】按钮，进入加工环境。

step 03 设定工序导航器。单击资源条中的【工序导航器】按钮 ，打开工序导航器，单击右上角的【锁定】按钮 ，在工序导航器中右击，在【导航器】工具条中单击【几何视图】按钮 。

step 04 设定加工坐标系。在工序导航器中，双击坐标系 MCS_MILL，打开 Mill_Orient 对话框。选择【指定 MCS】加工坐标系，打开 CSYS 对话框，在【类型】下拉列表框中选择【对象的 CSYS】，单击前模的底面，将加工坐标系设定在前模的底面中心。

回到 CSYS 对话框，选择【动态】，在绘图区拖住旋转手柄，将 XM 轴绕着 ZM 轴逆时针旋转 90º，然后将 ZM 轴绕着 XM 轴顺时针旋转 180º，MCS 加工坐标系设置完成，如图 4-54 所示。

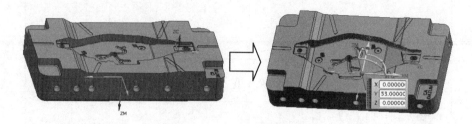

图 4-54　设定加工坐标系

step 05　设定安全高度。在选择【安全设置】选项下，在【安全设置选项】下拉列表框中选择【平面】，并单击【指定平面】按钮，弹出【平面】对话框。单击前模的顶面，在【距离】文本框中输入 20，即安全高度为 Z20，单击【确定】按钮，完成设置，如图 4-55 所示。

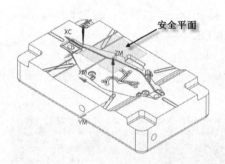

图 4-55　设定安全高度

step 06　创建刀具。单击【刀片】工具条中的【创建刀具】按钮，打开【创建刀具】对话框，默认的【刀具子类型】为【铣刀】，在【名称】文本框中输入 D10，如图 4-56 所示。单击【应用】按钮，打开刀具参数设置对话框，在【直径】文本框中输入 10，如图 4-57 所示。这样就创建了一把直径为 10mm 的平铣刀。用同样的方法再创建一把直径为 10mm、底圆角半径为 0.5mm 的平铣刀 D10R0.5。

step 07　创建几何体。在工序导航器中单击 MCS_MILL 前的"+"按钮，展开坐标系父节点，双击其下的 WORKPIECE，打开【铣削几何体】对话框，单击【指定部件】按钮，打开【部件几何体】对话框，在绘图区选择前模作为部件几何体。

step 08　创建毛坯几何体。单击【确定】按钮，回到【铣削几何体】对话框，在对话框中单击【指定毛坯】按钮，打开【毛坯几何体】对话框。单击【类型】项中的第三个图标【包容块】按钮，如图 4-58 所示。单击两次【确定】按钮，返回主界面。

step 09　创建程序组。单击【刀片】工具条中的【创建程序】按钮，打开【创建程序】对话框，然后设置【类型】、【位置】、【名称】，如图 4-59 所示。单击两次【确定】按钮后，就建立了一个程序。用同样的方法，建立另一个程序 CA2。打开程序顺序工序导航器，如图 4-60 所示，可以看到刚刚建立的程序 CA1 和 CA2。

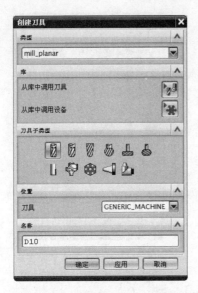

图 4-56　【创建刀具】对话框

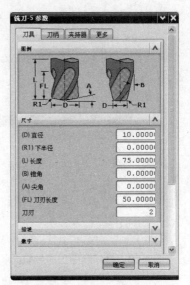

图 4-57　设置刀具参数

图 4-58　【毛坯几何体】对话框

图 4-59　【创建程序】对话框

step 10　创建面铣。单击【刀片】工具条中的【创建工序】按钮 ，打开【创建工序】对话框，如图 4-61 所示。在【类型】下拉列表框中选择 mill_planar，修改位置参数，填写名称，然后单击 FACE_MILLING 图标 ，打开面铣参数设置对话框。

step 11　指定面边界。单击【指定面边界】按钮 ，打开【指定面几何体】对话框，打开 150 图层，在绘图区选择前模修补过的底面，单击【确定】按钮。

step 12　设定切削模式和切削深度。设定【切削模式】为【跟随部件】、【毛坯距离】为 0.7、【每刀深度】为 0.2，如图 4-62 所示。

step 13　设定底面余量。单击【切削参数】按钮 ，打开【切削参数】对话框，在【余量】选项卡中修改【部件余量】为 0.8、【最终底面余量】为 0.1，如图 4-63 所示，单击【确定】按钮。

step 14　设定进刀参数。单击【非切削移动】按钮 ，打开【非切削移动】对话框，在【进刀】选项卡中，设定【进刀类型】为【沿形状斜进刀】，【斜坡角】和【最小斜面

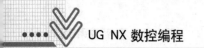

长度】设置如图 4-64 所示，单击【确定】按钮。

图 4-60　程序顺序工序导航器

图 4-61　【创建工序】对话框

图 4-62　设定【切削模式】和【每刀深度】选项

图 4-63　【切削参数】对话框

图 4-64　【非切削移动】对话框

通常情况下，沿形状斜进刀的角度为 2°～5°。最小斜面长度应大于刀具中心部分不能切削的盲区，可设置为刀具直径的 30%～100%。

step 15 设定进给率和刀具转速。单击【进给率和速度】按钮，打开【进给率和速度】对话框，在【主轴速度】文本框中输入 2000。在【进给率】选项组中设定切削速度为 800，单击【主轴速度】后的【计算】按钮，生成表面速度和进给量，如图 4-65 所示。

step 16 生成刀位轨迹。单击【生成】按钮，系统计算出面铣半精加工的刀位轨迹，如图 4-66 所示。

图 4-65　【进给率和速度】对话框

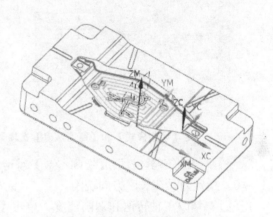

图 4-66　面铣半精加工的刀位轨迹

2. 底面的精加工

step 01 复制面铣操作。在工序导航器中，在半精加工的面铣几何体节点上右击，在打开的快捷菜单中选择【复制】命令。按照同样的方法，在面铣几何体节点上右击，在打开的快捷菜单中选择【粘贴】命令，则复制一个新的面铣操作，如图 4-67 所示。

step 02 修改刀具。在新复制的面铣操作上双击左键，打开面铣对话框，在【刀具】中选取铣刀 D10R0.5，如图 4-68 所示。

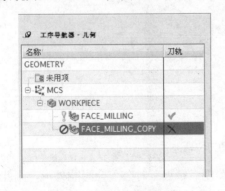

图 4-67　几何工序导航器

图 4-68　选取刀具

step 03 修改设定切削模式和切削深度。设定【切削模式】为【往复】，【每刀深度】为 0，即一次切除所有余量，【最终底面余量】为 0，如图 4-69 所示。

step 04 修改余量和公差。单击【切削参数】按钮 ▱，打开【切削参数】对话框，在【余量】选项卡中修改【部件余量】为 0.2，【最终底面余量】为 0。在【公差】选项组中，将【内公差】、【外公差】均设置为 0.01，如图 4-70 所示。

图 4-69　设定【切削模式】和【每刀深度】选项

图 4-70　【切削参数】对话框

step 05 修改策略。打开【切削参数】对话框，在【策略】选项卡中修改【与 XC 的夹角】为 0，指定刀具在长度方向铣削。

step 06 修改主轴转速和切削速度。单击【进给率和速度】按钮 ▣，打开【进给率和速度】对话框，在【主轴速度】文本框中输入 3000，在【进给率】选项组中设定【切削】为 600，其他各个参数保持默认设置。

step 07 生成刀位轨迹。单击【生成】按钮 ▣，系统计算出面铣精加工的刀位轨迹，如图 4-71 所示。

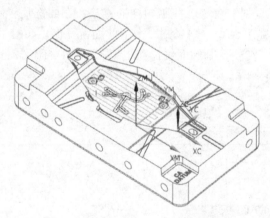

图 4-71　面铣精加工的刀位轨迹

用【往复】切削模式加工出的直纹，表面比较美观。精加工时公差会影响外形，因此公差设定在 0.01mm 以内。另外，提高主轴转速，降低切削速度，也可以得到更好的表面质量。

3. 圆形流道的加工

首先将圆形流道划分为如图 4-72 所示的 6 个边，按加工工艺，每个边可以单独加工，也可以组合加工。现以边界 2 单独加工，边界 3 和边界 4 为一组，边界 1、边界 5 和边界 6 为一组创建刀路，下面进行详细介绍。

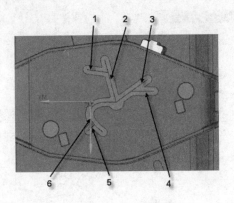

图 4-72　圆形流道

首先，创建边界 2 的加工刀路，步骤如下。

step 01　创建刀具。通过测量圆形流道的半径 R 为 3.175mm，可选用 R3 的球头铣刀。单击【刀片】工具条中的【创建刀具】按钮，打开【创建刀具】对话框，【刀具子类型】选择球头铣刀，在【名称】文本框中输入 R3，如图 4-73 所示。单击【应用】按钮，打开刀具参数设置对话框，在【球直径】文本框中输入 6，如图 4-74 所示。单击【确定】按钮，这样就创建了一把半径为 3mm 的球头铣刀。

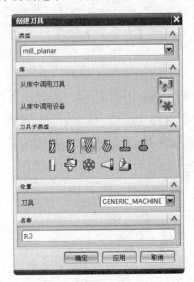

图 4-73　【创建刀具】对话框

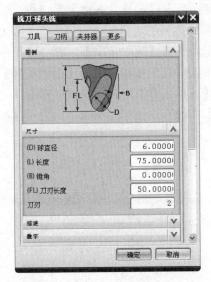

图 4-74　【铣刀球头铣】对话框

step 02　创建平面铣。单击【刀片】工具条中的【创建工序】按钮，打开【创建工序】对话框，如图 4-75 所示。在【类型】下拉列表框中选择 mill_planar，修改位置参数，填写名称，然后单击 PLANAR_MILL 图标，打开平面铣参数设置对话框。

step 03　修改预设置参数。在定义边界前，此例需要将工件坐标系定位到加工坐标系，UG NX 提供了预设置参数，选择【首选项】下拉菜单中的【加工】命令，弹出【加工首选项】对话框,选中【将 WCS 定向到 MCS】复选框,如图 4-76 所示。设定参数后,在对某节点执行操作时,系统将使工作坐标系的原点和方向临时定位到该节点的加工坐标系。

图 4-75　【创建工序】对话框

图 4-76　【加工首选项】对话框

step 04 创建边界。打开 10 图层。在平面铣参数设置对话框中,单击【指定部件边界】按钮 ▦,打开【边界几何体】对话框,在【模式】下拉列表框中选择【曲线/边】选项,打开【创建边界】对话框,在【类型】下拉列表框中选择【开放的】选项;在【平面】下拉列表框中选择【用户定义】,打开【平面】对话框,如图 4-77 所示。选择圆形流道的顶面。单击【确定】按钮,返回【创建边界】对话框。

在【刀具位置】下拉列表框中选择【对中】选项,如图 4-78 所示。选择边界 2,单击【确定】按钮,返回平面铣参数设置对话框。

图 4-77　【平面】对话框

图 4-78　【创建边界】对话框

step 05 指定底面。单击【指定底面】按钮 ▣,打开【平面】对话框,在【距离】文本框中输入圆形流道的半径为-3.175,然后在绘图区中选择圆形流道的顶面,单击【确定】按钮,如图 4-79 所示。

step 06　修改切削模式。选择切削模式为【轮廓加工】。

step 07　设定进刀参数。此流道加工不允许有进刀和退刀，否则过切。所以应取消进、退刀，单击【非切削移动】按钮，打开【进刀】选项卡，在【封闭区域】选项组中【进刀类型】选择【插削】选项，在【开放区域】选项组中【进刀类型】选择【与封闭区域相同】，如图 4-80 所示。打开【退刀】选项卡，【退刀类型】选择【与进刀相同】。在【起点/钻点】选项卡中，设置【指定点】为流道中孔的圆心，如图 4-81 所示。

图 4-79　【平面】对话框

图 4-80　【进刀】选项卡

图 4-81　【起点/钻点】选项卡

step 08　设定切削深度。单击【切削层】按钮，打开【切削层】对话框，在【类型】下拉列表框中选择【恒定】选项，设置【公共】为 0.2，如图 4-82 所示。

step 09　设定切削余量。单击【切削参数】按钮，打开【切削参数】对话框，在【余量】选项卡中设置【部件余量】和【最终底面余量】都为 0，单击【确定】按钮。

step 10　设定进给率和刀具转速。单击【进给率和速度】按钮，打开【进给率和速度】对话框，在【主轴速度】文本框中输入 3600，在【进给率】选项组中设定【切削】为 1000，其他各个参数保持默认设置，如图 4-83 所示。

图 4-82　【切削层】对话框

图 4-83　【进给率和速度】对话框

step 11 生成刀位轨迹。单击【生成】按钮，系统计算出圆形流道 2 的平面铣刀位轨迹，如图 4-84 所示。

创建边界 3 和边界 4 的加工刀路，步骤如下。

step 01 复制平面铣操作。在工序导航器中，在平面铣几何体节点上右击，在打开的快捷菜单中选择【复制】命令。按照同样的方法，在面铣几何体节点上右击，在打开的快捷菜单中选择【粘贴】命令，则复制了一个新的平面铣操作，如图 4-85 所示。

step 02 修改边界。在【平面铣】对话框中，单击【指定部件边界】按钮，单击【移除】按

图 4-84　圆形流道 2 的平面铣刀位轨迹

钮，移除流道 2。再次打开【边界几何体】对话框，在【模式】下拉列表框中选择【曲线/边】选项，打开【创建边界】对话框，如图 4-86 所示。直接在绘图区选择边界 3 和边界 4。注意，每选择一条边界后，都要单击【创建下一个边界】按钮，然后再选下一条边界。单击【确定】按钮，返回主界面。

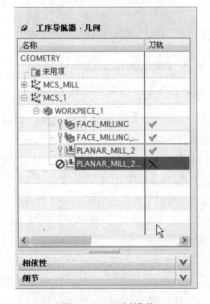

图 4-85　复制操作

图 4-86　【创建边界】对话框

step 03 修改切削模式。设定【切削模式】为【标准驱动】，如图 4-87 所示。

标准驱动也是一种轮廓切削方法，但它允许刀轨自相交，在刀轨本身有重叠相交时仍然严格按指定边界驱动刀具运动。

step 04 修改非切削移动。标准驱动模式允许刀轨自相交，因此需要取消选中【碰撞检查】复选框，如图 4-88 所示。

step 05 生成刀位轨迹。单击【生成】按钮，系统计算出圆形流道边界 3 和边界 4 的刀位轨迹，如图 4-89 所示。

图 4-87 设置【切削模式】为【标准驱动】　　图 4-88 取消选中【碰撞检查】复选框

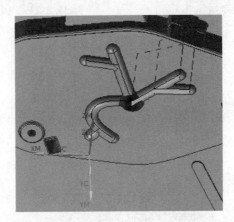

图 4-89 圆形流道边界 3 和边界 4 的刀位轨迹

创建边界 1、边界 5 和边界 6 的加工刀路，步骤如下。

step 01 复制平面铣操作。在工序导航器中，在前面流道边界 3、边界 4 平面铣几何体节点上右击，在打开的快捷菜单中选择【复制】命令。按照同样的方法，在面铣几何体节点上右击，在打开的快捷菜单中选择【粘贴】命令，则复制了一个新的平面铣操作，如图 4-90 所示。

step 02 修改边界。在【平面铣】对话框中，单击【指定部件边界】按钮，单击【重选择】按钮，打开警告对话框，单击【确定】按钮。打开【边界几何体】对话框，在【模式】下拉列表框中选择【曲线/边】选项，打开【创建边界】对话框，如图 4-91 所示。直接在绘图区选择边界 1，单击【创建下一个边界】按钮，选择边界 5。采用同样的方法选择边界 6。单击【确定】按钮，返回主界面。

step 03 生成刀位轨迹。单击【生成】按钮，系统计算出圆形流道边界 1、边界 5 和边界 6 的刀位轨迹，如图 4-92 所示。

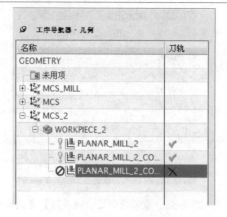

图 4-90　复制操作　　　　　　　图 4-91　【创建边界】对话框

图 4-92　圆形流道边界 1、边界 5 和边界 6 的刀位轨迹

4.6　本 章 小 结

　　本章主要介绍了平面铣和面铣的加工特点、加工的适用范围，一般平面铣和面铣的创建过程、平面铣加工几何体的类型和创建、公用选项参数的基本设置，包括切削模式、切削步进、切削参数、非切削参数、进给率和速度等。最后通过实例来说明平面铣和面铣的运用。

思考与练习

一、思考题

1. 平面铣与面铣的区别是什么？

2. 在平面铣中如何指定部件边界？

二、练习题

1. 打开配套教学资源"\exercise\4\4-1.prt"文件，利用平面铣和面铣加工路径对如图 4-93 所示的型芯零件进行粗加工、精加工，并生成 NC 代码。

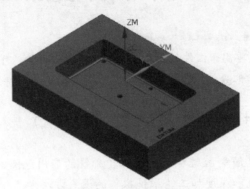

图 4-93　型芯零件

2. 打开配套教学资源"\exercise\4\4-2.prt"文件，利用面铣加工路径对如图 4-94 所示的工件进行底面的精加工，并生成 NC 代码。

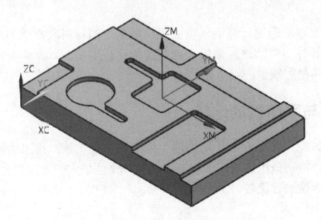

图 4-94　工件

第 5 章　型腔铣和深度加工轮廓铣

学习提示：型腔铣主要用于工件的粗加工，能快速去除余量，可加工不同形状的模型。也可进行工件的半精加工和部分精加工。本章介绍了型腔铣的加工特点和适用范围，以及其与深度加工轮廓铣的异同；重点介绍了型腔铣和深度加工轮廓铣的参数设置，包括切削层、切削参数、处理中的工件(IPW)等。最后通过实例说明了型腔铣和深度加工轮廓铣操作的运用。

技能目标：使读者了解型腔铣和深度加工轮廓铣的应用范围，掌握设置切削层、切削参数的方法，掌握型腔铣和深度加工轮廓铣操作的设置方法。

5.1　型腔铣概述

型腔铣的操作原理是通过计算毛坯除去工件后剩下的材料来产生刀轨，因此只需要定义工件和毛坯即可计算刀位轨迹，使用方便且智能化程度高。本章先介绍型腔铣的基本设置，再通过实例说明型腔铣的应用思路。

5.1.1　型腔铣与平面铣的比较

型腔铣与平面铣操作都是在水平切削层上创建的刀位轨迹，用来去除工件上的材料余量。大部分情况下，特别是粗加工，型腔铣可以替代平面铣，但平面铣也有它独特的优势。下面对型腔铣和平面铣进行比较。

1. 相同点

(1) 型腔铣与平面铣刀具轴都垂直于切削层平面。

(2) 型腔铣与平面铣的大部分参数基本相同，如切削方式、进刀和退刀、控制点、切削参数选项、拐角控制选项等。

2. 不同点

(1) 定义工件和毛坯的几何体类型不同。平面铣使用边界；型腔铣大部分使用实体，也可使用小平面和边界。

(2) 切削深度的定义不同。平面铣通过指定的边界和底面的高度差来定义总的切削深度；型腔铣则是通过毛坯几何体和零件几何体来定义切削深度。

5.1.2　型腔铣的适用范围

型腔铣的适用范围很广泛，可加工的工件侧壁可垂直或不垂直，底面或顶面可为平面或曲面，如模具的型芯和型腔等，可用于大部分的粗加工、直壁或斜度不大的侧壁的精加工，通过限定高度值，只作一层切削。型腔铣也可用于平面的精加工以及清角加工等。适用于型腔铣的工件类型如图 5-1 和图 5-2 所示。

图 5-1　打印机盖板的前模型腔

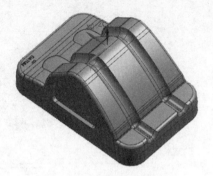

图 5-2　塑料后模型芯

5.2　型腔铣的参数设置

【型腔铣】对话框如图 5-3 所示。型腔铣最关键的参数是切削层、切削区域，以及处理中的工件(In Process Workpiece，IPW)的应用。本节先介绍型腔铣的加工原理，然后对型腔铣的参数设置进行讲解。

型腔铣的加工原理是在刀具路径的同一高度内完成一层切削，当遇到曲面时将会绕过，再下降一个高度进行下一层的切削，系统按照零件在不同深度的截面形状计算各层的刀路轨迹。如图 5-4 所示的零件，分 4 层切削，在不同的层里，道路轨迹也有所不同。

图 5-3　【型腔铣】对话框

5.2.1　切削层

切削层是为型腔铣操作指定切削平面。切削层由切削深度范围和每层深度来定义。一个范围由两个垂直于刀轴矢量的小平面来定义，同时可以定义多个切削范围。每个切削范围可以根据部件几何体的形状确定切削层的切削深度，各个切削范围都可以独立地设定各自的均匀深度。

在【型腔铣】对话框的【刀轨设置】选项中单击【切削层】按钮，打开【切削层】对话框，如图 5-5 所示。在【切削层】对话框中，型腔铣操作提供了全面、灵活的方法对切削范围、切削深度进行编辑。下面讲解切削层中各个选项的理解和用法。

1. 自动生成切削层

自动生成将范围设置为与任何水平平面对齐，这些是部件的关键深度。只要没有添加或修改局部范围，切削层将保持与部件的关联性，系统将检测部件上新的水平表面，并添加关键层与之匹配。选择这种方式时系统会自动寻找部件中垂直于刀轴矢量的平面。在两个平面之间定义一个切削范围，并且在两个平面上生成一种较大的三角形平面之间表示一个切削层，每两个小三角形平面之间表示范围内的切削深度，如图 5-6 所示。

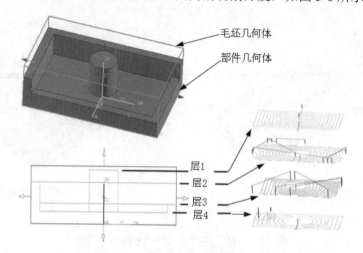

图 5-4　【型腔铣】的切削层

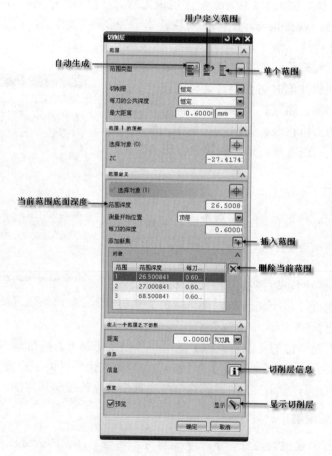

图 5-5　【切削层】对话框

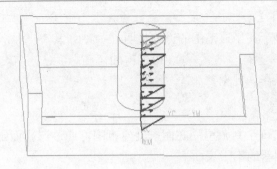

图 5-6　自动生成切削层图例

1) 仅在底部范围

在【切削层】对话框中选中【仅在底部范围】复选框时，则在绘图区只保留关键切削层，如图 5-7 所示，该参数设定只加工关键切削层的深度，即只加工工件存在平面区域的深度，该参数常用于精加工。

2) 切削深度

切削深度可分为总的切削深度和每一刀的深度。每一刀的深度可以定义为全局切削深度和某个切削范围内的局部切削深度，如图 5-8 所示。

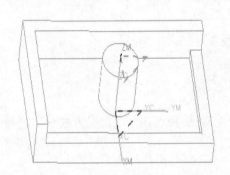

图 5-7　仅在底部切削的切削层

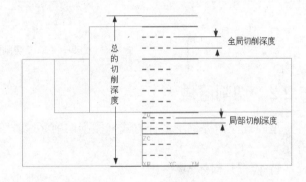

图 5-8　切削深度

3) 插入范围 ⊞

使用【插入范围】可在当前的范围下添加一个新范围。

4) 删除当前范围 ⊠

使用【删除当前范围】可删除当前的范围。当删除一个范围时，所删除范围之下的一个范围将会进行扩展以自顶向下填充缝隙。当删除仅有的一个范围时，系统将恢复默认的切削范围，该范围将从整个切削体积的顶部延伸至底部。

5) 测量开始位置

顶层：从第一个切削范围的顶部开始测量范围深度值。

范围顶部：从当前突出显示的范围的顶部开始测量范围深度值。

范围底部：从当前突出显示的范围的底部开始测量范围深度值。也可使用滑尺来修改范围底部的位置。

WCS 原点：从工作坐标系原点处开始测量范围深度值。

6) 切削层信息 [i]

在单独的窗口中显示关于该范围的详细说明。

7) 显示切削层

可重新显示范围以作为视觉参考。

2. 用户定义切削层

允许用户通过定义每个新范围的底面来创建范围，通过选择面定义的范围保持与部件的关联性，但不会检测新的水平表面。

3. 单个切削层

根据部件和毛坯几何体设置一个切削范围，如图 5-9 所示。在单个切削层中只能修改顶层和底层。

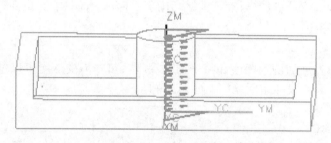

图 5-9 单个切削层

5.2.2 切削区域

型腔铣操作提供了多种方式来控制切削区域。下面对 5 种切削区域定义方式分别进行介绍。

1) 检查几何体

与平面铣类似，型腔铣的检查几何体用于指定不允许刀具切削的部位，如压板、虎钳等，不同之处是型腔铣可用实体等几何对象定义任何形状的检查几何体，如可以用片体、实体、表面、曲线定义检查几何体。

2) 修剪边界

修剪边界用于修剪刀位轨迹，去除修剪边界内侧或外侧的刀轨，且必须是封闭边界。

3) 切削区域

切削区域用于创建局部刀具路径。可以选择部件表面的某个面或面域作为切削区域，而不选择整个部件，这样就可以省去先创建整个部件的刀具路径，然后使用修剪功能对刀具路径进行进一步编辑的操作。当切削区域限制在较大部件的较小区域中时，切削区域还可以减少系统计算路径的时间。

4) 轮廓线裁剪

在【切削参数】对话框中，当打开容错加工时，可以在【空间范围】选项卡中将【修剪方式】设定为【轮廓线】，则系统利用工件几何体最大轮廓线决定切削范围，刀具可以定位到从这个范围偏置一个刀具半径的位置，如图 5-10 所示。

图 5-10　【切削参数】对话框

5) 参考刀具

在【切削参数】对话框的【空间范围】选项卡中，可以设定参考刀具，如图 5-11 所示，设定此参数用来创建清角刀轨，在对话框右边有产生的刀轨示意。还可设置【重叠距离】，对刀轨进行进一步的控制。

5.2.3　处理中的工件

IPW 选项主要用于二次开粗，是型腔铣中非常重要的一个选项。处理中的工件也就是操作完成后保留的材料，该选项可用的当前输出操作的状态，包括 3 个选项：【无】、【使用 3D】和【使用基于层的】，如图 5-12 所示。

图 5-11　【空间范围】选项卡

(1) 无：该选项是指在操作中不使用处理中的工件。也就是直接使用几何体父节点组中指定的毛坯几何体作为毛坯来进行切削，不能使用当前操作加工后的剩余材料作为当前操作的毛坯几何体，如图 5-13 所示。

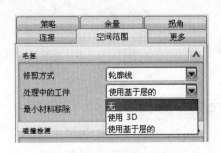

图 5-12　处理中的工件选项

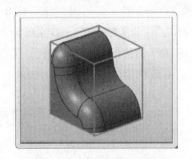

图 5-13　【无】处理中的工件

(2) 使用 3D：该选项是使用小平面几何体来表示剩余材料。选择该选项，可以将前一操作加工后剩余的材料作为当前操作的毛坯几何体，避免再次切削已经切削过的区域，如图 5-14 所示。

在选择【使用 3D】选项时，必须在选择的父节点中已经指定了毛坯几何体，否则在创建刀具路径时会弹出警告对话框，提示几何体没有定义毛坯几何体，不能生成刀具路径。

(3) 使用基于层的：该选项和【使用 3D】类似，也是使用先前操作后的剩余材料作为当前操作的毛坯几何体并且使用先前操作的刀轴矢量，操作都必须位于同一几何体父节点组内。使用该选项可以高效地切削先前操作中留下的弯角和阶梯面，如图 5-15 所示。

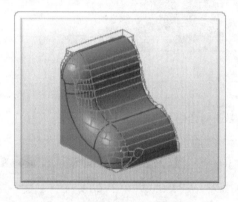

图 5-14 【使用 3D】处理中的工件

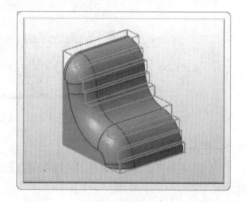

图 5-15 选择【使用基于层的】选项

在二次开粗时：如果当前操作使用的刀具和先前操作的刀具不一样，建议选择【使用 3D】选项；如果当前操作使用的刀具和先前刀具一样，只是改变了步进距离或切削深度，建议选择【使用基于层的】选项。

在定义 IPW 时，【空间范围】选项卡会出现【最小移除材料】文本框，最小移除材料厚度值是在部件余量上附加的余量，使生成的处理中的工件比实际加大后的工序件稍大一点，如图 5-16 所示。比如当前操作指定的部件余量是 0.5mm，而最小移除材料厚度值是 0.2mm，那么生成的处理中工件的余量是 0.7mm。可以理解为，前一个 IPW 的余量在 0.7mm 以上的区域才能被本操作加工到。

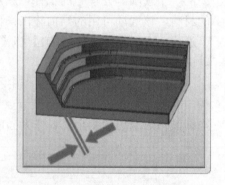

图 5-16 最小移除材料厚度值

IPW 可以成功执行的条件是，使用之前的所有操作都必须在同一个几何体组之下，且全部操作已生成。

IPW 常用于半精加工，清除前一把刀具铣不到的角落和无法下刀的区域。优先使用【跟随工件】的切削方式，生成的刀轨安全高效，智能化程度高。

5.3 深度加工轮廓铣操作

深度加工轮廓铣操作 是型腔铣的特例，经常应用到陡峭曲面的精加工和半精加工，与型腔铣的【配置文件】方式 相比，增加了一些特定的参数，如陡峭角度、混合切削模式、层间过渡、层间剖切等。【深度加工轮廓】对话框如图 5-17 所示。

深度加工轮廓铣操作与型腔铣操作的区别如下。

(1) 陡峭角度：此参数限定被加工区域的陡峭程度，而非陡峭面采用另外的加工方式，两者结合，达到对工件完整光顺精加工的目的。参数设置如图 5-18 所示。

图 5-17　【深度加工轮廓】对话框　　　　　图 5-18　设置【角度】参数

(2) 混合切削模式：当每层的刀轨没有封闭时，单向切削模式会产生许多提刀，采用混合切削模式避免提刀，可以提高加工效率，使刀轨更为美观。参数设置如图 5-19 所示。

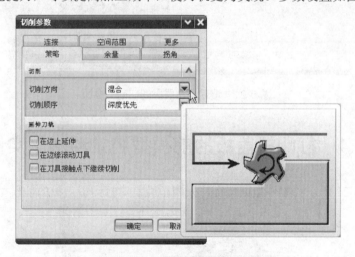

图 5-19　设置【切削方向】参数

(3) 层间过渡：提供了两种层到层之间的过渡方法，其中【直接对部件进刀】避免了提刀，使得产生的刀轨更为精简。参数设置如图 5-20 所示。

(4) 层间剖切：设定层间切削的步距和最大移动距离，可以实现在进行深度轮廓加工时，对非陡峭面进行均匀加工。参数设置如图 5-21 所示。

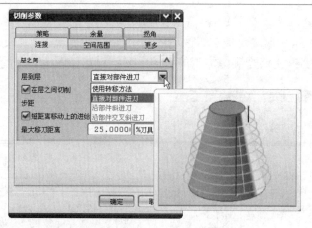

图 5-20　设置【层到层】参数

图 5-21　设置【在层之间切削】参数

5.4　打印机盖板的前模型腔铣粗加工实例

依据如图 5-22 所示的零件型面特征,采用型腔铣对打印机盖板的前模型腔进行粗加工。

图 5-22　打印机盖板的前模型腔

5.4.1　工艺分析

本例是打印机盖板一模两腔的前模型腔，属于典型的塑胶模，本例主要目的是通过前模型腔开粗加工的过程，让读者逐步熟悉型腔铣操作的基本思路和步骤。

零件材料是 718#钢，加工思路是通过型腔铣进行开粗加工，侧面留 0.35mm 加工余量，底面留 0.15mm 的余量，型腔铣的加工工艺方案如表 5-1 所示。

表 5-1　型腔铣的加工工艺方案

工序号	加工内容	加工方式	留余量 侧面/底面 (mm)	机床	刀具	夹具
10	下料 500mm×200mm×55mm	铣削	0.5	铣床	面铣刀Φ32	压板
20	铣六面体 500mm×200mm×55mm，保证尺寸误差在 0.3mm 以内，两面平行度小于 0.05mm	铣削	0	铣床	面铣刀Φ32	压板
30	在后模底面攻 4 个辅助安装螺丝孔，将工件安装到底板上，然后压紧在工作台上			加工中心		组合夹具
30.01	前模型腔的开粗	型腔铣加工	0.35/0.15		立铣刀Φ25	

5.4.2　CAM 操作

step 01　单击【打开】按钮 ，弹出【打开】对话框，选择配套教学资源中的 "\part\5\5-1.prt" 文件，单击 OK 按钮。

step 02　初始化加工环境。选择【启动】下拉菜单中的【加工】命令，弹出【加工环境】对话框，如图 5-23 所示。在【要创建的 CAM 设置】选项组中选择 mill_contour，作为操作模板，单击【确定】按钮，进入加工环境。

step 03　设定工序导航器。单击资源条中的【工序导航器】按钮 ，打开几何工序导航器，在【导航器】工具条中单击【几何视图】按钮 ，则几何工序导航器如图 5-24 所示。

图 5-23　【加工环境】对话框

图 5-24　几何工序导航器

step 04 设定坐标系和安全高度。在工序导航器中，双击坐标系 ⊕ ↳ MCS_MILL ，打开 Mill Orient 对话框，如图 5-25 所示。选择【指定 MCS】加工坐标系，单击零件的顶面，将加工坐标系设定在零件表面的中心。

在【安全设置】选项组的【安全设置选项】下拉列表框中选择【平面】，单击【指定平面】按钮，弹出【平面】对话框，选择【类型】为【按某一距离】，单击零件顶面，在【偏置】选项组的【距离】文本框中输入 20，即安全高度为 Z20，单击【确定】按钮，完成设置，如图 5-26 所示。

图 5-25 Mill Orient 对话框

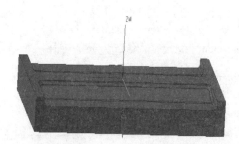

图 5-26 【平面】对话框

step 05 创建刀具。单击【刀片】工具条中的【创建刀具】按钮 ，打开【创建刀具】对话框，默认的【刀具子类型】为【铣刀】 ，在【名称】文本框中输入 D25，如图 5-27 所示。单击【应用】按钮，打开刀具参数设置对话框，在【直径】文本框中输入 25，如图 5-28 所示。这样就创建了一把直径为 25mm 的平铣刀。

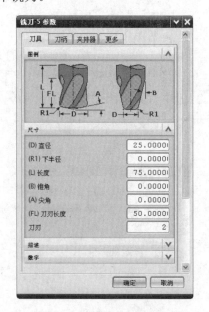

图 5-27 【创建刀具】对话框　　　　　　　图 5-28 设置刀具参数

step 06 创建几何体。在工序导航器中单击 ⊕ 🔧 MCS_MILL 前的"+"按钮，展开坐标系父节点，双击其下的 WORKPIECE，打开【铣削几何体】对话框，单击【指定部件】按钮 🔩，打开【部件几何体】对话框，在绘图区选择后模作为部件几何体。

step 07 创建毛坯几何体。单击【确定】按钮，回到【铣削几何体】对话框，在对话框中单击【指定毛坯】按钮 🔧，打开【毛坯几何体】对话框。单击【类型】下的第三个【包容块】按钮，如图 5-29 所示。单击两次【确定】按钮，返回主界面。

step 08 创建型腔铣。单击【刀片】工具条中的【创建工序】按钮 🔧，打开【创建工序】对话框，如图 5-30 所示。在【类型】下拉列表框中选择 mill_contour，修改位置参数，填写名称，然后单击 CAVITY_MILL 图标 🔧，打开型腔铣参数设置对话框。

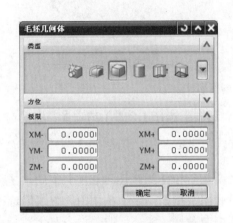

图 5-29 【毛坯几何体】对话框

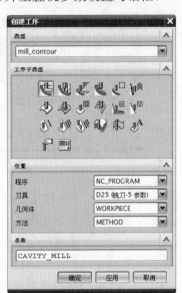

图 5-30 【创建工序】对话框

step 09 修改切削模式。选择【切削模式】为【跟随周边】，如图 5-31 所示。

step 10 设定切削层。单击【切削层】按钮 🔧，打开【切削层】对话框，在【最大距离】文本框中输入 0.5，如图 5-32 所示。单击【编辑切削层】按钮 🔧，然后在列表中选择第三行数据，单击【删除切削层】按钮 ✖，只保留第一个切削范围。

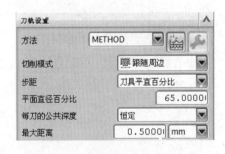

图 5-31 设置【切削模式】参数

自动生成的切削层，是在工件的厚度范围内生成的切削层，但加工高度范围内生成的切削层才是所需要的，删除不需要的切削层可以节省系统计算的时间。

step 11 设定切削策略。单击【切削参数】按钮 🔧，打开【切削参数】对话框，在【策略】选项卡中设置【切削方向】为【顺铣】，【切削顺序】为【深度优先】，如图 5-33 所示。

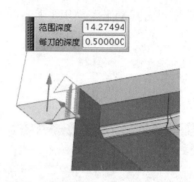

图 5-32 【切削层】对话框

step 12 设定切削余量。在【切削参数】对话框中选择【余量】选项卡，取消选中【使底面余量与侧面余量一致】复选框，修改【部件侧面余量】为 0.35，【部件底面余量】为 0.15，如图 5-34 所示，单击【确定】按钮。

型腔铣余量设置较灵活，分为【部件侧面余量】和【部件底面余量】，通常【部件侧面余量】会与加工方法的设置一致，而【部件底面余量】需要手工调整。也可以选中【使底面余量与侧面余量一致】复选框，使底面和侧面余量一致。一般来说，对于较复杂工件的粗加工，侧面余量要大于底面余量，刀具的直径可能误差较大，容易造成实际的侧面过切，而底面对刀几乎没有误差，较为准确。

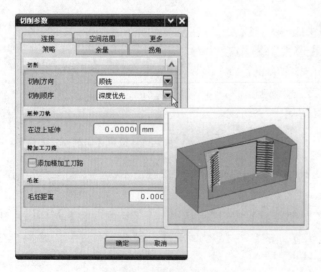

图 5-33 【策略】选项卡　　　　　　　　图 5-34 【余量】选项卡

step 13 设定连接参数。在【切削参数】对话框中选择【连接】选项卡，在【开放刀路】下拉列表框中选择【变换切削方向】，如图 5-35 所示。

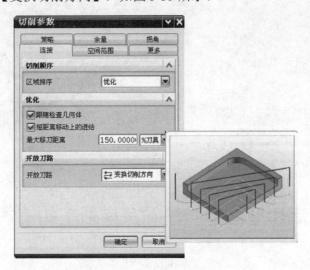

图 5-35　【连接】选项卡

step 14 设定进刀参数。选择【进刀】选项卡，如图 5-36 所示。在【开放区域】选项组中，将【进刀类型】设置为【圆弧】，【半径】设置为 55、【%刀具】，【圆弧角度】设置为 90，【高度】设置为 3，【最小安全距离】设置为 3，单击【确定】按钮完成设置。

图 5-36　【进刀】选项卡

step 15 设定进给率和刀具转速。单击【进给率和速度】按钮，打开【进给率和速度】对话框，在【主轴速度】文本框中输入 1000，在【进给率】选项组中设定【切削】为 800，其他参数设置如图 5-37 所示。

step 16 生成刀位轨迹。单击【生成】按钮，系统计算出型腔铣的刀位轨迹，如图 5-38 所示。

图 5-37　【进给率和速度】对话框

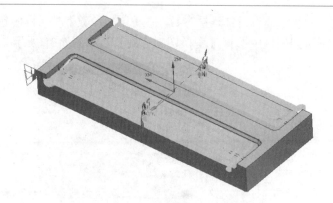

图 5-38　型腔铣的刀位轨迹

5.5　后模型芯型腔铣和深度加工轮廓铣实例

依据如图 5-39 所示的后模零件型面特征，采用型腔铣和深度加工轮廓铣进行粗加工操作。

5.5.1　工艺分析

图 5-39 所示为加工完成的后模外形，材料为718#钢，加工思路是先通过型腔铣进行粗加工，侧面留 0.65mm 加工余量，底面留 0.35mm 余量。再利用深度加工轮廓铣和面铣以及固定轮廓铣操作进行精加工。固定轮廓铣部分在后面的章节中有详细介绍。

图 5-39　后模外形

5.5.2　CAM 操作

1. 后模粗加工

后模粗加工分三部分完成，如表 5-2 所示的工序中 30.01～30.03 所述，第一部分加工步骤如下。

表 5-2　前模的加工工艺方案

工序号	加工内容	加工方式	留余量侧面/底面(mm)	机床	刀　具	夹　具
10	下料 290mm×190mm×133.5mm	铣削	0.5	铣床	铣刀Φ32	机夹虎钳
20	铣六面体 290mm×190mm× 133.5mm，保证尺寸误差在 0.3mm 以内，两面平行度小于 0.05mm	铣削	0	铣床	铣刀Φ32/ Φ16	机夹虎钳

续表

工序号	加工内容	加工方式	留余量侧面/底面 (mm)	机床	刀　具	夹　具
30	在前模底面攻 4 个辅助安装螺丝孔，将工件安装到底板上，然后压紧在工作台上			数控铣床		组合夹具
30.01	后模的开粗(1)	型腔铣	0.65/0.35		铣刀 D50R5	
30.02	后模的开粗(2)	型腔铣	0.65/0.35		铣刀 D50R5	
30.03	后模的开粗(3)	型腔铣	0.65/0.35		铣刀 D17R0.8	
30.04	半精加工	型腔铣	0.15/0.15		铣刀 D17R0.8	
30.05	后模陡峭面的精加工	深度加工轮廓铣	0.035/0.05		铣刀 D17R0.8	

step 01　单击【打开】按钮 ，弹出【打开】对话框，选择配套教学资源中的 "\part\5\5-2.prt" 文件，单击 OK 按钮。

step 02　初始化加工环境。选择【启动】下拉菜单中的【加工】命令，弹出【加工环境】对话框，在【要创建的 CAM 设置】选项组中选择 mill_contour，单击【确定】按钮后，进入加工环境。

step 03　设定工序导航器。单击资源条中的【工序导航器】按钮 ，打开工序导航器，在【导航器】工具条中单击【几何视图】按钮 。

step 04　设定坐标系和安全高度。在工序导航器中，双击坐标系 MCS_MILL，打开 Mill Orient 对话框。选择【指定 MCS】加工坐标系，单击 按钮，选择【偏置】选项，弹出 CSYS 对话框，如图 5-40 所示。选择【参考 CSYS】选项里的工作坐标系 WCS，将加工坐标系设定为与工作坐标系重合。

在【安全设置】选项下单击【指定平面】按钮，弹出【平面】对话框，如图 5-41 所示。选择【类型】为【XC-YC 平面】，在【距离】文本框中输入 20，即安全高度为 Z20，单击【确定】按钮，完成设置。

step 05　创建刀具。单击【刀片】工具条中的【创建刀具】按钮 ，打开【创建刀具】对话框，默认的【刀具子类型】为【铣刀】 ，在【名称】文本框中输入 D50R5，如图 5-42 所示。单击【应用】按钮，打开刀具参数设置的对话框，在【直径】文本框中输入 50，在【下半径】文本框中输入 5，如图 5-43 所示。这样就创建了一把直径为 50mm、底圆角半径为 5mm 的平铣刀。按同样的方法，创建一把直径为 17mm、底圆角半径为 0.8mm 的平铣刀 D17R0.8。

step 06　创建几何体。在工序导航器中单击 MCS_MILL 前的 "+" 按钮，展开坐标系父节点，双击其下的 WORKPIECE，打开【铣削几何体】对话框，单击【指定部件】按钮 ，打开【部件几何体】对话框，在绘图区选择模芯作为部件几何体。

step 07　创建毛坯几何体。单击【确定】按钮，回到【铣削几何体】对话框，在对话框中单击【指定毛坯】按钮 ，打开【毛坯几何体】对话框，单击【类型】项中的第三个图标【包容块】按钮，如图 5-44 所示。单击两次【确定】按钮，返回主界面。

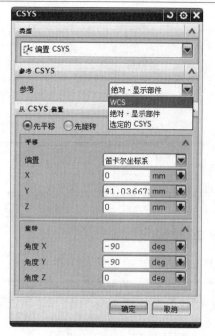

图 5-40　CSYS 对话框

图 5-41　【平面】对话框

图 5-42　【创建刀具】对话框

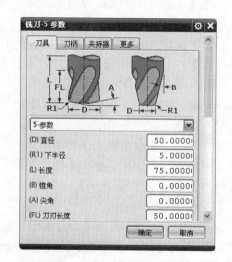

图 5-43　设置刀具参数

step 08　创建型腔铣。单击【刀片】工具条中的【创建工序】按钮，打开【创建工序】对话框，如图 5-45 所示。在【类型】下拉列表框中选择 mill_contour，修改位置参数，填写名称，然后单击 CAVITY_MILL 图标，打开【型腔铣】参数设置对话框。

step 09　修改切削模式。选择【切削模式】为【跟随部件】，选择【步距】为【刀具平直百分比】，【平面直径百分比】设置为 80，【最大距离】设置为 0.5，如图 5-46 所示。

step 10　设定切削层。单击【切削层】按钮，打开【切削层】对话框，在【最大距离】文本框中输入 0.5，如图 5-47 所示。然后单击如图 5-48 所示的指定平面，单击【确定】按钮，返回主界面。

图 5-44 　【毛坯几何体】对话框

图 5-45 　【创建工序】对话框

step 11 设定切削策略。单击【切削参数】按钮 [图标]，打开【切削参数】对话框，在【策略】选项卡中设置【切削方向】为【顺铣】，【切削顺序】为【深度优先】，如图 5-49 所示。

step 12 设定连接参数。在【切削参数】对话框中选择【连接】选项卡，在【开放刀路】下拉列表框中选择【变换切削方向】，如图 5-50 所示。

图 5-46 　设置【切削模式】

图 5-47 　【切削层】对话框

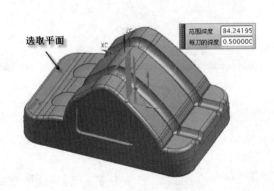

选取平面

图 5-48 　指定平面

图 5-49 【策略】选项卡

图 5-50 【连接】选项卡

step 13 设定切削余量。在【切削参数】对话框中选择【余量】选项卡，修改【部件侧面余量】为 0.65，【部件底面余量】为 0.35，如图 5-51 所示，单击【确定】按钮。

step 14 设定进刀参数。单击【非切削移动】按钮 ，弹出对话框，选择【进刀】选项卡，在【开放区域】选项组中将【进刀类型】设置为【圆弧】，【半径】设置为 55、【%刀具】，【圆弧角度】设置为 90，【高度】设置为 3，【最小安全距离】设置为 3，如图 5-52 所示。单击【确定】按钮完成设置。

图 5-51 【余量】选项卡

图 5-52 【进刀】选项卡

step 15 设定进给率和刀具转速。单击【进给率和速度】按钮 ，打开【进给率和速度】对话框，在【主轴速度】文本框中输入 800，在【进给率】选项组中设定【切削】为 2500，其他参数设置如图 5-53 所示。

step 16 生成刀位轨迹。单击【生成】按钮 ，系统计算出型腔铣加工的刀位轨迹，如图 5-54 所示。

图 5-53　【进给率和速度】对话框

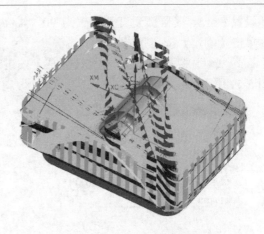

图 5-54　型腔铣加工的刀位轨迹

step 17　刀轨实体加工模拟。打开几何工序导航器，在 CAVITY_MILL 节点上右击，在打开的快捷菜单中选择【刀轨】|【确认】命令，回放刀轨，接着打开【可视化刀位轨迹】对话框，选择其中的【3D 动态】选项卡，单击下面的【播放】按钮 ▶ ，系统开始计算，并在实体毛坯上模拟加工的全过程。图 5-55 所示为刀轨实体加工模拟。

后模粗加工第二部分加工步骤如下。

step 01　复制粗加工的型腔铣操作。在工序导航器中，在已生成的型腔铣 CAVITY_MILL 操作上右击，在打开的快捷菜单中选择【复制】命令，再次在型腔铣操作上右击，在快捷菜单中选择【粘贴】命令，则复制了一个型腔铣操作，如图 5-56 所示。

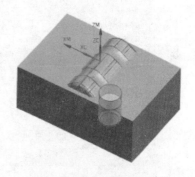

图 5-55　刀轨实体加工模拟

step 02　设定切削层。双击新复制的型腔铣操作，打开型腔铣参数设置对话框，单击【切削层】按钮 ，打开【切削层】对话框，单击【删除】按钮 ✕ ，将所有层删除，然后在【范围 1 的顶部】选项组中单击【选择对象】，选择图 5-57(b)A 处的点，在【范围定义】选项组的【测量开始位置】下拉列表框中选择【顶层】，再选取图 5-57(b)B 处的点，并在【范围深度】文本框中输入 25.949359，如图 5-57(a)所示。

前一工序型腔铣已加工到台阶平面，现顶层是台阶平面以上位置，这样可以接刀，有一定的过渡区域，使加工表面光顺。在结束加工位置增加层也有使加工表面光顺的作用。

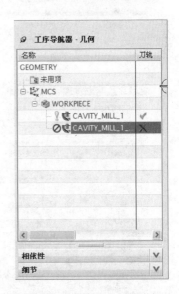

图 5-56　复制粗加工的型腔铣

step 03　设定进刀参数。单击【非切削移动】按钮 ，弹出对话框，选择【进刀】选项卡，如图 5-58 所示。在【开放区域】选项组中将【进刀类型】设置为【圆弧】，【半径】设置为 15，【圆弧角度】设置为 90，【高度】设置为 1.5，【最小安全距离】设置为 15，单击【确定】按钮完成设置。

step 04 生成刀位轨迹。单击【生成】按钮 ，系统计算出型腔铣加工的刀位轨迹，如图 5-59 所示。

(a)

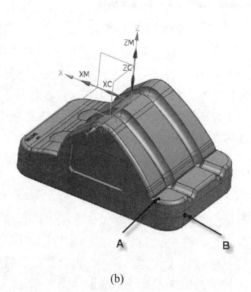

(b)

图 5-57 【切削层】对话框

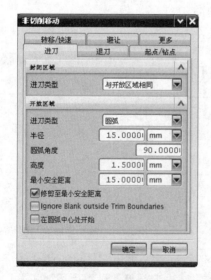

图 5-58 【非切削移动】对话框

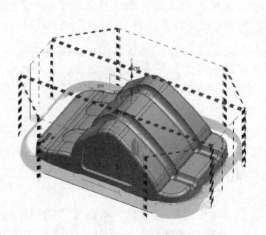

图 5-59 型腔铣加工的刀位轨迹

后模粗加工第三部分加工步骤如下。

step 01　复制粗加工的型腔铣操作。在工序导航器中，在已生成的型腔铣操作上右击，在打开的快捷菜单中选择【复制】命令，再次在型腔铣操作上右击，在打开的快捷菜单中选择【粘贴】命令，则复制了一个型腔铣操作，如图 5-60 所示。

step 02　修改刀具。在型腔铣主菜单中单击顶部展开菜单按钮，展开【刀具】卷展栏，在【刀具】下拉列表框中，选择前面建立的刀具 D17R0.8，如图 5-61 所示。

图 5-60　复制粗加工的型腔铣

图 5-61　修改刀具

step 03　修改切削参数。在【切削参数】对话框中选择【空间范围】选项卡，在【处理中的工件】下拉列表框中选择【使用 3D】，如图 5-62 所示。

step 04　指定修剪边界。在【建模】应用模块下，在 XC-YC 平面上创建草图，依据模芯的轮廓边缘线绘制出修剪边界。返回到【加工】应用模块下，在型腔铣主界面单击【修剪边界】按钮，弹出【修剪边界】对话框，如图 5-63 所示。在工具栏，利用"相连曲线"选择前面建立的曲线边界。【平面】选择【自动】，【修剪侧】选择【外部】。修剪边界如图 5-64 所示。

选择【使用 3D】选项，可以将前一操作加工后剩余的材料作为当前操作的毛坯几何体，避免再次切削已经切削过的区域。指定修剪边界，用于进一步控制刀具的运动范围，提高加工效率。

图 5-62　【空间范围】选项卡

step 05　修改切削层参数。在【范围类型】下拉列表框中选择【用户定义】，重新生成切削层，在【范围定义】列表中删除非加工层，将【最大距离】和【每刀的深度】设置为 0.25mm，如图 5-65 所示。单击【确定】按钮完成设置。

step 06 修改进刀参数。选择【进刀】选项卡，如图 5-66 所示。在【封闭区域】选项组中将【进刀类型】设定为【沿形状斜进刀】，【斜坡角】设定为 2，【高度】设定为 1.5，【高度起点】设定为【前一层】，【最小斜面长度】设定为 50、【%刀具】。

在【开放区域】选项组中将【进刀类型】设定为【圆弧】，【半径】设定为 5，【圆弧角度】设定为 90，【高度】设定为 1.5，【最小安全距离】设定为 5，单击【确定】按钮完成设置。

图 5-63　【修剪边界】对话框

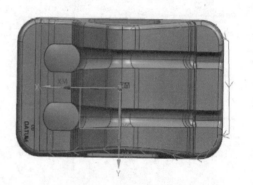

图 5-64　指定修剪边界

图 5-65　【切削层】对话框

图 5-66　【进刀】选项卡

step 07 修改转移/快速参数。选择【转移/快速】选项卡。在【区域之间】选项组中将【转移类型】设定为【前一平面】，【安全距离】设定为1.5。在【区域内】设定同样的参数，如图 5-67 所示，单击【确定】按钮完成设置。

step 08 修改进给率和速度参数。单击【进给率和速度】按钮，打开【进给率和速度】对话框将【主轴速度】设定为 1800，选中【主轴速度】复选框。在【进给率】选项组中设定【切削】为2500，如图 5-68 所示，单击【确定】按钮完成设置。

图 5-67 【转移/快速】选项卡　　　　图 5-68 【进给率和速度】对话框

step 09 生成刀位轨迹。单击【生成】按钮 ，系统计算出型腔铣加工的刀位轨迹，如图 5-69 所示。

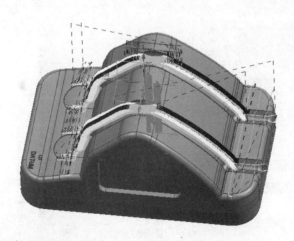

图 5-69 型腔铣加工的刀位轨迹

2. 后模半精加工

step 01 复制粗加工的型腔铣操作。在工序导航器中，在已生成的型腔铣操作上右击，在打开的快捷菜单中选择【复制】命令，再次在型腔铣操作上右击，在打开的快捷菜单中选择【粘贴】命令，则复制了一个型腔铣操作，如图 5-70 所示。

step 02　修改切削模式。在【切削模式】下拉列表框中选择【轮廓加工】，其他设置如图 5-71 所示。

step 03　修改切削层。在主界面中单击【切削层】按钮 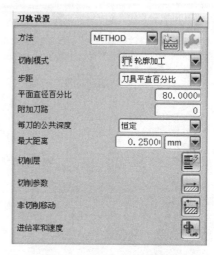，打开【切削层】对话框，将【最大距离】设定为 0.25，设定切削层的范围，如图 5-72 所示。

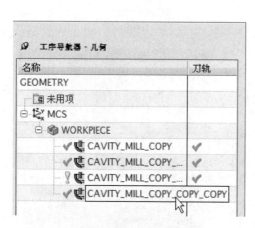

图 5-70　复制粗加工的型腔铣

图 5-71　修改【切削模式】

图 5-72　【切削层】对话框

step 04 修改切削参数。在【切削参数】对话框中选择【空间范围】选项卡，在【处理中的工件】下拉列表框中选择【无】，如图 5-73 所示。选择【余量】选项卡，选中【使底面余量与侧面余量一致】复选框，【部件侧面余量】设置为 0.15。

step 05 修改非切削移动参数。选择【进刀】选项卡，在【开放区域】选项组中将【进刀类型】设置为【圆弧】，其他设置如图 5-74 所示。选择【转移/快速】选项卡，将【区域之间】和【区域内】选项组中的【安全距离】设置为 0.5。选择【起点/钻点】选项卡，设定【重叠距离】为 0.5，如图 5-75 所示，单击【确定】按钮完成设置。

图 5-73　【空间范围】选项卡

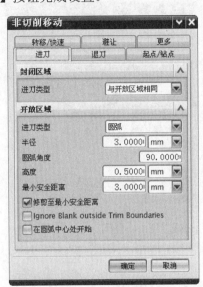

图 5-74　【进刀】选项卡

step 06 生成刀位轨迹。单击【生成】按钮，系统计算出型腔铣加工的刀位轨迹，如图 5-76 所示。

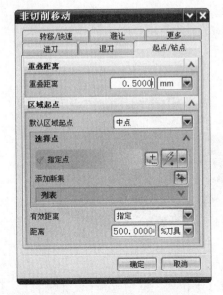

图 5-75　【起点/钻点】选项卡

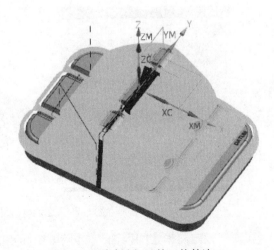

图 5-76　型腔铣加工的刀位轨迹

3. 后模陡峭面的精加工

step 01 创建深度加工轮廓。单击【刀片】工具条中的【创建工序】按钮 ![icon]，打开【创建工序】对话框，如图 5-77 所示。在【类型】下拉列表框中选择 mill_contour，修改位置参数，填写名称，然后单击 ZLEVEL_PROFILE 图标 ![icon]，打开【深度加工轮廓】对话框。

step 02 指定部件。在主界面中单击【指定部件】按钮 ![icon]，弹出【部件几何体】对话框，如图 5-78 所示。单击前模型芯，单击【确定】按钮返回主界面。

图 5-77 【创建工序】对话框

图 5-78 【部件几何体】对话框

step 03 指定切削区域。在主界面中单击【指定切削区域】图标 ![icon]，弹出【切削区域】对话框。在前模型芯上指定切削区域，如图 5-79 所示。

图 5-79 【切削区域】对话框

step 04 设定陡峭空间范围。在【陡峭空间范围】下拉列表框中选择【仅陡峭的】，【角度】设定为 50，其他选项设定如图 5-80 所示。

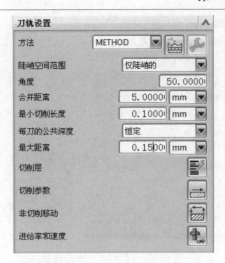

图 5-80　设定【陡峭空间范围】

step 05　切削层的设置。在主界面中单击【切削层】图标 ![图标].弹出【切削层】对话框。设定【每刀的深度】为 0.15，如图 5-81 所示。

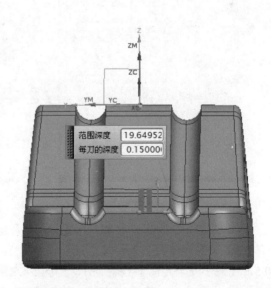

图 5-81　【切削层】对话框

step 06　设定连接。在【切削参数】对话框中选择【连接】选项卡，在【层到层】下拉列表框中选择【直接对部件进刀】，如图 5-82 所示。

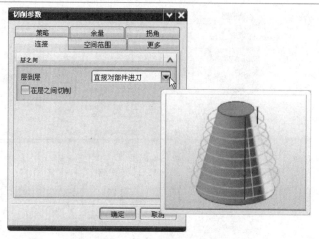

图 5-82 【连接】选项参数

step 07 设定切削策略。单击【切削参数】按钮，打开【切削参数】对话框，在【策略】选项卡中设置【切削方向】为【混合】，【切削顺序】为【深度优先】。在【延伸刀轨】选项组中选中【在边上延伸】复选框，【距离】设置为1mm，如图5-83所示。

step 08 设置切削余量。在【切削参数】对话框中，选择【余量】选项卡，修改【部件侧面余量】为 0.035mm，【部件底面余量】为 0.05mm。【内公差】和【外公差】设置为0.01mm，如图5-84所示，单击【确定】按钮。

图 5-83 【切削参数】对话框

图 5-84 【余量】选项参数

step 09 设定非切削移动参数。在【非切削移动】对话框中，【开放区域】选项组中的【进刀类型】设置为【圆弧】，【半径】设置为10，【圆弧角度】设置为90，【高度】设置为0.5，【最小安全距离】设置为1，如图5-85所示。

step 10 设置【进给率和速度】。单击【进给率和速度】按钮，打开【进给率和速度】对话框。将【主轴速度】设置为3500，【切削】设置为2200，其他参数设置如图5-86所示。

step 11 生成刀位轨迹。单击【生成】按钮，系统计算出深度加工轮廓铣的刀位轨迹，如图5-87所示。

图 5-85　【非切削移动】对话框　　　　　图 5-86　【进给率和速度】对话框

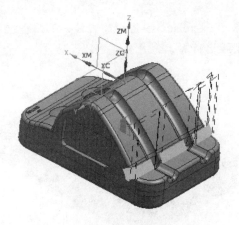

图 5-87　深度加工轮廓铣的刀位轨迹

5.6　本 章 小 结

本章介绍了型腔铣的加工特点和适用范围、型腔铣与深度加工轮廓铣的异同；重点介绍了型腔铣和深度加工轮廓铣的参数设置，包括切削层、切削参数、处理中的工件等。最后通过实例说明了型腔铣和深度加工轮廓铣操作的运用。

思考与练习

一、思考题

1. 型腔铣与平面铣的区别是什么？
2. 深度加工轮廓铣与型腔铣的区别是什么？

二、练习题

1. 打开配套教学资源"\exercise\5\5-1.prt"文件，利用型腔铣和深度轮廓铣加工路径对如图 5-88 所示的滑块进行粗加工、精加工，并生成 NC 代码。

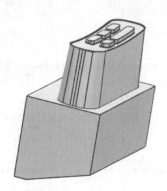

图 5-88　滑块

2. 打开配套教学资源"\exercise\5\5-2.prt"文件，利用型腔铣和深度轮廓铣加工路径对如图 5-89 所示的前模型腔进行加工，并生成 NC 代码。

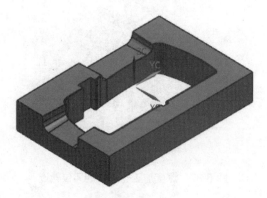

图 5-89　前模型腔

3. 打开配套教学资源"\exercise\5\5-3.prt"文件，利用型腔铣和深度轮廓铣加工路径对如图 5-90 所示的后模零件进行加工，并生成 NC 代码。

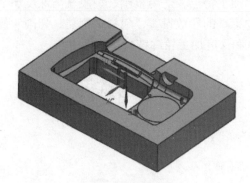

图 5-90　后模零件

第6章　固定轮廓铣

学习提示：固定轮廓铣主要用于精加工由轮廓曲面形成的区域的加工方式。本章主要介绍固定轮廓铣的特点、刀轨参数选项的设置，包括切削参数、非切削移动等相关参数，常用驱动方法的设置等。最后通过实例来说明固定轮廓铣操作的运用。

技能目标：使读者了解固定轮廓铣的特点和相关参数的概念，通过实例的学习能够掌握固定轮廓铣操作的设置方法。

6.1　固定轮廓铣概述

固定轮廓铣操作是 UG NX 加工的精髓，是 UG NX 精加工的主要操作。固定轮廓铣操作的原理是，首先通过驱动几何体产生驱动点，然后将驱动点投影到工件几何体上，再通过工件几何体上的投影点计算得到刀位轨迹点，最后通过所有刀位轨迹点和设定的非切削移动计算出所需的刀位轨迹。

固定轮廓铣的驱动和加工方法很多，可以产生多样的精加工刀位轨迹。本章先介绍固定轮廓铣的特点、适用范围和参数设置，再通过实例讲解固定轮廓铣的各种驱动方式的应用思路。

固定轮廓铣是 UG NX 提供的三轴加工的操作，使用驱动几何体通过某种驱动方法在工件几何体上产生三轴刀位轨迹。

6.1.1　固定轮廓铣的特点

固定轮廓铣的特点如下。

- 刀具沿复杂的曲面进行三轴联动，常用于半精加工和精加工，也可用于粗加工。
- 可设置灵活多样的驱动方式和驱动几何体，从而得到简捷而精准的刀位轨迹。
- 提供了智能化的清根操作。
- 非切削移动方式设置灵活。

6.1.2　固定轮廓铣的适用范围

固定轮廓铣的适用范围非常广，几乎可应用于所有曲面工件的精加工和半精加工，适用于固定轮廓铣的工件类型如图 6-1 和图 6-2 所示。

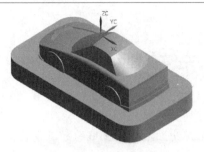

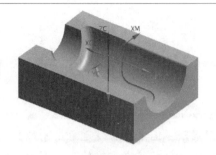

图 6-1　汽车塑料玩具后模型芯　　　　图 6-2　塑料照明电筒的前模型腔

6.2　固定轮廓铣的参数设置

【固定轮廓铣】对话框如图 6-3 所示，固定轮廓铣最关键的参数是驱动方法、切削参数，以及非切削移动的应用。

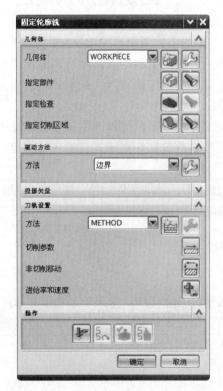

图 6-3　【固定轮廓铣】对话框

下面介绍几个基本的概念。

● 　工件几何体：被加工的几何体，可以选择实体和曲面。

● 　驱动几何体：用于产生驱动点的几何体。可以是在曲线上产生一系列的驱动点，也可以选择点，曲线、曲面上一定面积内产生阵列的驱动点。

● 　驱动方法：驱动点产生的方法。可以是在曲线上产生一系列的驱动点，也可以是在曲面上一定面积内产生阵列的驱动点。

- 投影矢量：定义驱动点投影到工件几何体上的投影方向。
- 驱动点：从驱动几何体上产生，按定义的投射矢量投影到工件几何体上的点。
- 非切削移动：定义进退刀和没有切削工件时的刀具移动。

以上几个基本概念有助于理解固定轮廓铣刀轨的生成过程，下面将对非切削移动、切削参数、切削模式、驱动方法 4 个知识点进行详细讲解。

6.2.1 非切削移动

非切削移动是指刀具在不进行切削时的所有空间运动。在操作对话框中，单击【非切削移动】按钮 ，打开【非切削移动】对话框，如图 6-4 所示。

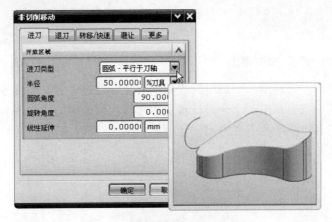

图 6-4 【非切削移动】对话框

1. 进刀

在【非切削移动】对话框中，选择【进刀】选项卡，其中包括【开放区域】、【相对部件/检查】和【初始】3 个选项。

1) 开放区域的进刀类型

开放区域的进刀类型用于控制工件开放区域的进刀类型，包括以下几个选项。

- 线性：刀具以直线的方式直接进刀，如图 6-5 所示。
- 线性—沿矢量：通过矢量指定直线，采用直线方式直接进刀，如图 6-6 所示。

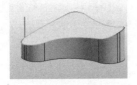

图 6-5 线性

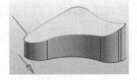

图 6-6 线性—沿矢量

- 线性—垂直于部件：刀具沿垂直于部件侧表面的直线进刀，如图 6-7 所示。
- 圆弧—与刀轴平行：刀具沿平行于刀轴的圆弧轨迹进刀，如图 6-8 所示。
- 圆弧—垂直于刀轴：刀具沿垂直于刀轴的圆弧轨迹进刀，如图 6-9 所示。

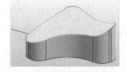
图 6-7　线性—垂直于部件

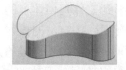
图 6-8　圆弧—与刀轴平行

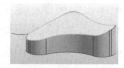
图 6-9　圆弧—垂直于刀轴

- 圆弧—相切逼近：刀具沿与部件相切的圆弧轨迹进刀，如图 6-10 所示。
- 圆弧—垂直于部件：刀具沿垂直于部件的圆弧轨迹进刀，如图 6-11 所示。

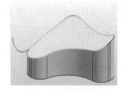
图 6-10　圆弧—相切逼近

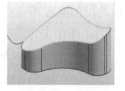
图 6-11　圆弧—垂直于部件

- 顺时针螺旋：刀具沿一个顺时针盘旋的螺旋线轨迹进刀，如图 6-12 所示。
- 逆时针螺旋：刀具沿一个逆时针盘旋的螺旋线轨迹进刀，如图 6-13 所示。
- 插铣：刀具以插铣的方式进刀，如图 6-14 所示。
- 无：刀具不以任何方式进刀，通常不建议采用这种进刀方式。

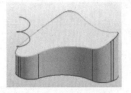
图 6-12　顺时针螺旋

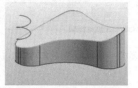
图 6-13　逆时针螺旋

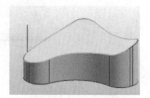
图 6-14　插铣

2) 相对部件/检查的进刀类型

相对部件/检查的进刀类型以部件几何体和检查几何体为参考对象来确定进刀类型。有"与开放区域相同""线性""线性—沿矢量""线性—垂直于部件""插铣"和"无"等进刀类型。

3) 初始的进刀类型

初始的进刀类型用于指定第一次进刀运动类型，与在【开放区域】选项组下的【进刀类型】下拉列表框中的选项基本相同，读者可参照开放区域的进刀类型。

2. 退刀

在【非切削移动】对话框中，选择【退刀】选项卡，如图 6-15 所示。其中包括【开放区域】选项，其用于设置退刀移动形式，设置方法与进刀相似，读者可以参照进刀设置。

非切削移动参数的定义非常重要，在实际加工过程中，较为重大的加工事故发生的主因就是刀具与工件发

图 6-15　【退刀】选项卡

生碰撞，而碰撞事故又主要发生在非切削移动时。当然，也可以通过碰撞检查来避免以上加工事故。

6.2.2　切削参数

理解和掌握固定轮廓铣操作的参数，可以控制生成更好的刀轨，下面介绍一些重要参数。

1. 在凸角上延伸

"在凸角上延伸"参数用于控制当刀具跨过工件内部凸边缘时，不随边缘滚动，使刀具避免始终压住凸边缘。如图 6-16 所示，此时，刀具不执行退刀/进刀操作，只稍微抬起。在指定的最大凸角外，不再发生抬刀现象。

2. 在边上延伸

"在边上延伸"参数用于控制当工件侧面还有余量时，刀具在工件表面加工而不会在边缘处留下毛边。如图 6-17 所示，此时，刀位轨迹沿工件边缘延伸，使被加工的表面完整光顺。

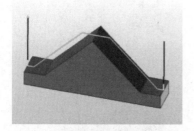

图 6-16　在凸角上延伸

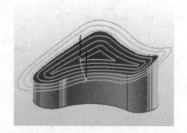

图 6-17　在边上延伸

3. 在边缘滚动刀具

"在边缘滚动刀具"是当驱动路径延伸到工件表面以外产生的。在【切削参数】对话框中，图 6-18 所示为没有移除边缘跟踪的示意，移除边缘跟踪缩短了刀轨长度，避免了刀具滚过边缘可能产生的过切。

4. 多条刀路

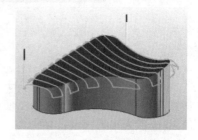

图 6-18　在边缘滚动刀具

多条刀路选项用于分层切除工件余料，类似于型腔铣中的分层加工，不同的是使用该选项产生的刀轨都为三轴联动的刀位轨迹，每一个切削层都在工件表面的一个偏置面上产生。

多条刀路选项常用于工件经过粗加工或半精加工后，局部余量较大，无法一次切除的情况。其定义有两种方式。图 6-19 所示为"刀路"方式，【部件余量偏置】设置为 0.9，由"刀路"可知每层深度为 0.3。图 6-20 所示为"增量"方式，每层切削"增量"为 0.3，【部件余量】设置为 0.9，计算可得切削层数为 3。两种定义方法虽然形式不同，但是实际得到的刀轨是相同的。

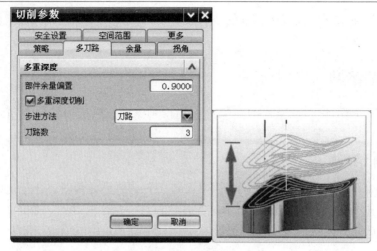

图 6-19 "刀路"方式

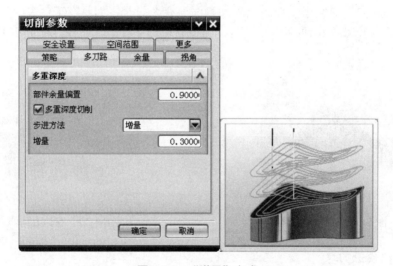

图 6-20 "增量"方式

5. 非陡峭角度

许多工件型面较复杂，为了避免切削负载的急剧变化，可以通过定义一个陡峭角度的参数来约束刀轨的切削区域。使用此参数后，工件型面被分为两部分：陡峭区域和非陡峭区域(也称为平坦区域)。在实际应用中，常采用固定轴曲面轮廓铣加工非陡峭区域，而采用型腔铣加工陡峭区域，这样，在刀具切削过程中切削负载会比较均匀。图 6-21 所示为非陡峭角度的设定。

6. 步距

步距的控制，首先是在一个平面内创建切削模式，然后将其投射到工件的表面。因此，投射到平坦的表面，行距和残留余量会比较均匀；而投射到陡峭的表面，行距和残留余量会出现不均匀的现象。

在固定轮廓铣的【区域铣削驱动方法】对话框中，【步距】的下拉列表框中有【恒定】、

【残余高度】、【刀具平直百分比】、【变量平均值】4 个选项，如图 6-22 所示。当设置
【恒定】步距后，不论曲面形状如何，刀轨间都会保持均匀的距离。

图 6-21　非陡峭角度的设定

图 6-22　【步距】的选项

6.2.3　切削模式

切削模式用于定义刀轨的形状。有些切削模式可切削整个切削区域，而有些切削模式
只沿切削区域的外周边进行铣削；有些切削模式跟随切削区域的形状进行切削，而有些切
削模式则独立于切削区域的形状进行切削。

固定轮廓铣的切削模式与型腔铣的切削方法有类似的地方，都有跟随周边、轮廓加工、
平行线的切削方式，而型腔铣没有径向线、同心圆等切削方式。

1. 跟随周边

跟随周边模式中，刀具跟随切削区域的外边缘进行加工，刀轨形状与切削区域形状有
关。需要指定是顺铣还是逆铣，刀轨是从内向外、还是从外向内沿切削区域边缘形成的。
图 6-23 所示为从外向内顺铣形成的刀轨。

2. 轮廓加工

轮廓加工模式中，刀具只沿切削区域的外围进行切削，通过指定附加刀路数，可以切
除切削区域外围附近指定步距内的材料。图 6-24 所示为附加刀路数为 2 的刀轨。

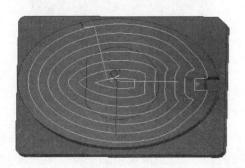

图 6-23　跟随周边

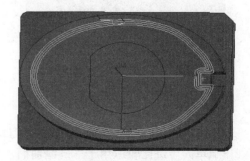

图 6-24　轮廓加工

3. 平行线

平行线模式是通过平行线投影到工件表面来生成路径的切削模式，可以指定不同的切削类型来确定刀轨在平行线间的转移情况，还可通过切削角度参数来指定平行线的方向，如图 6-25 所示。可分为"单向"和"往复"两种模式。

4. 径向线

径向线模式是通过用户定义或系统指定的最优中心点延伸出的一系列直线投影到工件表面来产生刀轨的切削模式，如图 6-26 所示。

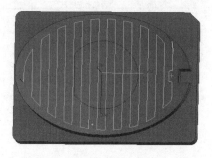
图 6-25　平行线

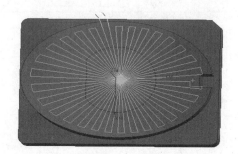
图 6-26　径向线

5. 同心圆

同心圆模式是通过用户定义或系统指定的以最优中心点为中心的一系列同心圆投影到工件表面来产生刀轨的切削模式，如图 6-27 所示。可以控制从内到外或从外到内进行切削。

6. 单向步进

与平行线相似，单向步进模式是通过平行线投影到工件表面来生成路径的切削模式，如图 6-28 所示。区别在于进刀方式不同，平行线是采用直接线性进刀，而单向步进是每一刀切削都采用圆弧进刀的方式。

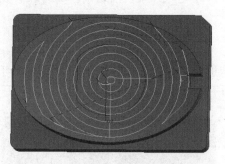
图 6-27　同心圆

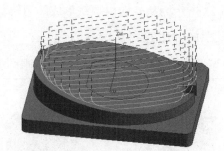
图 6-28　单向步进

7. 单向轮廓

与单向步进相似，单向轮廓模式每一刀切削都是采用圆弧进刀的方式，如图 6-29 所示。区别在于单向步进比较适用于非陡峭曲面，而单向轮廓是根据曲面轮廓的表面来生成步距的平均值，类似于步距已应用于"在平面上"和"在部件上"的区别。

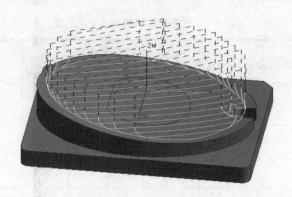

图 6-29 单向轮廓

6.2.4 区域铣削驱动方法

区域铣削驱动方法是固定轮廓铣最常用的驱动方法，它通过指定的切削区域来生成刀位轨迹。切削区域可以选取曲面或实体。如果切削区域没有指定，则整个工件几何体将被系统默认为切削区域。

区域铣削驱动常与非陡峭角结合使用，用于加工工件较为平坦的部分曲面，然后再通过型腔铣分层加工工件陡峭的部分曲面。

6.3 汽车塑料玩具后模型芯固定轮廓铣实例

依据如图 6-30 所示的零件型面特征，采用固定轮廓铣对汽车塑料玩具后模型芯的顶面进行精加工操作。

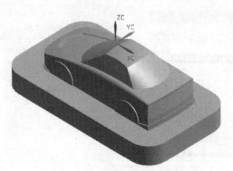

图 6-30 汽车塑料玩具后模型芯

6.3.1 工艺分析

图 6-30 所示为一个汽车玩具模芯，材料是 718#钢，本例使用固定轮廓铣的区域铣削驱动方法对该模芯顶面进行精加工。固定轮廓铣的加工工艺方案如表 6-1 所示。

表 6-1　固定轮廓铣的加工工艺方案

工序号	加工内容	加工方式	留余量部件/底面(mm)	机床	刀具	夹具
10	下料 180mm×100mm×63mm	铣削	0.5	铣床	面铣刀Φ32	机夹台虎钳
20	铣六面体 180mm×100mm×63mm，保证尺寸误差在0.3mm 以内	铣削	0	铣床	面铣刀Φ32	机夹台虎钳
30	将零件装夹在机夹台虎钳上			数控铣床		机夹台虎钳
30.01	顶曲面的精加工	固定轮廓铣	0/0		球头铣刀D10R5	

6.3.2　CAM 操作

step 01　调入模芯。单击【打开】按钮 🖼️，打开【打开】对话框，选择配套教学资源中的\part\6\6-1.prt 文件，单击 OK 按钮。

step 02　初始化加工环境。选择【启动】下拉菜单栏中的【加工】命令，弹出【加工环境】对话框，如图 6-31 所示。在【要创建的 CAM 设置】选项组中选择 mill_contour 作为操作模板，单击【确定】按钮后，进入加工环境。

step 03　设定工序导航器。单击资源条中的【工序导航器】按钮 🖼️，打开工序导航器，在工序导航器中右击，在【导航器】工具条中单击【几何视图】按钮 🖼️，如图 6-32 所示。

图 6-31　【加工环境】对话框

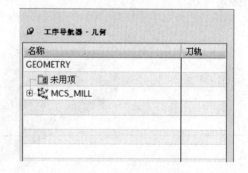

图 6-32　几何工序导航器

step 04　设定坐标系和安全高度。在工序导航器中，双击坐标系 🖼️ MCS_MILL ，打开 Mill Orient 对话框。选择【指定 MCS】加工坐标系，单击零件的顶面，将加工坐标系设定在零件表面的中心，如图 6-33 所示。

在【安全设置】选项组的【安全设置选项】下拉列表框中选择【平面】，单击【指定平面】按钮，弹出【平面】对话框。单击零件顶面，在【距离】文本框中输入 20，即安全高度为 Z20，单击【确定】按钮完成设置，如图 6-34 所示。

图 6-33　Mill Orient 对话框　　　　　　图 6-34　【平面】对话框

step 05　创建刀具。单击【刀片】工具条中的【创建刀具】按钮 ，打开【创建刀具】对话框，默认的【刀具子类型】为铣刀 🔨，在【名称】文本框中输入 D10R5，如图 6-35 所示。单击【应用】按钮，打开刀具参数设置对话框，在【直径】文本框中输入 10，【下半径】文本框中输入 5，如图 6-36 所示。这样就创建了一把直径为 10mm 的球铣刀。

step 06　创建几何体。在工序导航器中单击 ⊕ 🔩 MCS_MILL 前的 "+" 按钮，展开坐标系父节点，双击其下的 WORKPIECE，打开【铣削几何体】对话框，单击【指定部件】按钮 📦，打开【部件几何体】对话框，在绘图区选择模芯作为部件几何体。

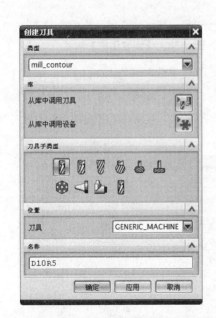

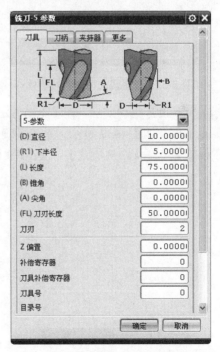

图 6-35　【创建刀具】对话框　　　　　　图 6-36　设置【刀具】参数

step 07　创建毛坯几何体。单击【确定】按钮，回到【铣削几何体】对话框，在对话框中单击【指定毛坯】按钮 ⬜，打开【毛坯几何体】对话框。单击类型项中的第三个图标【包容块】按钮，系统自动生成默认毛坯，如图 6-37 所示。单击两次【确定】按钮，返回主界面。

step 08 创建固定轮廓铣。单击【刀片】工具条中的【创建工序】按钮 ▬，打开【创建工序】对话框，如图 6-38 所示。在【类型】下拉列表框中选择 mill_contour，修改位置参数，填写名称，然后单击 FIXED_CONTOUR 图标 ▬，打开固定轮廓铣参数设置对话框。

图 6-37　【毛坯几何体】对话框

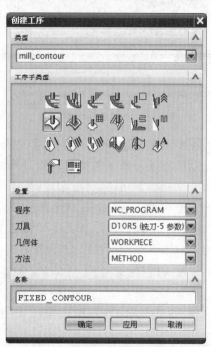

图 6-38　【创建工序】对话框

step 09 设定驱动方法。在【驱动方法】下拉列表框中选择【区域铣削】，弹出【驱动方法】提示框，如图 6-39 所示。单击【确定】按钮，打开【区域铣削驱动方法】对话框，【切削模式】选择【跟随周边】，【步距已应用】选择【在部件上】，其他的设置如图 6-40 所示。

图 6-39　【驱动方法】提示框

图 6-40　【区域铣削驱动方法】对话框

如果将【步距已应用】切换为【在平面上】，那么，当系统生成用于操作的刀轨时，步进是在垂直于刀具轴的平面上测量的。如果将此刀轨应用于具有陡峭壁的部件，那么此部件上实际的步进距离并不相等。因此，【在平面上】适用于非陡峭区域，如图 6-41 所示。

而【在部件上】可用于使用往复切削类型的跟随周边和平行切削图样。如果【步距已应用】选择【在部件上】，那么当系统生成用于操作的刀轨时，步进是沿着部件测量的。因为在部件上沿着部件测量步进，所以它适用于具有陡峭壁的部件。因此，可以对部件几何体较陡峭的部分维持更紧密的步进，以实现对残余波峰的附加控制，步进距离是相等的，如图 6-42 所示。

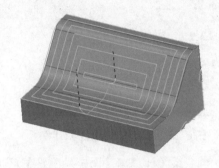

图 6-41　【在平面上】的步进距离

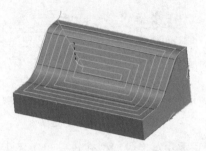

图 6-42　【在部件上】的步进距离

step 10　指定切削区域。单击【指定切削区域】图标，弹出【切削区域】对话框。在绘图区选择模芯上的表面，如图 6-43 所示。

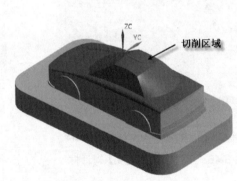

图 6-43　【切削区域】对话框

step 11　设定部件余量。单击主界面【切削参数】图标，弹出【切削参数】对话框，选择【余量】选项卡，在【部件余量】文本框中输入 0，其他各选项的公差设定为 0.01，单击【确定】按钮，完成设置，如图 6-44 所示。

step 12　设定进刀参数。单击【非切削移动】按钮，弹出【非切削移动】对话框，选择【进刀】选项卡，如图 6-45 所示。在【开放区域】选项组中将【进刀类型】设置为【插削】，【高度】设置为 200，单击【确定】按钮完成设置。

step 13　设定进给率和刀具转速。单击【进给率和速度】按钮，打开【进给率和速度】对话框，在【主轴速度】文本框中输入 3500。在【进给率】选项组中设定【切削】

为 1000，再单击【主轴速度】文本框后面的【计算】按钮，生成表面速度和进给量，其他参数设置如图 6-46 所示。

图 6-44　【余量】选项卡

图 6-45　【非切削移动】对话框

step 14　生成刀位轨迹。单击【生成】按钮 ，系统计算出【固定轮廓铣】精加工的刀位轨迹，如图 6-47 所示。

图 6-46　【进给率和速度】对话框

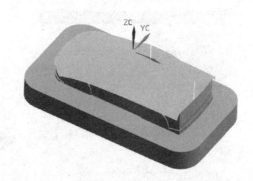

图 6-47　固定轮廓铣精加工的刀位轨迹

6.4　边界驱动方法

边界驱动方法是通过边界或环定义切削区域，在此切削区域内产生的驱动点按指定方向投影到工件表面上，生成刀位轨迹。边界可由曲线、片体或固定边界产生，而环是由工件表面的边界产生，如果要使用环产生边界，则工件几何体必须是片体。

边界驱动生成刀位轨迹的方式与平面铣有相似的地方，边界的创建方法与平面铣边界的创建方法也一样，不同的只是平面铣将由边界产生的驱动点投射到平面上。

边界驱动方法的设定比区域驱动方法稍微复杂，因此，可以用区域铣削驱动的情况下，就不用边界驱动。边界驱动方法常用于工件的局部半精加工和精加工。

6.5　清根切削驱动方法

清根切削驱动方法是一种较为智能化的生成刀轨的驱动方式，系统自动沿工件的凹角与凸谷生成驱动点，计算出没有加工到的区域，在此区域生成刀位轨迹。

清根切削驱动分单路、多个偏置、参考刀具偏置 3 种方法。其中单路是指刀具沿工件的凹角的中心生成一次切削的刀轨。多个偏置是指通过设定的偏置步距和偏置数，在工件凹角沿清根中心的每一侧都生成多次切削的刀轨。

一般情况下，常使用参考刀具偏置的驱动方法。它计算出上一步大直径刀具粗加工后无法加工到的区域，即为要加工区域的总宽度，再在清根中心的任一侧产生多次切削的刀轨。它还可以设定重叠距离，用来增加切削区域的宽度，避免与上一刀轨出现接痕，如图 6-48 所示。

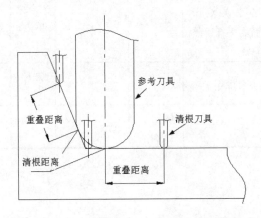

图 6-48　清根切削驱动方法加工示意图

6.6　塑料照明电筒的前模型腔固定轮廓铣实例

依据如图 6-49 所示的塑料照明电筒的前模零件型面特征，采用固定轮廓铣的边界驱动方法对型腔曲面进行精加工，使用清根切削驱动方法对型腔面进行清根加工。

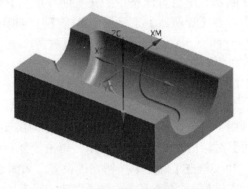

图 6-49　塑料照明电筒的前模型腔

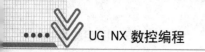

6.6.1 工艺分析

本例是一个塑料照明电筒的前模型腔，材料是 718#钢，使用固定轮廓铣的边界驱动方法对型腔曲面进行精加工。后模型腔曲面用球头刀 D8R4 精加工后，有些地方加工不到，这样就需要清根加工。固定轮廓铣的加工工艺方案如表 6-2 所示。

表 6-2　固定轮廓铣的加工工艺方案

工序号	加工内容	加工方式	留余量部件/底面(mm)	机床	刀　具	夹　具
10	下料 120mm×75mm×38.5mm	铣削	0.5	铣床	面铣刀Φ32	机夹台虎钳
20	铣六面体 180mm×100mm×63mm，保证尺寸误差在 0.3mm 以内，侧面的平行误差在 0.05mm 以内	铣削	0	铣床	面铣刀Φ32	机夹台虎钳
30	将零件装夹在机夹台虎钳上			加工中心		机夹台虎钳
30.01	顶曲面的精加工	固定轮廓铣	0/0		球头铣刀 D10R5	

6.6.2 CAM 操作

1. 塑料照明电筒的前模型腔的半精加工

step 01 调入模芯。单击【打开】按钮 ，弹出【打开】对话框，选择配套教学资源中的\part\6\6-2.prt 文件，单击 OK 按钮。

step 02 初始化加工环境。选择【启动】下拉菜单中的【加工】命令，弹出【加工环境】对话框，如图 6-50 所示。在【要创建的 CAM 设置】选项组中，选择 mill_contour，单击【确定】按钮，进入加工环境。

step 03 设定工序导航器。单击资源条中的【工序导航器】按钮 ，打开工序导航器，在工序导航器中右击，在【导航器】工具条中单击【几何视图】按钮 ，进入【几何视图】。

step 04 设定坐标系和安全高度。在工序导航器中，双击坐标系 MCS_MILL ，打开 Mill Orient 对话框。选择【指定 MCS】加工坐标系，将加工坐标系设定在零件表面的中心，如图 6-51 所示。

在【安全设置】选项组的【安全设置选项】下拉列表框中选择【平面】，单击【指定平面】按钮，弹出【平面】对话框，如图 6-52 所示。单击零件顶面，在【距离】文本框中输入 20，即安全高度为 Z20，单击【确定】按钮完成设置，如图 6-53 所示。

step 05 创建刀具。单击【刀片】工具条中的【创建刀具】按钮 ，打开【创建刀具】

对话框，默认的【刀具子类型】为【铣刀】 ，在【名称】文本框中输入 D8R4，如图 6-54
所示。单击【应用】按钮，打开刀具参数设置对话框，在【直径】文本框中输入 8，【下半
径】文本框中输入 4，如图 6-55 所示。这样就创建了一把直径为 8mm 的球铣刀。

图 6-50　【加工环境】对话框

图 6-51　Mill Orient 对话框

图 6-52　【平面】对话框

图 6-53　指定安全平面

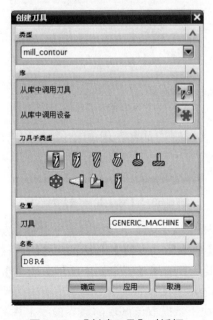

图 6-54　【创建刀具】对话框

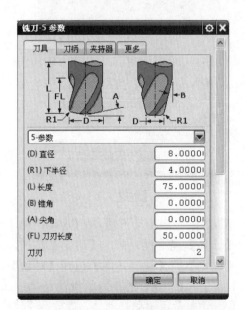

图 6-55　设置【刀具】参数

step 06 创建几何体。在工序导航器中单击
⊕ 📌 MCS_MILL 前的"+"按钮，展开坐标系父节点，
双击其下的 WORKPIECE，打开【铣削几何体】对
话框，单击【指定部件】按钮 📦，打开【部件几何
体】对话框，在绘图区选择前模作为部件几何体。

step 07 创建毛坯几何体。单击【确定】按钮，
回到【铣削几何体】对话框，在对话框中单击【指定
毛坯】按钮 ⬭，打开【毛坯几何体】对话框。单击
【类型】项中的第三个图标【包容块】按钮，系统自
动生成默认毛坯，如图 6-56 所示。单击两次【确定】
按钮，返回主界面。

图 6-56 【毛坯几何体】对话框

step 08 创建固定轮廓铣。单击【刀片】工具条中的【创建工序】按钮 ⚙，打开【创
建工序】对话框，如图 6-57 所示。在【类型】下拉列表框中选择 mill_contour，修改位置参
数，填写名称，然后单击 FIXED_CONTOUR 图标 ⬡，打开【固定轮廓铣】对话框，如
图 6-58 所示。

图 6-57 【创建工序】对话框

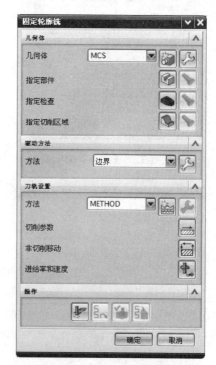

图 6-58 【固定轮廓铣】对话框

step 09 设定驱动方法。在【驱动方法】选项组中的【方法】下拉列表框中选择【边界】，
弹出【边界】提示框。单击【确定】按钮，打开【边界驱动方法】对话框，【切削模式】
选择【往复】，【切削方向】选择【顺铣】，【步距】选择【恒定】，【最大距离】设置
为 0.12mm，【与 XC 的夹角】设置为-45，如图 6-59 所示。

step 10 指定驱动几何体。提前在【建模】模块下，提取该区域的边界曲线，并将曲线

投影到 XY 平面，如图 6-60 和图 6-61 所示。单击
【指定驱动几何体】按钮，弹出【创建边界】
对话框，如图 6-62 所示。【类型】选择【封闭的】，
【平面】选择【自动】，【材料侧】选择【外部】，
【刀具位置】选择【对中】，在绘图区指定曲线边
界，如图 6-63 所示。单击【确定】按钮，返回主
界面。

step 11　设定策略。单击主界面【切削参数】
按钮，弹出【切削参数】对话框，选择【策略】
选项卡，【切削方向】设置为【顺铣】，【切削角】
设置为【指定】，【与 XC 的夹角】设置为-45。其
他设置如图 6-64 所示。

图 6-59　【边界驱动方法】对话框

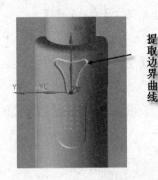

图 6-60　提取边界曲线

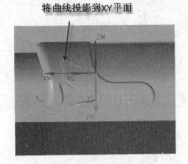

图 6-61　曲线投影

图 6-62　【创建边界】对话框

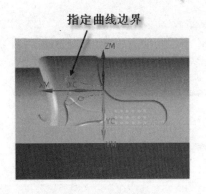

图 6-63　指定曲线边界

step 12　设定部件余量。单击主界面【切削参数】按钮，弹出【切削参数】对话
框，选择【余量】选项卡，如图 6-65 所示。在【部件余量】文本框中输入 0.03，其他各选
项的【公差】设定为 0.03，单击【确定】按钮完成设置。

step 13　设定进刀参数。单击【非切削移动】按钮，弹出【非切削移动】对话框，
选择【进刀】选项卡，如图 6-66 所示。在【开放区域】选项组中将【进刀类型】设置为【插
削】，【进刀位置】设置为【距离】，单击【确定】按钮完成设置。

| 图 6-64 【策略】选项卡 | 图 6-65 【余量】选项卡 |

step 14 设定进给率和刀具转速。单击【进给率和速度】按钮，打开【进给率和速度】对话框，在【主轴速度】文本框中输入 3000。在【进给率】选项组中设定【切削】为 2000，其他参数保持默认设置，如图 6-67 所示。

| 图 6-66 【进刀】选项卡 | 图 6-67 【进给率和速度】对话框 |

step 15 生成刀位轨迹。单击【生成】按钮，系统计算出固定轮廓铣半精加工的刀位轨迹，如图 6-68 所示。

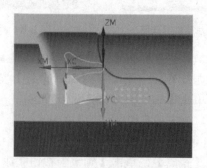

图 6-68 固定轮廓铣半精加工的刀位轨迹

2. 清根加工

step 01　调入塑料照明电筒模芯。

step 02　创建刀具。单击【刀片】工具条中的【创建刀具】 按钮，打开【创建刀具】对话框，默认【刀具子类型】为【铣刀】 ，在【名称】文本框中输入 D3R1.5，如图 6-69 所示。单击【应用】按钮，打开刀具参数设置对话框，在【直径】文本框中输入 3，在【下半径】文本框中输入 1.5，如图 6-70 所示。这样就创建了一把直径为 3mm 的球铣刀。

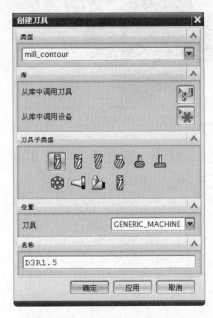

图 6-69　【创建刀具】对话框

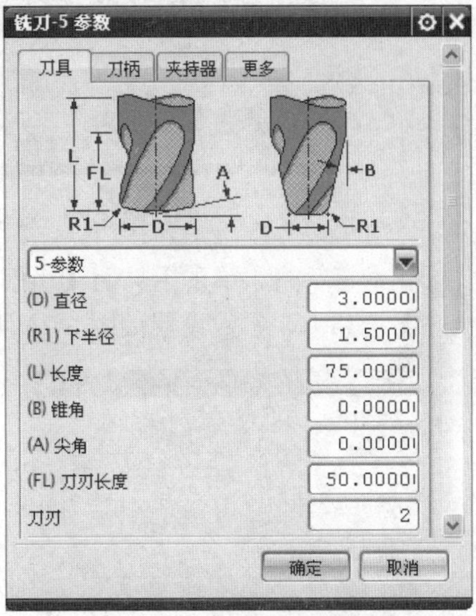

图 6-70　设定刀具参数

step 03　创建固定轮廓铣。单击【刀片】工具条中的【创建工序】按钮 ，打开【创建工序】对话框，如图 6-71 所示。在【类型】下拉列表框中选择 mill_contour，修改位置参数，填写名称，然后单击 FIXED_CONTOUR 图标 ，打开固定轮廓铣参数设置对话框。

step 04　指定切削区域。单击【指定切削区域】按钮 ，弹出【切削区域】对话框。在绘图区选择模芯上的表面，如图 6-72 所示。

step 05　设定驱动方法。在【驱动方法】选项组中的【方法】下拉列表框中选择【清根】，弹出【清根】提示框。单击【确定】按钮后，打开【清根驱动方法】对话框。在【驱动设置】选项中，将【清根类型】设置为【参考刀具偏置】，【非陡峭切削】选项组中的【非陡峭切削模式】设置为【往复】，【步距】设置为 0.2，【顺序】设置为【由外向内交替】。在【参考刀具】选

图 6-71　【创建工序】对话框

项组中，选择上一工序的铣刀 D8R4，其他参数设置如图 6-73 所示。单击【确定】按钮，返回主界面。

图 6-72　【切削区域】对话框

step 06 设定策略。单击主界面【切削参数】按钮，弹出【切削参数】对话框，选择【策略】选项卡，参数设置如图 6-74 所示。

图 6-73　【清根驱动方法】对话框

图 6-74　【策略】选项卡

step 07 设定部件余量。单击主界面【切削参数】按钮，弹出【切削参数】对话框，选择【余量】选项卡，参数设置如图 6-75 所示。单击【确定】按钮完成设置。

step 08 生成刀位轨迹。单击【生成】按钮，系统计算出清根的刀位轨迹，如图 6-76 所示。

图 6-75　【余量】选项卡　　　　　　图 6-76　清根的刀位轨迹

6.7　本 章 小 结

　　本章详细讲解了固定轮廓铣操作的基本过程，固定轮廓铣多用于半精加工和精加工。重点介绍了固定轮廓铣的特点、刀轨参数选项的设置，包括切削参数、非切削移动等相关参数，常用驱动方法的设置等。最后通过实例来说明固定轮廓铣操作的运用。

思考与练习

一、思考题

1. 固定轮廓铣主要的适用范围是什么？有何特点？
2. 固定轮廓铣加工有哪几种驱动方法，各有什么特点？

二、练习题

　　1. 打开配套教学资源 "\exercise\6\6-1.prt" 文件，综合利用固定轮廓铣的区域驱动方法和边界驱动方法对如图 6-77(a)所示的前模型芯进行精加工，并生成 NC 代码。图 6-77(b)是边界驱动方法生成的刀位轨迹。

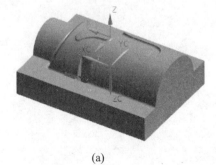

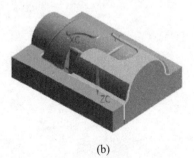

(a)　　　　　　　　　　　　　　　　　(b)

图 6-77　前模型芯

2. 打开配套教学资源 "\exercise\6\6-2.prt" 文件，利用固定轮廓铣对图 6-78(a)所示的前模型腔进行精加工，并生成 NC 代码。图 6-78(b)是区域驱动方法生成的刀位轨迹。

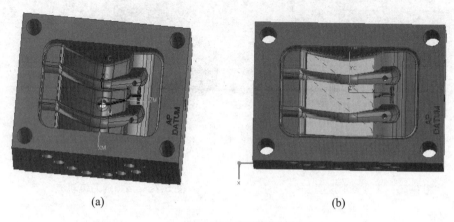

(a)   (b)

图 6-78 前模型腔

第7章 钻 加 工

学习提示: 钻加工的程序比较简单,通常可以在机床上直接输入程序语句进行加工。对于使用 UG NX 软件进行编程的工件来说,使用 UG 进行钻孔程序的编制,可以直接生成完整程序,通过传输软件将程序输入机床控制器,可以节省在机床控制器上输入语句的时间,当孔的数量较大时尤其明显。本章主要介绍钻加工的特点、钻加工的一般创建过程、钻加工几何体的创建、钻加工参数选项的设置(包括操作参数、循环选项和深度),最后通过实例来说明点位加工操作的运用。

技能目标: 使读者了解钻加工的特点和相关参数的概念,通过实例的学习能够掌握钻加工操作的运用。

7.1 钻加工概况

钻加工是 UG NX 加工中经常用到的加工类型,属于点位加工,它通过选择点和设定不同的固定循环以控制刀具的运动过程,从而达到钻孔(通孔、盲孔、中心孔、沉孔)、镗孔(BORING)、铰孔(REAMING)和攻螺纹(TAPPING)的目的。

钻加工的完整过程按先后顺序为锪孔(SPOT_FACING)、钻中心孔(SPOT_DRILLING)、钻孔、铰孔或镗孔、攻螺纹。在 UG NX 钻孔操作中都可以找到相应的功能,下面分别介绍。

(1) 锪孔。

当钻孔的表面不平时才使用锪孔,即在钻孔位置铣出一个平面,以便在钻中心孔时钻头不会偏移。

(2) 钻中心孔。

使用专门的中心钻头在要钻孔的表面上钻一个小孔,起引导作用,以便于在钻孔开始时钻头准确而顺利地向下运动。

(3) 钻孔。

实际钻孔时是通过钻头的循环运动进行加工的,其循环过程为:刀具快速移动定位在被选择的加工点位上,然后以切削进给速度切入工件并到达指定的切削深度,接着以退刀速度退回刀具,完成一个加工循环。如此重复加工,每次切削到不同的指定深度,一直加工到最终深度为止。

(4) 铰孔或镗孔。

当钻孔的精度达不到要求时,可以使用铰刀或镗刀进行铰孔或镗孔。例如,一般模芯上的镶件孔需要铰孔,模架上的导柱导套孔需要镗孔。

(5) 攻螺纹。

钻完孔后如有螺纹要求,可以使用丝攻加工内螺纹。

7.1.1 钻加工的特点

钻加工的特点如下。

(1) 选择点作为加工几何体即可，使用简单，计算速度快。

(2) 提供多种固定循环模式，可以方便地实现钻孔、镗孔、铰孔、攻螺纹等多种不同的加工目的。

7.1.2 钻加工的适用范围

钻加工适用于工件上垂直于加工平面的圆孔或螺纹的加工，如果是多轴机床，则一次性可以完成工件上多个方向的孔位加工。

适用于钻加工的工件类型如图 7-1 所示。

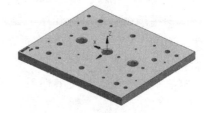

图 7-1 钻加工工件

7.2 钻加工的参数设置

在加工环境中，单击加工创建工具条中的【创建工序】按钮，打开钻加工操作的子类型对话框，如图 7-2 所示，其中包含了系统内定的 11 种钻加工子类型操作模板。选择钻孔加工(DRILLING)，则可打开钻孔加工的操作参数对话框，如图 7-3 所示，其中最关键的参数为循环参数，本节将重点讲解。

图 7-2 【创建工序】对话框

图 7-3 【钻】对话框

7.2.1　钻加工各操作子类型

UG NX CAM 提供了钻加工的 11 种子类型的操作模板，其中钻孔是基本的操作模板，它包括了螺纹铣(THREAD_MILLING)之外的所有钻操作参数，因此，利用钻孔操作可以创建除螺纹铣之外的所有钻操作。其他的操作类型与钻孔操作有很小的差别，介绍如下。

- 啄钻(PECK_DRILLING)和断屑钻 (BRAK CHIP_DRILLING)与钻孔操作的对话框完全一样，只是在选择循环方式的菜单中，预先指定了啄钻和断屑钻循环方式。
- 锪孔、钻中心孔、平底扩孔(COUNTER_ BORING)和埋头钻(COUNTER_SINKING)分别用于创建锪平面、中心孔、平底扩孔和钻沉孔操作。由于它们都不用钻通孔，因此既没有定义底面的图标，也没有深度偏置参数。
- 镗孔、铰孔、攻螺纹 3 种模板与钻孔操作基本一致。

总之，这些操作模板的参数都可以在钻孔操作的对话框中设定，钻孔操作可以设定多种循环方式，包含了这些扩展模板的参数。因此只需要定义钻孔操作，就完全可以实现其他操作模板的功能(螺纹铣除外)。

螺纹铣在数控铣加工中应用较少，一般由普通车床或镗床加工代替。

7.2.2　钻孔加工的基本参数

在钻孔加工操作对话框中涉及的基本参数介绍如下。

在加工创建工具条中，单击【创建几何体】按钮，则打开了如图 7-4 所示的【创建几何体】对话框，其中【类型】选择的是 drill，可以创建钻操作定义的几何体节点。子类型有加工坐标系、钻削几何体和工件几何体。

1. 钻削几何体和工件几何体

在【创建几何体】对话框中设置加工坐标系MCS ![icon]和工件几何体WORKPIECE ![icon]。可以设置钻削几何体![icon]，但一般会在钻孔加工操作主界面对话框中设置几何体。这两种几何体对钻操作的刀轨没有影响，它们只作为钻操作的父节点，在进行刀轨验证时有用。

2. 【几何体】选项的设定

【几何体】的创建包括【指定孔】、【指定顶面】和【指定底面】选项，如图 7-5 所示。

图 7-4　【创建几何体】对话框

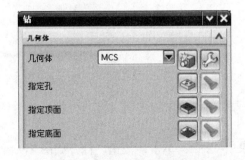

图 7-5　【几何体】选项的设定

(1) 指定孔。

在图 7-5 所示的对话框中单击【指定孔】按钮 ，则打开【点到点几何体】对话框，如图 7-6 所示，对话框中列出了选择新的点和编辑已指定点的多个选项。单击【选择】按钮，打开如图 7-7 所示的选择孔对话框，该对话框用于选择钻加工的点位几何对象，这些几何对象可以是一般点、圆弧、圆、椭圆以及实心体或片体上的孔。

Cycle 参数组 - 1：循环参数组设置按钮。默认为使用第一循环参数组。单击该按钮，则可以在打开的对话框中选择 5 个参数组中的一组。这样所选择的参数组就成为当前参数组，在再一次改变当前参数组之前所选择的点位都使用这一参数组。

一般点：用点构造器指定点位。每构造一个点位，都显示一个红色的点位标记。在点位构造结束之后，单击【确定】按钮返回。

组：单击该按钮，则打开如图 7-8 所示的对话框。可直接输入一个点或圆弧组的组名或选择组，系统根据组内的所有点或圆弧确定点位。选择组中的点还是圆弧是由图 7-7 中的 **可选的 - 全部** 决定的。

图 7-6　【点到点几何体】对话框

图 7-7　选择孔对话框

图 7-8　"分组"对话框

类选择：单击该按钮，打开分类选择对话框，用合适的分类选择方式选择加工点位即可。

面上所有孔：单击该按钮，打开如图 7-9 所示的对话框，直接在绘图区选择工件表面，则在表面上的孔中心被指定为点位。若只选择表面上某一尺寸范围内的孔中心，可分别单

击 最小直径 -无 和 最大直径 -无 按钮指定最小直径和最大直径的值，则只有在最小直径和最大直径范围之间的孔中心才能被选择作为点位。

预钻点：单击该按钮可选择在平面铣或型腔铣中保存的预钻点作为加工点位。这样在预钻进刀位置钻孔后，在随后的相应的平面铣或型腔铣加工中，刀具可以沿刀轴方向移动到预钻进刀点位置垂直下刀。

最小直径 -无：指定限制在面上的孔的范围的最小直径值。

最大直径 -无：指定限制在面上的孔的范围的最大直径值。

选择结束：单击该按钮，结束选择，返回到【点到点几何体】对话框。

可选的 - 全部：点位可选性过滤器按钮，可在用组或分类选择方式选择点位的时候控制所选对象的类型。单击该按钮，打开如图 7-10 所示的对话框。选择其中一项则设定了选择点位的限制条件。但 可选的 - 全部 的设置不影响一般点的选择方式。

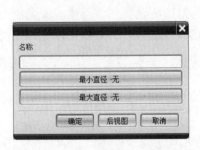
图 7-9 "面上所有孔"对话框

图 7-10 "可选的-全部"对话框

(2) 指定顶面。

顶面是刀具进入材料的位置，顶面可以是一个一般平面。如果没有定义顶面或已将其取消，那么每个点处隐含的顶面将是垂直于刀具轴且通过该点的平面。

在钻削操作的对话框中，单击【指定顶面】按钮，则打开如图 7-11 所示的【顶面】对话框，对话框中的按钮意义如下。

：选择实心体表面作为工件表面。可直接选择实心体表面。点位操作与所选的表面关联。

：用平面构造器指定工件表面。选择此项，将打开【平面】对话框，再选择某种方式指定平面。

图 7-11 【顶面】对话框

：定义一个平行于 XY 平面并指定与 XY 平面距离的平面，选择此项，ZC 平面文本框被激活，可直接输入距离值。

：取消已经定义的工件表面。

(3) 指定底面。

底面是允许用户定义刀轨的切削下限。底面既可以是一个已有的面，也可以是一个一般平面。

在钻削操作的对话框中，单击【指定底面】按钮，则打开与定义指定顶面相同的对话框，定义方法也与定义指定顶面相同。

7.2.3 钻孔加工的循环模式

在钻孔加工操作对话框中，提供了钻孔、镗孔、攻螺纹等多种循环模式，以通过点位加工控制刀具的运动过程，如图 7-12 所示。各种循环模式可以按实用性归为以下 6 类，其循环方式和用法说明如下。

(1) 无循环。

【无循环】取消任何被激活的循环，它不需要设置循环参数组和定义其参数，只要选择要加工的点位，再指定工件表面和底面，系统就会直接生成刀轨。此种钻操作简单方便，适用于钻削加工要求相同的孔。

图 7-12 钻孔循环模式列表

【无循环】的运动过程如下：以进给速度移动刀具到第 1 个点位上方的安全点，沿着刀轴方向以切削进给速度切削到工件底面，再以退刀速度退回到该点位的安全点上，以快进速度移动刀具到下一个点位的安全点上(在没有选择底面时，刀具以切削进给速度移动到下一个点位的安全点上)。

(2) 啄钻和标准深孔钻。

【啄钻】和【标准深孔钻】在每一个钻削位置上产生一个啄钻循环。一个循环的刀具运动过程如下。

step 01 刀具以快进速度移动到孔位上方的安全点。

step 02 刀具以循环进给速度钻削到第 1 个中间增量深度。

step 03 刀具以退刀进给速度移动到安全点上排屑，并且利于切削液进入孔中。

step 04 刀具以进刀进给速度移动到由前一次切削深度确定的点位上(该点距前次切削底部的距离为步进安全距离)。

step 05 刀具以循环进给速度钻削到由深度增量所确定的下一个中间增量深度(增量可定义为零、固定深度和可变深度)。

重复第 3～5 个步骤，直至钻到要求的深度，刀具退回到安全点上，以快速进给速度移动刀具到下一个点位的安全点上，开始进行下一个孔的啄钻加工。

由上述循环过程可知，啄钻和标准深孔钻适合钻深孔。啄钻和标准深孔钻的不同之处为：啄钻不依赖于机床控制器的固定循环子程序，而标准深孔钻依赖于机床控制器，它们产生的刀具运动可能有很小的不同。

(3) 断屑钻和标准断屑钻。

【断屑钻】和【标准断屑钻】在每一个钻削位置上产生一个断屑钻循环。断屑钻循环类似于啄钻循环，所不同的是，在每一个钻削深度增量之后，刀具不是退回到孔外的安全点上，而是退回到在当前切削深度之上的一个由步进安全距离指定的点位(这样可以将切屑拉断)。断屑钻的刀具运动过程如下。

step 01 刀具以快进速度移动到安全点上。

step 02 刀具沿刀轴方向以循环切削进给速度钻削到第一个中间切削深度。

step 03 刀具以退刀进给速度退回到当前切削深度之上的由安全距离确定的点位上。

step 04 刀具继续以循环切削进给速度钻削到下一个中间增量深度。

重复第 3 个和第 4 个步骤，直到钻削到指定的孔深之后，以退刀进给速度从孔深位置退回至安全点。

step 05　以快速进给速度移动刀具到下一个点位的安全点上，开始进行下一个孔的断屑钻加工。

由上述循环过程可知，断屑钻和标准断屑钻适合给韧性材料钻孔。断屑钻和标准断屑钻的不同之处为：断屑钻不依赖于机床控制器的固定循环子程序，而标准断屑钻依赖于机床控制器，它们产生的刀具运动可能有很小的不同。

(4) 标准钻削。

【标准钻削】在每一个被选择的加工点位上激活一个标准钻削循环。选择此项，打开定义循环参数组的数量的对话框，在输入循环参数组的数量之后，打开定义参数的对话框。标准钻削循环适用于钻削深孔和有一定深度的韧性材料的孔。

【标准钻削】循环的刀具运动过程如下：刀具以快进速度移动到点位上方的安全点上；刀具以循环进给速度钻削到要求的孔深；刀具以退刀进给速度退回到安全点；刀具以快进速度移动到下一个加工点位的安全点上，开始下一个点位的循环。

(5) 标准攻螺纹。

【标准攻螺纹】在每一个被选择的加工点位上激活一个标准攻螺纹循环。

【标准攻螺纹】循环的刀具运动过程如下：刀具以切削进给速度进给到最终的切削深度，主轴反转并以切削进给速度退回到操作安全点；刀具以快进速度移动到下一个加工点位的安全点上，开始下一个点位的循环。

(6) 标准镗。

【标准镗】在每一个被选择的加工点位上激活一个标准镗循环。

【标准镗】循环的刀具运动过程如下：刀具以切削进给速度进给到孔的最终切削深度之后以切削进给速度退回到孔外；刀具以快进速度移动到下一个加工点位的安全点上，开始下一个点位的循环。

7.2.4　循环参数的定义

1. 循环参数

在钻削操作对话框中，如果选择的是除啄钻和断屑钻外的其他循环模式，单击【编辑参数】按钮，则打开如图 7-13 所示的【指定参数组】对话框，单击【确定】按钮，则打开【Cycle 参数】对话框，如图 7-14 所示。

图 7-13　【指定参数组】对话框　　　　图 7-14　【Cycle 参数】对话框

【Cycle 参数】对话框中的按钮意义分别如下。

Depth -模型深度：钻削深度，指工件表面到刀尖的深度。单击该按钮，打开如图 7-15 所示的对话框，除【模型深度】是指实体模型上特征孔的实际深度外，其他每种深度定义方式表示的意义分别如图 7-16 所示。

进给率 (MMPM) - 250.0000：切削进给速度。设定钻削时的切削速度。

Dwell - 关：停留时间。设定刀具到达指定的钻削深度之后要停留的时间，此项功能有些机床可能不能执行。

Option - 关：该选项用于所有标准循环，其功能取决于后处理器。若设置为 ON，系统在循环语句中会包含 OPTION 关键字。通常此参数设置为 OFF。

CAM - 无：设置 CAM 值，用于没有可编程 Z 轴的机床，指定一个预置的 CAM 停刀位置，以控制刀具深度。

Rtrcto - 无：退刀距离。设定退刀点到工件表面沿刀轴方向测量的距离。

图 7-15　【Cycle 深度】对话框

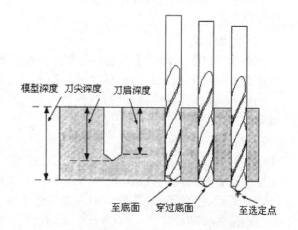

图 7-16　各种深度参数图解

2. 啄钻和断屑钻的参数定义

在钻削操作对话框中，选择循环模式为啄钻或断屑钻，单击【编辑参数】按钮，则打开步距安全设置对话框，如图 7-17 所示。单击两次【确定】按钮，则打开【Cycle 参数】对话框，如图 7-18 所示。

图 7-17　步距安全设置对话框

图 7-18　【Cycle 参数】对话框

在【Cycle 参数】对话框中，前 3 个按钮的用法与固定循环的按钮完全相同，仅钻削增量按钮不同。单击钻削增量按钮 **Increment -无**，则打开如图 7-19 所示的【增量】对话框，对话框中的按钮意义分别如下。

空：不指定增量，刀具一次钻削到要求的深度。

恒定：指定增量为固定的数值。

可变的：指定可变的增量。单击此按钮，将打开增量设置对话框，可以根据需要设置多种增量值。

图 7-19 【增量】对话框

3．最小安全距离

在钻削操作对话框中，最小安全距离的定义如图 7-20 所示，它指定刀具与工件表面刀轴方向的距离，是指每个加工位置上刀具由快进速度或进给速度转变为切削进给速度的位置。

4．通孔安全距离与盲孔余量

通孔安全距离应用于通孔，盲孔余量应用于盲孔，如图 7-21 所示。

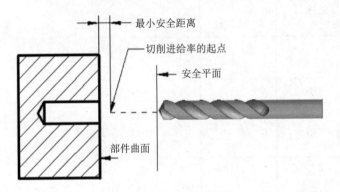

图 7-20 最小安全距离的定义

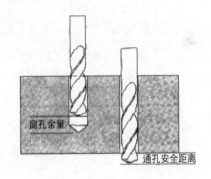

图 7-21 通孔安全距离与盲孔余量

7.3 模具板钻孔加工实例

依据如图 7-22 所示的模具板零件的加工要求，采用钻孔模式进行加工操作。本例先对全部孔位用中心钻打点，然后通过啄钻钻通全部的通孔以及通过沉孔钻加工沉孔。

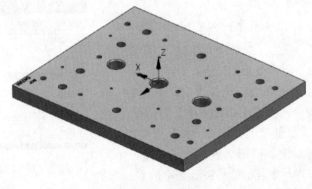

图 7-22 模具板

7.3.1　工艺分析

图 7-22 所示为加工完成的模具板，材料为 H13 钢，模具板上有 7 个通孔、18 个台阶孔、8 个盲孔需要加工。中间三个 $\Phi30$mm 的大孔，可以采取多种方式加工，先采用钻孔、扩孔，最后使用镗刀进行精加工的方法加工完成。本实例的目的是在模具板钻孔加工的过程中带领读者认识中心钻、啄钻和镗孔的思路和实际步骤。表 7-1 所示为模具板的加工工艺方案。

表 7-1　模具板的加工工艺方案

工序号	加工内容	加工方式	留余量部件/底面(mm)	机床	刀　具	夹　具
10	下料 400mm×340mm×25mm	铣削	0.5	铣床	面铣刀Φ50	压板、机夹台虎钳
20	铣六面体 400mm×340mm×25mm，保证尺寸误差在 0.3mm 以内	铣削	0	铣床	面铣刀Φ50 立铣刀Φ20	
30	将工件压紧在机床工作台			数控铣床		压板
30.01	钻中心孔	定心钻	0		中心钻Φ3	
30.02	通孔加工	啄钻	0		钻头Φ8、Φ9、Φ11、Φ16、Φ26	
30.03	沉孔加工	沉孔钻	0		钻头Φ14、Φ17.5、Φ22、Φ23	
30.04	中间 3 个孔的镗孔加工	镗孔加工			镗刀Φ30	

7.3.2　CAM 操作

1. 初始化加工环境

step 01　调入工件。单击【打开】按钮，弹出【打开】对话框，选择配套教学资源"\part\7\7-1.prt"文件，单击 OK 按钮。

step 02　初始化加工环境。选择【启动】下拉菜单中的【加工】命令，弹出【加工环境】对话框，如图 7-23 所示。在【要创建的 CAM 设置】选项组中选择 drill，单击【确定】按钮，进入加工环境。

step 03　设定工序导航器。单击资源条中的【工序导航器】按钮，打开工序导航器，在工序导航器中右击，单击【导航器】工具条

图 7-23　【加工环境】对话框

中的【几何视图】按钮 ████。

step 04　设定坐标系和安全高度。在工序导航器中，双击坐标系 ██ MCS，打开 MCS 对话框。选择【指定 MCS】加工坐标系，单击零件的底面，将加工坐标系设定在零件底面的中心。底面需要钻沉头孔，因此将加工坐标系设置在底面。

在【安全设置】选项组的【安全设置选项】下拉列表框中选择【平面】，单击【指定平面】按钮，弹出对话框。单击零件顶面，在【距离】文本框中输入 20，即安全高度为 Z20，单击【确定】按钮，完成设置，如图 7-24 所示。

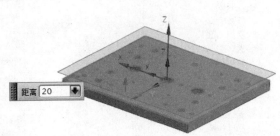

图 7-24　完成设置

step 05　创建刀具。单击【刀片】工具条中的【创建刀具】按钮 ██，打开【创建刀具】对话框，在【类型】下拉列表框中选择 drill，在【刀具子类型】选项中选择中心钻 SPOTDRILLING ██，在【名称】文本框中输入 SPOT_3，如图 7-25 所示。单击【应用】按钮，打开刀具参数设置对话框，在【直径】文本框中输入 3，如图 7-26 所示。这样就创建了一把直径为 3mm 的中心钻。用同样的方法自行创建普通钻头 ██，DRILL_05 直径为 5mm，DRILL_08 直径为 8mm，DRILL_09 直径为 9mm，DRILL_11 直径为 11mm，DRILL_16 直径为 16mm，DRILL_26 直径为 26mm；创建沉头钻 ██，COUNT_14 直径为 14mm，COUNT_17.5 直径为 17.5mm，COUNT_22 直径为 22mm，COUNT_23 直径为 23mm；创建镗刀 ██，BORING_30 直径为 30mm。最后机床工序导航器如图 7-27 所示。

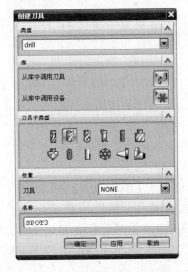
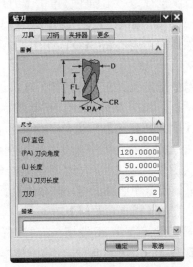

图 7-25　【创建刀具】对话框　　　　图 7-26　设置刀具参数

2. 钻中心孔

step 01 创建几何体。在工序导航器中单击 ⊞ ⬚ MCS_MILL 前的 "+" 按钮，展开坐标系父节点，双击其下的 WORKPIECE，打开【工件】对话框，如图 7-28 所示。单击【指定部件】按钮 ，打开【部件几何体】对话框，在绘图区选择模具板作为部件几何体。

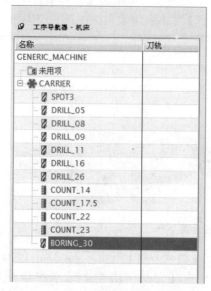

图 7-27　机床工序导航器

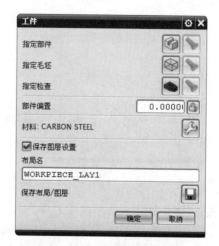

图 7-28　【工件】对话框

step 02 创建毛坯几何体。单击【确定】按钮，回到【铣削几何体】对话框，在对话框中单击【指定毛坯】按钮 ▭，打开【毛坯几何体】对话框。单击类型项中的第三个图标【包容块】按钮，系统自动生成默认毛坯。单击两次【确定】按钮，返回主界面。

工件在点位加工中没有指定部件和毛坯也可以生成刀路。如果没有指定则表示不能用"动态"仿真，指定了则表示可以用"动态"仿真。

step 03 创建定心钻加工。单击【刀片】工具条中的【创建工序】按钮 ⬚，打开【创建工序】对话框，如图 7-29 所示。在【类型】下拉列表框中选择 drill，修改位置参数，填写名称，然后单击定心钻(SPOT_DRILLING)图标 ⬚，打开【定心钻】对话框，如图 7-30 所示。

step 04 指定孔。在【几何体】选项组中单击【指定孔】按钮 ▭，弹出【点到点几何体】对话框，如图 7-31 所示。在此对话框中单击【选择】按钮，弹出【名称】对话框，接着单击【面上所有孔】按钮，在绘图区选择面，如图 7-32 和图 7-33 所示。

如果系统指定的孔顺序很乱，则可利用【点到点几何体】对话框中的【优化】选项进行优化，其操作步骤简单，随着系统的指导进行操作即可。

step 05 设定中心钻深度。在参数设置对话框中单击【编辑参数】按钮 ⬚，如图 7-34 所示。在打开的【指定参数组】对话框中单击【确定】按钮，则打开【Cycle 参数】对话框，单击 Depth (Tip) - 0.0000 按钮。在打开的【Cycle 深度】对话框中单击 刀尖深度 按钮，在【深度】文本框中输入 2，如图 7-35 所示。单击两次【确定】按钮，回到参数设置对话框。

图 7-29 【创建工序】对话框

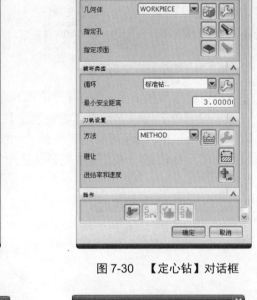

图 7-30 【定心钻】对话框

图 7-31 【点到点几何体】对话框

图 7-32 【名称】对话框

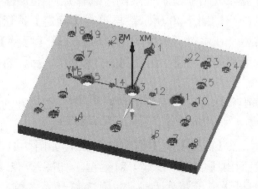

图 7-33 指定面上的孔

图 7-34　编辑最小安全距离　　　　　　　　图 7-35　"刀尖深度"选项

step 06　设定进给率和速度。单击【进给率和速度】按钮，打开【进给率和速度】对话框，在【主轴速度】选项中选中【主轴速度】复选框，在【主轴速度】文本框中输入700，在【进给率】选项中设定切削速度为 50，如图 7-36 所示，单击【确定】按钮。

step 07　生成刀位轨迹。单击【生成】按钮，系统计算出定心钻的刀位轨迹，如图 7-37 所示。

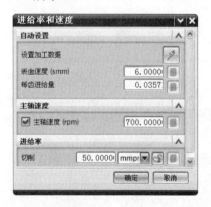

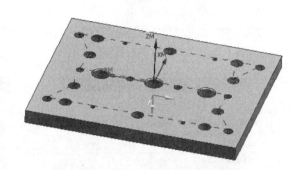

图 7-36　【进给率和速度】对话框　　　　图 7-37　"定心钻"的刀位轨迹

3. 通孔加工

step 01　创建啄钻加工操作。在工序导航器中，在创建的几何体 WORKPIECE 上右击，在快捷菜单中选择【刀片】|【创建工序】命令，打开【创建工序】对话框，选择【工序子类型】为啄钻 PECK_DRILLING，其他参数设置如图 7-38 所示。单击【确定】按钮，打开【啄钻】对话框，如图 7-39 所示。

step 02　指定孔。在【几何体】选项组中单击【指定孔】按钮，弹出【点到点几何体】对话框，在此对话框中单击【选择】按钮，弹出【名称】对话框。根据零件的工艺要求，先钻Φ8mm 的孔，然后进行扩孔。在绘图区选择几何体上的 21 个孔的上边缘，单击【确定】按钮，则所选择的点如图 7-40 所示，再单击【确定】按钮回到参数设置对话框。

step 03　设定循环类型。在主对话框中，【循环】选择【啄钻】。

step 04　设定钻削深度和循环增量。测量到固定板的厚度为 25mm，因此钻头的刀肩钻28mm 即可钻通。

在参数设置的对话框中单击【编辑参数】按钮，在打开的对话框中单击【确定】按钮，则打开【Cycle 参数】对话框，单击 Depth -模型深度 按钮。在打开的【Cycle 深度】对话框中单击 刀肩深度，在【深度】文本框中输入 28，如图 7-41 所示。

单击【确定】按钮，弹出【Cycle 参数】对话框，如图 7-42 所示。在对话框中单击【Increment-无】按钮，打开【增量】对话框，如图 7-43 所示。单击【恒定】按钮，在对话框中设置增量全部为 5，如图 7-44 所示，然后单击两次【确定】按钮。

图 7-38　【创建工序】对话框

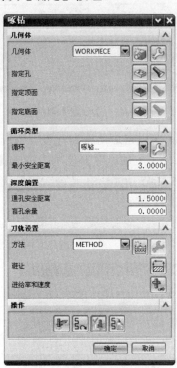

图 7-39　【啄钻】对话框

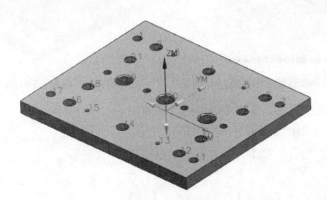

图 7-40　指定孔

图 7-41　刀肩深度

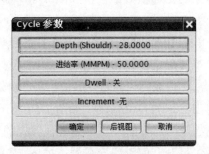

图 7-42　【Cycle 参数】对话框

图 7-43 【增量】对话框

图 7-44 深度步进值

step 05 设定进给率和速度。单击【进给率和速度】按钮 ，打开【进给率和速度】
对话框，在【主轴速度】选项中选中【主轴速度】复选框，在【主轴速度】文本框中输入
350，如图 7-45 所示。在【进给率】选项中设定【切削】为 50，其他速度保持默认值为 0，
单击【确定】按钮。

step 06 生成刀位轨迹。单击【生成】按钮 ，系统计算出啄钻的刀位轨迹，如图 7-46
所示。

图 7-45 【进给率和速度】对话框

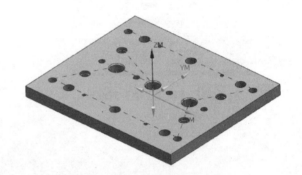

图 7-46 "啄钻"的刀位轨迹

step 07 打开机床视图，复制上一步创建的啄钻
加工操作，并粘贴到 DRILL_11 下，如图 7-47 所示。

step 08 重新指定孔。在【几何体】选项组中单
击【指定孔】按钮 ，弹出【点到点几何体】对
话框，在此对话框中单击【选择】按钮，单击【是】
按钮，弹出名称选项对话框，如图 7-48 所示。单击
【一般点】按钮，在绘图区选择几何体上的 4 个孔的
上边缘，单击【确定】按钮，则所选择的点如图 7-49
所示，单击【确定】按钮，回到参数设置对话框。

step 09 生成刀位轨迹。单击【生成】按钮 ，
系统计算出啄钻的刀位轨迹，如图 7-50 所示。

step 10 用同样的办法创建其他各孔的扩孔。创
建完成后，打开几何工序导航器，如图 7-51 所示。

图 7-47 复制啄钻加工操作

图 7-48 名称选项对话框

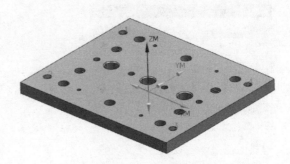

图 7-49 指定加工孔

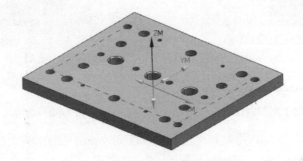

图 7-50 "啄钻"的刀位轨迹

名称	刀轨	刀具	几何体	方法
GEOMETRY				
未用项				
MCS				
WORKPIECE				
SPOT_DRILLING	✓	SPOT3	WORKPIECE	METHOD
PECK_DRILLING	✓	DRILL_08	WORKPIECE	METHOD
PECK_DRILLING_COPY	✓	DRILL_11	WORKPIECE	METHOD
PECK_DRILLING_COPY_COPY	✓	DRILL_16	WORKPIECE	METHOD
PECK_DRILLING_COPY_COPY_C...	✓	DRILL_26	WORKPIECE	METHOD
PECK_DRILLING_COPY_COPY_C...	✓	DRILL_09	WORKPIECE	METHOD

图 7-51 几何工序导航器

4. 沉孔加工

step 01 创建沉孔钻加工。在工序导航器中，在创建的几何体 WORKPIECE 上右击，在快捷菜单中选择【插入】|【操作】命令，打开【创建工序】对话框，选择【工序子类型】

为【沉孔钻】 址 ，设置其他参数，如图 7-52 所示。单击【确定】按钮，打开【沉孔钻】对话框。

在【几何体】选项组中单击【指定孔】按钮 ⛶ ，单击 选择 按钮，接着在绘图区选择几何体上的 4 个沉孔的上边缘，单击【确定】按钮，则所选择的点如图 7-53 所示，单击【确定】按钮，回到参数设置对话框。

图 7-52 【创建工序】对话框

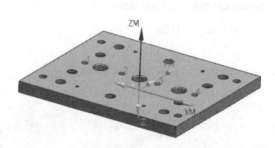

图 7-53 指定孔

step 02 设定钻削深度。测量到两沉孔的深度为 9mm，因此钻削深度也应为 9mm。在参数设置对话框中单击【编辑参数】按钮 🖉 ，在打开的对话框中单击【确定】按钮，打开【Cycle 参数】对话框，单击 Depth —模型深度 按钮。在打开的【Cycle 深度】对话框中单击 刀尖深度 ，在【深度】文本框中输入 9，如图 7-54 所示。单击两次【确定】按钮。

step 03 设定进给率和速度。单击【进给率和速度】按钮 📶 ，打开【进给率和速度】对话框，在【主轴速度】选项中选中【主轴速度】复选框，在【主轴速度】文本框中输入 600，在【进给率】选项中设定【切削】为 50，其他速度保持默认值为 0，单击【确定】按钮。

step 04 生成刀位轨迹。单击【生成】按钮 ⬛ ，系统计算出沉孔钻的刀位轨迹，如图 7-55 所示。

图 7-54 刀尖深度

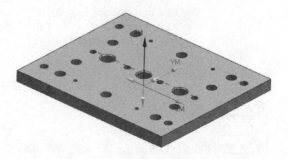

图 7-55 "沉孔钻"的刀位轨迹

step 05　复制上一步创建的沉孔钻加工操作，通过改变刀具的直径，重新指定孔的方法和改变加工深度，加工其他各孔。创建完成后，打开几何工序导航器，如图 7-56 所示。

名称		刀轨	刀具	几何体
GEOMETRY				
未用项				
MCS				
WORKPIECE				
SPOT_DRILLING		✓	SPOT3	WORKPI
PECK_DRILLING		✓	DRILL_08	WORKPI
PECK_DRILLING_COPY		✓	DRILL_11	WORKPI
PECK_DRILLING_COPY_COPY		✓	DRILL_16	WORKPI
PECK_DRILLING_COPY_COPY_		✓	DRILL_26	WORKPI
PECK_DRILLING_COPY_COPY_		✓	DRILL_09	WORKPI
COUNTERBORING		✓	COUNT_14	WORKPI
COUNTERBORING_COPY		✓	COUNT_17.5	WORKPI
COUNTERBORING_COPY_CO		✓	COUNT_22	WORKPI
COUNTERBORING_COPY_CO		✓	COUNT_23	WORKPI

图 7-56　几何工序导航器

5. 镗孔加工

模板中间的三个孔，之前已经扩孔至Φ26mm，再使用直径为Φ30mm 的镗刀进行精加工。

step 01　创建镗孔加工。在工序导航器中，在创建的几何体 WORKPIECE 上右击，在快捷菜单中选择【刀片】|【创建工序】命令，打开【创建工序】对话框，选择【工序子类型】为【镗孔加工】BORING，设置其他参数，如图 7-57 所示。单击【确定】按钮，打开【镗孔】对话框。

step 02　设置几何体参数。在【几何体】选项组中单击【指定孔】按钮，单击选择按钮，接着在绘图区选择模板中间的 3 个孔的上边缘，单击【确定】按钮，则所选择的点如图 7-58 所示，单击【确定】按钮回到参数设置对话框。

图 7-57　【创建工序】对话框

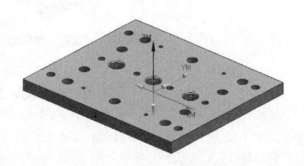

图 7-58　指定孔

单击【指定顶面】按钮，打开【顶面】对话框，在绘图区选择模具板的顶面，单击【确定】按钮。单击【指定底面】按钮，打开【底面】对话框，在绘图区选择模具板的底面，单击【确定】按钮。

step 03 设定镗孔深度。在参数设置对话框中单击【编辑参数】按钮，在打开的对话框中单击【确定】按钮，打开【Cycle 参数】设置对话框，接受系统自动的深度设置为模型深度 Depth -模型深度，如图 7-59 所示。单击【确定】按钮，回到参数设置对话框。

step 04 设定进给率和速度。单击【进给率和速度】按钮，打开【进给率和速度】对话框，在【主轴速度】选项中选中【主轴速度】复选框，在【主轴速度】文本框中输入 350，如图 7-60 所示，在【进给率】选项中设定【切削】为 50，单击【主轴速度】文本框后面的计算按钮生成表面速度和进给量，单击【确定】按钮。

图 7-59　【Cycle 参数】对话框

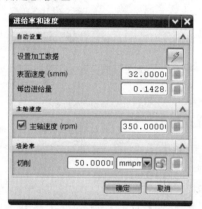

图 7-60　【进给率和速度】对话框

step 05 生成刀位轨迹。单击【生成】按钮，系统计算出镗孔的刀位轨迹，如图 7-61 所示。

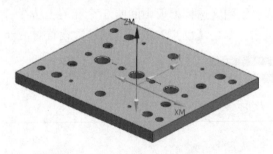

图 7-61　"镗孔"的刀位轨迹

7.4　固定板钻孔加工实例

依据如图 7-62 所示的固定板零件的加工要求，采用钻孔模式进行加工操作。本例对 4 个孔位用中心钻打点，然后通过啄钻钻通全部的通孔，最后对孔进行螺纹攻丝。

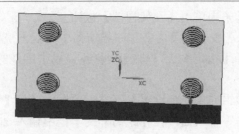

图 7-62　固定板

7.4.1　工艺分析

图 7-62 所示为固定板，材料为 45#钢，固定板上有 4 个 M12 的螺纹孔。加工思路是首先是钻中心孔，然后钻螺纹底孔，最后加工螺纹。攻螺纹是机加工中经常用到的操作，本实例的目的是通过介绍攻螺纹的操作方法让读者更好地运用。表 7-2 所示为固定板的加工工艺方案。

表 7-2　固定板的加工工艺方案

工序号	加工内容	加工方式	余量 (mm)	机　床	刀　具	夹　具
10	下料 100mm×50mm×15mm		1mm			
20	铣六面体 100mm×50mm×15mm，保证尺寸误差在 0.3mm 以内	铣削	0	铣床		
30	将工件装夹在机夹台虎钳上		0	数控铣床		机夹台虎钳
30.01	钻中心孔	定心钻	0		中心钻Φ3	
30.02	钻螺纹底孔	啄钻	0		钻头Φ10.2	
30.03	攻螺纹	攻螺纹	0		M12 机加丝锥	

7.4.2　CAM 操作

step 01　调入工件。单击【打开】按钮，弹出【打开】对话框，选择配套教学资源 "\part\7\7-2.prt" 文件，单击 OK 按钮。

step 02　初始化加工环境。选择【启动】下拉菜单中的【加工】命令，弹出【加工环境】对话框，如图 7-63 所示。在【要创建的 CAM 设置】选项组中选择 drill，单击【确定】按钮，进入加工环境。

step 03　设定工序导航器。单击资源条中的【工序导航器】按钮，打开工序导航器，在工序导航器中

图 7-63　【加工环境】对话框

右击，在【导航器】工具条中单击【几何视图】按钮 。

step 04 设定坐标系和安全高度。在工序导航器中，双击坐标系 MCS_MILL ，打开 Mill Orient 对话框。选择【指定 MCS】加工坐标系，单击零件的顶面，将加工坐标系设定在零件表面的中心。

在【安全设置】选项组的【安全设置】下拉列表框中选择【平面】，单击【指定平面】按钮，弹出对话框。单击零件顶面，在【距离】文本框中输入 20，即安全高度为 Z20，单击【确定】按钮，完成设置。

step 05 创建刀具。单击【刀片】工具条中的【创建刀具】按钮 ，打开【创建刀具】对话框，在【类型】下拉列表框中选择 drill，在【刀具子类型】列表框中选择【定心钻】SPOTDRILLING ，在【名称】文本框中输入 SPOT_3，如图 7-64 所示。单击【应用】按钮，打开刀具参数设置对话框，在【直径】文本框中输入 3，如图 7-65 所示。这样就创建了一把直径为 3mm 的中心钻。用同样的方法自行创建普通钻头 DRILL_10.2，直径为 10.2mm。创建一把螺丝攻 TAP_12，直径为 12mm。最后机床工序导航器如图 7-66 所示。

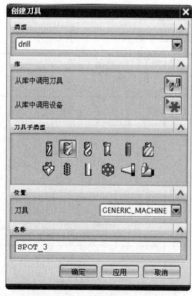

图 7-64 【创建刀具】对话框

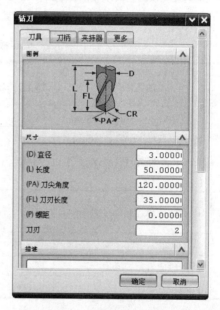

图 7-65 设置【刀具】参数

step 06 按上节介绍过的方法创建定心钻加工和啄钻加工操作，创建完成后，打开几何工序导航器，如图 7-67 所示。

step 07 创建攻螺纹操作。在工序导航器中，在创建的几何体 WORKPIECE 上右击，在快捷菜单中选择【刀片】|【创建工序】命令，打开【创建工序】对话框，选择【工序子类型】为攻螺纹 TAPPING ，如图 7-68 所示设置其他参数。单击【确定】按钮，打开【出屑】对话框。单击【指定孔】按钮 ，单击 选择 按钮，接着在绘图区选择固定板顶面上 4 个孔的上边缘，单击【确定】按钮，则所选择的点如图 7-69 所示，单击【确定】按钮回到参数设置对话框。

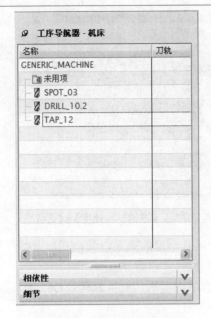

图 7-66　机床工序导航器

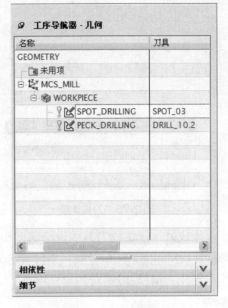

图 7-67　几何工序导航器

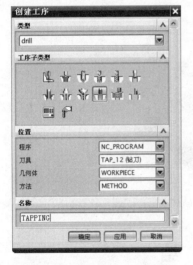

图 7-68　【创建工序】对话框

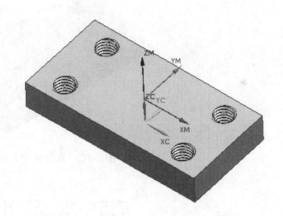

图 7-69　指定孔

step 08　设定钻削深度。在参数设置对话框中单击【编辑参数】按钮，在打开的对话框中单击【确定】按钮，打开【Cycle 参数】对话框，单击 Depth -模型深度 按钮。在打开的【Cycle 深度】对话框中单击 刀肩深度 ，在【深度】文本框中输入 20，如图 7-70 所示。单击两次【确定】按钮。

step 09　设定进给率和速度。单击【进给率和速度】按钮，打开【进给率和速度】对话框，在【主轴速度】选项中选中【主轴速度】复选框，在【主轴速度】文本框中输入 25，如图 7-71 所示，在【进给率】选项中设定【切削】为 44，单击【主轴速度】文本框后面的计算按钮生成表面速度和进给量，单击【确定】按钮。

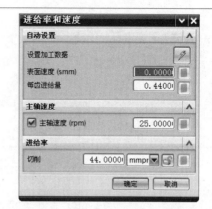

图 7-70 刀肩深度　　　　　　图 7-71 【进给率和速度】对话框

在攻螺纹时，攻螺纹刀具的进给速度和主轴转速有一定的关系，其公式如下

切削速度 mmpm(毫米/分钟)=主轴转速 rpm(转/分钟)×螺距 mm。

在本例中，M12 的螺距为 1.75mm，所以：切削速度为 25(主轴转速)×1.75(螺距)≈44mmpm。

step 10 生成刀位轨迹。单击【生成】按钮 ![icon]，系统计算出攻螺纹的刀位轨迹，如图 7-72 所示。

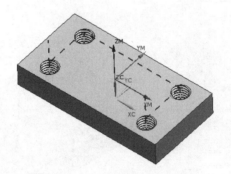

图 7-72 攻螺纹的刀位轨迹

7.5 本 章 小 结

本章主要介绍钻加工的特点、钻加工的一般创建过程、钻加工几何体的创建、钻加工参数选项的设置(包括操作参数、循环选项和深度)，最后通过实例来说明点位加工操作的运用。

思考与练习

一、思考题

1. 钻加工一般需要设置哪些加工几何参数?

2. 循环选项主要有哪些？各有什么作用？

3. 啄钻主要加工什么类型的孔？

二、练习题

1. 打开配套教学资源 "\exercise\7\7-1.prt" 文件，利用定心钻、啄钻对如图 7-73 所示的实体的孔进行加工，并生成 NC 代码。

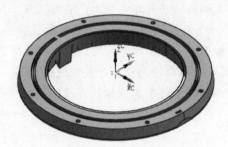

图 7-73　实体孔加工

2. 打开配套教学资源 "\exercise\7\7-2.prt" 文件，综合利用各种加工刀路对如图 7-74 所示的实体进行粗加工、精加工，并生成 NC 代码。

图 7-74　实体粗加工、精加工

第8章 扩展模块

学习提示: UG NX 加工模块的功能非常强大,前面几章介绍了部分主要的加工模板,使读者对 UG CAM 也有了一个整体的了解。本章的目的是使读者较完整地了解 UG CAM 的全部加工模板,对 UG 加工有一个全面深入的认识,以应对某些特别的加工问题。本章分别对平面铣、型腔铣、固定轴曲面轮廓铣 3 种类型进行讲解。

技能目标: 了解 UG CAM 的全部加工模板,能应对某些特别的加工问题。

8.1 平面铣的其他操作模板

在 UG CAM 的加工环境中,单击【刀片】工具条中的【创建工序】按钮 ,选择【类型】为 mill_planar 时,平面铣模板如图 8-1 所示。

有关平面铣操作的子类型模板共有 13 个。其中平面铣为基本的操作模板,面铣是平面铣的典型扩展操作,关于平面铣和面铣,在第 4 章中已有详细讲解。其他子类型都是在基本操作模板的基础上派生出来的,主要是针对某些特殊的加工情况预先指定或屏蔽了一些参数,下面分别介绍其他模板。

平面铣创建工序选项组中的子类型如表 8-1 所示。

图 8-1 平面铣模板

表 8-1 平面铣子类型简介

子按钮	名 称	简 介
FACE_MILLING_AREA	面铣削区域	面铣削区域有"几何体、指定切削区域、指定壁几何体、指定检查体和自动壁"等
FACE_MILLING	面铣	基本的面切削操作,用于切削实体上的平面
FACE_MILLING_MANUAL	手工平面铣	仅铣削平面的工艺,需要定义刀轨
PLANAR_MILL	平面铣	通用的平面铣工艺,允许选择不同的切削方法
PLANAR_PROFILE	平面轮廓铣	特殊的二维轮廓铣切削类型,用于在不定义毛坯的情况下进行轮廓铣,常用于修边
CLEANUP_CORNERS	清理拐角	使用来自前一操作的二维 IPW,以跟随部件切削
FINISH_WALLS	精加工壁	仅切削侧壁
FINISH_FLOOR	精加工底面	仅切削底平面

续表

子 按 钮	名 称	简 介
HOLL_MILL	大孔洞铣	加工不便于钻孔加工的大尺寸通孔或盲孔,凸台
THREAD_MILLING	螺纹铣	使用螺旋切削铣削螺纹孔
PLANAR_TEXT	平面文本	切削制图注释中的文字,用于二维雕刻
MILL_CONTROL	铣削控制	只包含机床控制事件
MILL_USER	铣削用户	刀轨由自己定制的 NX Open 程序生成

1. 面铣削区域

区域面铣操作对话框的主界面如图 8-2 所示。其功能基本上与面铣 相同,主要差别是使用了不同的方式来定义切削范围,面铣是使用【指定面边界】 来定义切削区域,而区域面铣操作是使用【指定切削区域】 和【指定壁几何体】 来定义切削范围的。

在区域面铣操作中,当设定了【指定壁几何体】或"自动壁"选项后,就可以把在【切削参数】对话框中设置的壁余量作用在设定的侧壁上,这样就可以设定不同的余量到设定的侧壁上,而在标准面铣中没有此功能。

2. 手工面铣削

手工面铣削可以在加工多个平面区域时,对每个区域使用不同的切削模式或者是手动切削模式,其操作对话框的主界面如图 8-3 所示。与面铣相比,手工面铣削是增强版的面铣。但手工面铣削容易造成过切,可以在创建刀轨后执行过切检查。具体方法是:在工序导航器中弹出的快捷菜单中选择【刀轨】|【编辑】|【分析刀轨】|【过切检查】命令,系统会进行过切检查。

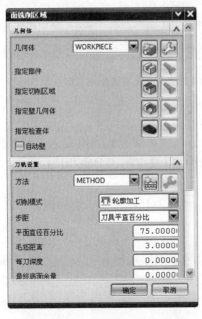

图 8-2 【面铣削区域】对话框

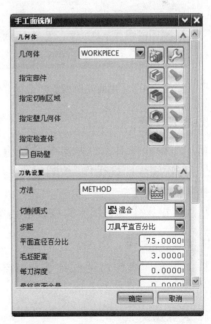

图 8-3 【手工面铣削】对话框

3. 平面轮廓铣

平面轮廓铣操作对话框的主界面如图 8-4 所示。其功能是专门用于进行侧面的轮廓铣精加工，产生的刀轨只沿侧面轮廓加工一周，相当于轮廓铣的切削模式，但不能设定附加刀轨，不能设定步距参数，而且也不能选择其他的切削方法。

平面轮廓铣的特点是切削参数的定义很简单，只需要指定工件余量和切削深度即可。

4. 清理拐角

清角平面铣操作对话框基本与面铣相同，如图 8-5 所示，其主要功能是编制出清角刀轨，要编制出这样的刀轨，清角平面铣操作和粗加工的平面铣操作必须使用相同的部件边界，即清角操作和粗加工操作有共同的边界几何体父节点。只要再设定相应的切削深度参数，就可以生成清角刀轨了。

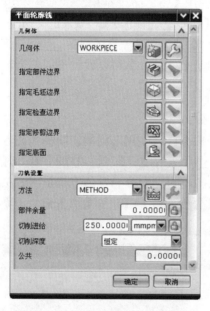

图 8-4 【平面轮廓铣】对话框

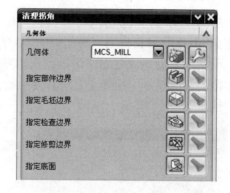

图 8-5 【清理拐角】对话框

5. 精加工壁

精加工壁操作对话框基本与面铣相同。不同的是，当切削模式预设置为"跟随周边"时，与轮廓平面铣操作相比，精加工壁操作可以设定附加刀轨和步距参数，也可以选择其他切削方法。

精加工壁操作主要用于直壁侧面的精加工或者是使用刀具侧刃加工的操作。

6. 精加工底面

精加工底面操作对话框几乎与标准面铣相同。精加工底面操作主要用于底平面的精加工。

7. 大孔洞铣

大孔洞铣适宜加工不便于直接钻孔的大尺寸通孔或盲孔、凸台。

8. 螺纹铣

螺纹铣加工使用专门的螺纹铣刀，在预先加工好的圆柱孔加工内螺纹或圆柱表面加工外螺纹，属于精加工操作，其切削原理与飞刀加工螺纹是一样的。

9. 平面文本

平面文本操作 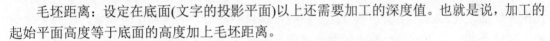 用于平面上的文字加工，它创建与文字的外形相同的刀位轨迹。操作对话框如图 8-6 所示，主要的参数如下。

图 8-6 【平面文本】对话框

指定制图文本 ▲：选择需要加工的文字，文字必须是在 UG 中创建的注释和标签，不能选择在 UG 中创建的曲线文字。

指定底面 ：设定文字的投影平面。

文本深度：设定要加工的总深度值。

每刀深度：设定每层的加工深度值。

毛坯距离：设定在底面(文字的投影平面)以上还需要加工的深度值。也就是说，加工的起始平面高度等于底面的高度加上毛坯距离。

最终底面余量：设定在最终的深度平面上的加工预留余量。

8.2 型腔铣的其他操作模板

在 UG NX 加工环境中，单击【刀片】工具条中的【创建工序】按钮，选择【类型】为 mill_contour 时，则子类型包含了型腔铣和固定轮廓铣的所有加工模板，其中型腔铣模板如图 8-7 所示。

图 8-7 型腔铣模板

有关型腔铣操作的子类型模板共有 6 个。其中型腔铣 为基本的操作模板，深度加工轮廓铣 是型腔铣非常重要的子类型。其他的子类型都是在这两个操作模板的基础上派生出来的，如表 8-2 所示。其主要是针对某些加工情况预先指定或屏蔽了一些参数。关于型腔铣和深度加工轮廓铣，在第 5 章中已有详细讲解。下面仅对插铣操作 (PLUNGE_MILLING) 模板做详细介绍。

表 8-2　型腔铣子类型简介

子 按 钮	名 称	简 介
PLUNGE_MILLING	插铣	每一刀加工只有轴向进给，用于深腔模的插铣操作
CORNER_ROUGH	拐角粗加工	选择的刀具直径较大而有些内凹角没有加工到，通过此操作可以清角
REST_MILL	剩余铣	型腔铣粗加工的补充加工，用于上道工序刀具加工不到的位置
ZLEVEL_CORNER	深度加工拐角	角落等高轮廓铣，等高方式清根加工

深度加工轮廓铣是最常用的粗加工方式，但当模具较深而要使用较长的刀具时，主轴承受了较大的力矩，因此只好降低进给速度，减少每层加工深度和步进距离。而插铣则是以类似钻孔的方式，沿着刀具轴方向向下加工，因为此时主轴的力矩为 0，可以吃得比较深，所以可适用于前后模芯比较深的工件、肩部比较高的凹槽，以及垂直壁面或是斜壁面的加工。

虽然在插铣过程中会浪费许多提刀的时间，但是整体而言，采用插铣的加工效率仍然优于深度加工轮廓铣。插铣的缺点是毛坯残留材料不均匀，后续加工较麻烦。铣加工时全部为两轴联动方式加工，一般应采用单向走刀方式，加工时应避免底面及侧面同时满切削及拐角部位 R 角处负荷较大切削，原则上拐角半径应大于 1.5 倍刀具半径。

图 8-8 所示为【插铣】对话框，下面介绍【插铣】的相关参数。

1. 插削层

每个插铣操作都有单一的插铣区间，插削层对话框定义每个插铣区间的顶部和上部层区间。单击【插铣】对话框中【插削层】后的按钮，系统弹出如图 8-9 所示的【插削层】对话框，该对话框的设置与型腔铣操作中的切削层基本相同。如果要对工件的切削区域在深度方向分多层加工，就必须创建多个插铣操作。

2. 步距

步距用于指定相邻的两个刀位轨迹之间的横向距离。

3. 向前步长

向前步长用于指定插铣在前进方向的切削步长。

4. 最大切削宽度

最大切削宽度用于指定最大的切削宽度，此参数值可以限制步距和向前步长的设定值。当步进距离和向前步进的设定值都大于最大切削宽度设定值时，系统会警告提示，并要求修改步距和向前步长距离值，它们中至少有一个要小于最大切削宽度设定值。

5. 点

点的设定是为了在插铣开始加工之前，执行钻加工，方便插铣从钻加工位置下刀。点可以设定预钻点和切削区域开始点。

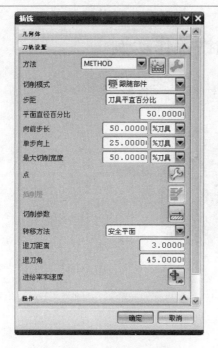

图 8-8　【插铣】对话框

图 8-9　【插削层】对话框

6. 转移方法

【转移方法】有【安全平面】和【自动】两个选项，如图 8-10 所示，设置为【自动】时可以使用局部的安全高度，从而缩短提刀的时间。

7. 插铣刀具

专用插铣刀主要用于粗加工，它可切入工件凹部或沿着工件边缘切削，也可铣削复杂的几何形状，包括进行挖根加工。为保证切削温度恒定，所有的带柄插铣刀都采用内冷却方式。

插铣刀的刀体和刀片设计使其可以最佳角度切入工件，通常插铣刀的切削刃角度为87º或90º，进给率范围为(0.08～0.25mm)/齿。每把插铣刀上装夹的刀片数量取决于铣刀直径，例如，一把直径为 20mm 的铣刀安装两个刀片，而一把直径为 125mm 的铣刀可安装 8 个刀片。

插铣刀具如图 8-11 所示。

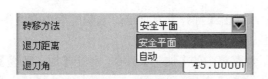

图 8-10　转移方法

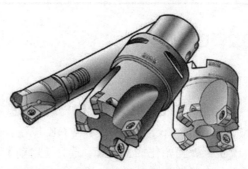

图 8-11　插铣刀具

8.3 台阶工件插铣操作实例

依据如图 8-12 所示的零件型面特征，采用插铣进行加工操作。

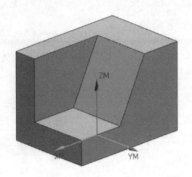

图 8-12 工件

8.3.1 工艺分析

图 8-12 所示为工件，材料是 45#钢，工件的待加工部分比较深，因此本实例对该工件采用插铣操作进行粗加工，走刀稍微密一些。表 8-3 所示为工件的加工工艺方案。

表 8-3 工件的加工工艺方案

工序号	加工内容	加工方式	留余量侧面/底面(mm)	机床	刀 具	夹 具
10	下料 100mm×70mm×70mm	铣削	0.5	铣床	铣刀Φ20	机夹台虎钳
20	铣六面体 100mm×70mm×70mm，保证尺寸误差在 0.3mm 以内	铣削	0	铣床	铣刀Φ20	机夹台虎钳
30	将工件装夹在工作台上			数控铣床		组合夹具
30.01	工件开粗	插铣	0.35/0.15		插铣刀Φ20	

8.3.2 CAM 操作

1. 插铣加工

step 01 调入工件。单击【打开】按钮，弹出【打开】对话框，选择配套教学资源中的 "\part\8\8-1.prt" 文件，单击 OK 按钮。

step 02 初始化加工环境。选择【启动】下拉菜单中的【加工】命令，弹出【加工环境】对话框。在【要创建的 CAM 设置】选项组中，选择【类型】为 mill_contour，单击【确定】按钮，进入加工环境。

step 03 设定工序导航器。单击资源条中的【工序导航器】按钮，打开工序导航器，在工序导航器中右击，单击【导航器】工具条中的【几何视图】按钮。

step 04 设定坐标系和安全高度。在工序导航器中，双击坐标系 MCS_MILL，打开 Mill Orient 对话框。选择【指定 MCS】加工坐标系，单击 MCS 按钮，弹出 CSYS 对话框，如图 8-13 所示。单击零件的顶面，将加工坐标系设定在零件表面的中心。

在【安全设置】下拉列表框中选择【平面】，单击【指定平面】按钮，弹出对话框。设置【类型】为【按某一距离】，单击零件顶面，在【距离】文本框中输入 10，即安全高度为 Z10，单击【确定】按钮，完成设置，如图 8-14 所示。

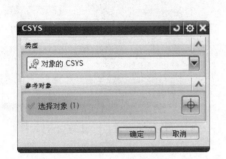

图 8-13　CSYS 对话框

图 8-14　【平面】对话框

step 05 创建刀具。单击【刀片】工具条中的【创建刀具】按钮，打开【创建刀具】对话框，选择【类型】为 mill_contour，在【刀具子类型】选项中选择铣刀，在【名称】文本框中输入 ED20，单击【应用】按钮，打开刀具参数设置对话框，在【直径】文本框中输入 20，这样就创建了一把直径为 20mm 的插铣刀。

step 06 创建部件几何体。在工序导航器中单击 MCS_MILL 前的"+"按钮，展开坐标系父节点，双击其下的 WORKPIECE，打开【铣削几何体】对话框，单击【指定部件】按钮，打开【部件几何体】对话框，在绘图区选择工件作为部件几何体。

step 07 创建毛坯几何体。单击【确定】按钮，返回【铣削几何体】对话框，在对话框中单击【指定毛坯】按钮，打开【毛坯几何体】对话框。单击类型项中的第三个图标【包容块】按钮，系统自动生成默认毛坯，如图 8-15 所示。单击两次【确定】按钮，返回主界面。

step 08 创建插铣加工。单击【刀片】工具条中的【创建工序】按钮，打开【创建工序】对话框，单击【插铣】按钮，如图 8-16 所示，设置【刀具】为 ED20，设置【几何体】为 WORKPIECE。单击【确定】按钮，打开【插铣】对话框。

step 09 修改刀轨设置。设置【切削模式】为"跟随部件"，设定【步距】为"刀具平直百分比"，平面直径百分比取值为"10"，设定【向前步长】为"刀具直径"的 10%，【单步向上】为"刀具直径"的 25%，设定【最大切削宽度】为"刀具直径"的 50%，如图 8-17 所示。

step 10 指定切削区域。单击【指定切削区域】按钮，弹出【切削区域】对话框，在绘图区指定工件斜面和平面为切削区域，如图 8-18 所示。

图 8-15 【毛坯几何体】对话框

图 8-16 【创建工序】对话框

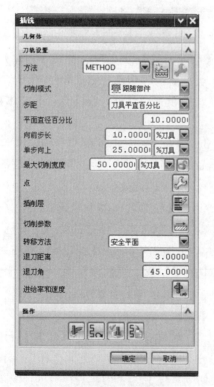

图 8-17 修改刀轨设置

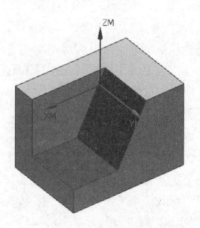

图 8-18 指定切削区域

step 11 设置切削余量。单击【切削参数】按钮 ，弹出【切削参数】对话框，【部件侧面余量】和【部件底面余量】设定为 0.5。

step 12 设定进给率和速度。单击【进给率和速度】按钮 ，打开【进给率和速度】

对话框，在【主轴速度】选项中选中【主轴速度】复选框，在【主轴速度】文本框中输入1500，在【进给率】选项中设定【切削】为1000，单击【切削】文本框后面的计算按钮，如图 8-19 所示，单击【确定】按钮。

图 8-19　【进给率和速度】对话框

step 13 生成刀位轨迹。单击【生成】按钮，系统计算出插铣的刀位轨迹，如图 8-20 所示，其 3D 动态刀轨模拟如图 8-21 所示。

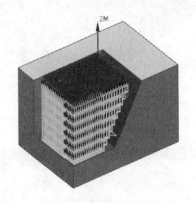

图 8-20　插铣的刀位轨迹

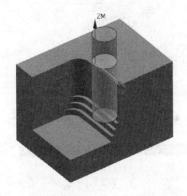

图 8-21　插铣的 3D 动态刀轨模拟

2. 拐角粗加工操作

拐角粗加工操作的参数对话框如图 8-22 所示，与基本型腔铣相比，此操作将切削参数【参考刀具】放在主界面(在【切削参数】选项下【空间范围】里也可设置)，另外增加了【陡峭空间范围】和【角度】选项，选择【仅陡峭的】或【无】，壁面不垂直底平面时【角度】限定加工区域。

拐角粗加工操作预设置的意义是：在粗加工时，选择的刀具直径较大导致有些内凹角没有加工到，通过此操作，可以选择较小的刀具加工这些内凹角。其生成的刀位轨迹类似图 8-23 所示。

3. 剩余铣操作

剩余铣操作的参数对话框如图 8-24 所示，与基本型腔铣类似。此操作的意义是：在粗加工时，选择的刀具直径较大导致有些位置没有加工到，通过此操作可以选择较小的刀具加工这些位置，利用前一个的 IPW 作为加工位置的参考。具体操作是在【切削参数】对话框中选择【空间范围】选项卡，如图 8-25 所示，在【处理中的工件】下拉列表框中选择"使用 3D"，【参考刀具】选择上道工序使用的刀具。生成的刀位轨迹如图 8-23 所示。

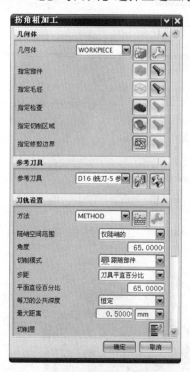

图 8-22 【拐角粗加工】对话框

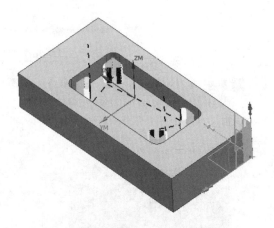

图 8-23 "拐角粗加工"的刀位轨迹

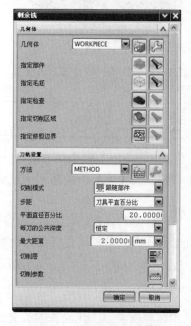

图 8-24 【剩余铣】对话框

图 8-25 【空间范围】选项卡

在创建【剩余铣】前应先创建基本的【型腔铣】操作，系统才能计算 IPW 的余量。

4. 深度加工拐角

深度加工拐角操作的参数对话框如图 8-26 所示，其对话框和预设置的意义与拐角粗加工操作相同。

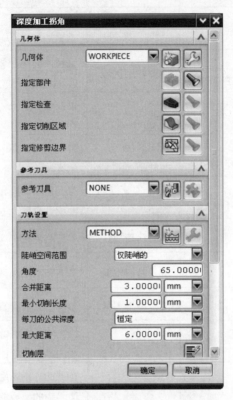

图 8-26　【深度加工拐角】对话框

深度加工拐角操作与拐角粗加工操作的区别是：本操作实际使用的切削模式是【跟随周边】，而拐角粗加工操作使用的切削模式是【跟随部件】。

8.4　固定轴曲面轮廓铣

在 UG NX 加工环境中，单击【刀片】工具条中的【创建工序】按钮，选择【类型】为 mill_contour 时，则子类型包含了型腔铣和固定轮廓铣的所有加工模板，其中固定轮廓铣模板如图 8-27 所示。

有关固定轮廓铣操作的子类型模板共有 13 个。其中【固定轮廓铣】为基本的操作模板，其他的子类型都是在这个操作模板的基础上派生出来的，如表 8-4 所示。其主要是针对某些加工情况预先指定或屏蔽了一些参数。关于固定轮廓铣，在第 6 章中已有详细讲解。下面对其他的操作模板分别进行介绍。

表 8-4　固定轴曲面轮廓铣各子类型的简介

子 按 钮	名 称	简 介
FIXED_COUNTOUR	固定轮廓铣	通用的固定轮廓铣操作，允许选择不同的驱动方法和切削方法。刀具轴是+ZM
CONTOUR_AREA	轮廓区域	采用区域驱动方法加工指定的区域，常用于半精加工和精加工
COUNTOUR_SURFACE_AREA	曲面轮廓区域	采用曲面区域驱动，它使用单一驱动曲面的U—V方向，或者是曲面的直角坐标网格
STREAMLINE	流线	以曲线、边缘、点和曲面作为驱动几何，允许刀路外延
CONTOUR_AREA_NON_STEEP	轮廓区域非陡峭	与 CONTOUR_AREA 相同，但只切削非陡峭区域
COUNTOUR_AREA_STEEP	轮廓区域方向陡峭	与固定轴曲面轮廓铣基本相同，默认为陡峭约束、角度为 65° 的轮廓区域
FLOWCUT_SINGLE	单刀路清根铣	单刀路清根驱动方式，用于精加工
FLOWCUT MULTIPLE	多刀路清根铣	多刀路清根驱动方式，用于精加工
FLOWCUT REF TOOL	清根参考刀具	参考前一刀具直径多刀路清根驱动方式
SOLID_PROFILE_3D	实体轮廓 3D	UG NX 新增功能，操作可以沿指定的二维或三维边界生成单一的刀轨
PROFILE 3D	轮廓 3D	特殊的三维轮廓铣切削类型，其深度取决于边界中的边或曲线，常用于修边
CONTOUR TEXT	轮廓文本铣	文本刻字，用于三维雕刻
MILL_CONTROL	机床控制	建立机床控制操作
MILL_USER	铣削用户	自定义参数建立操作

1. 轮廓区域

此操作是轮廓铣区域驱动的基本操作，其对话框如图 8-28 所示，与基本固定轮廓铣对话框基本相同，只是将驱动方法预先设置为"区域铣削"。区域铣削通过指定的切削区域来生成刀位轨迹。在第 6 章已有详细介绍。

2. 轮廓区域铣非陡峭

此操作参数对话框与区域铣的操作基本相同，只是将驱动参数【陡峭空间范围】中的【方法】预先设置为【非陡峭】，并将【陡角】设定为 65，如图 8-29 所示。

此操作预设置的意义是：定义了【陡角】参数，控制刀具只在非陡峭的表面上执行区域铣加工。其生成的刀位轨迹类似图 8-30 所示。此操作通常配合【深度加工轮廓铣】进行精加工。

图 8-27 固定轮廓铣模板

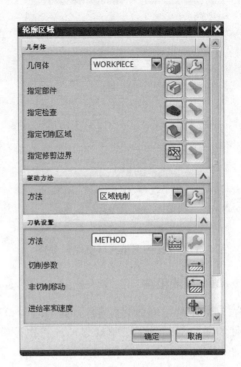

图 8-28 【轮廓区域】对话框

图 8-29 【轮廓区域铣非陡峭】参数

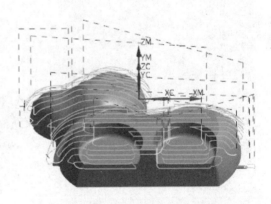

图 8-30 "轮廓区域铣非陡峭"的刀位轨迹

3. 轮廓区域方向陡峭

此操作参数对话框与区域铣的操作基本相同，只是将驱动参数【陡峭空间范围】中的【方法】预先设置为【定向陡峭】，并将【陡角】设定为 35，如图 8-31 所示。

此操作预设置的意义是：定义了【陡角】参数，控制刀具只在陡峭的表面上执行区域铣加工。其生成的刀位轨迹类似图 8-32 所示。

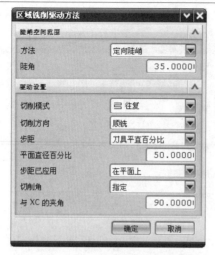

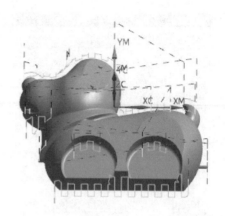

图 8-31　【轮廓区域方向陡峭】参数　　图 8-32　"轮廓区域方向陡峭"的刀位轨迹

4. 单刀路清根铣

　　清根操作是轮廓铣操作的特例，是一种较为智能化的生成刀轨的驱动方式，系统自动沿工件的凹角与凹谷生成驱动点，计算出没有加工到的区域，在此区域生成刀位轨迹。

　　【单刀路清根】对话框如图 8-33 所示。单刀路是指刀具沿工件的凹角中心生成一次切削的刀位轨迹，生成的刀位轨迹类似图 8-34 所示。

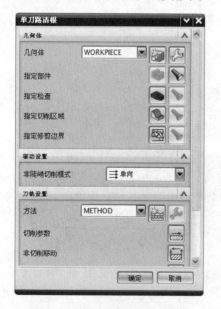

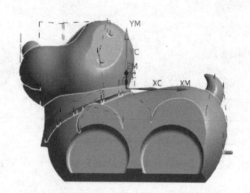

图 8-33　【单刀路清根】对话框　　图 8-34　"单刀路清根"的刀位轨迹

5. 多刀路清根铣

　　【多刀路清根】对话框如图 8-35 所示。与单刀路清根操作相比，其增加了【步距】、【偏置数】和【顺序】的设定。多刀路是指通过设定的偏置步距和偏置数，在工件凹角沿清根中心的每一侧都生成多次切削的刀位轨迹，生成的刀位轨迹类似图 8-36 所示。

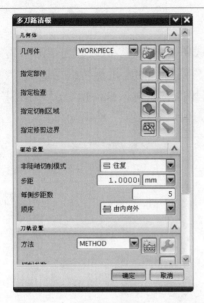

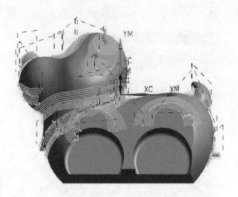

图 8-35　【多刀路清根】对话框　　　　图 8-36　"多刀路清根"的刀位轨迹

6. 清根参考刀具

清根切削在一般情况下使用较多的是参考刀具偏置清根操作。它计算出上一步大直径刀具粗加工后无法加工到的区域，即为要加工区域的总宽度，再在清根中心的任一侧产生多次切削的刀轨。它还可以设定重叠距离，用来增加切削区域的宽度，避免与上一刀轨出现接痕。

图 8-37 所示为【清根驱动方法】对话框。与多刀路清根操作相比，其少了【偏置数】参数，多了【参考刀具】。其生成的刀位轨迹类似图 8-38 所示。

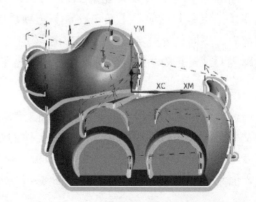

图 8-37　【清根驱动方法】对话框　　　　图 8-38　"清根驱动方法"的刀位轨迹

7. 轮廓 3D

轮廓 3D 操作可以沿指定的二维或三维边界生成单一的刀轨，可以利用锥形刀具完成对工件的凸边缘的倒角、凹边缘的清根，或者是在工件三维表面上进行切槽等加工。

如图 8-39 所示，【轮廓 3D】对话框类似于【平面铣】对话框，指定部件边界必须要被定义，所使用刀具的直径可以为 0。其生成的刀位轨迹类似图 8-40 所示。

图 8-39　【轮廓 3D】对话框　　　　图 8-40　"轮廓 3D"的刀位轨迹

8. 实体轮廓 3D

实体轮廓 3D 操作作用与【轮廓 3D】相似，可以沿指定的二维或三维边界生成单一的刀轨，可以利用锥形刀具完成对工件的凸边缘的倒角、凹边缘的清根，或者是在工件三维表面上进行切槽等加工。

如图 8-41 所示，【实体轮廓 3D】对话框类似于【轮廓 3D】对话框，要定义【指定部件】和【指定壁】选项，【刀轨设置】选项组中的【跟随】可以选择"壁的底部"和"壁的顶部"。不同之处是实体轮廓 3D 铣定义【指定壁】的位置时可以是工件上曲面，而【轮廓 3D】定义"指定部件边界"只能是平面。其生成的刀位轨迹类似图 8-42 所示。

9. 轮廓文本

通过选择的文本按指定的矢量投影到工件表面来生成刀位轨迹，如图 8-43 所示。所选择的文本必须是注释。轮廓文本用来在工件的曲面上雕刻文字。通常选择球头刀加工，切削深度不要大于刀具球半径，如果切削深度大于刀具的球半径，刀具轨迹会不可靠，并出现警告信息。其生成的刀位轨迹类似图 8-44 所示。

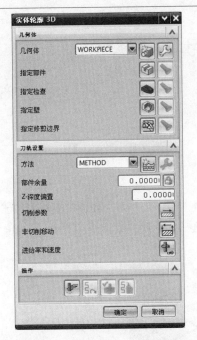

图 8-41 【实体轮廓 3D】对话框

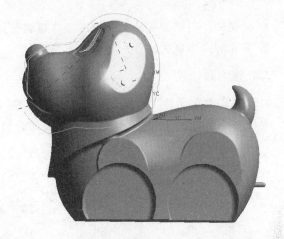

图 8-42 "实体轮廓 3D"的刀位轨迹

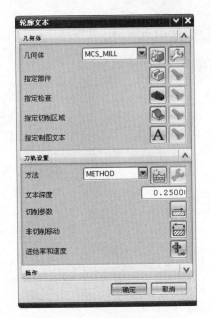

图 8-43 【轮廓文本】对话框

图 8-44 "轮廓文本"的刀位轨迹

8.5 本 章 小 结

本章的目的是使读者较完整地了解 UG CAM 的全部加工模板，对 UG 加工有一个全面深入的认识，以应对某些特别的加工问题。本章分别对平面铣、型腔铣、固定轴曲面轮廓铣 3 种类型进行了讲解。

思考与练习

一、思考题

1. 插铣的适用范围是什么？加工操作步骤如何？
2. 有几种清根铣的操作？具体如何应用？

二、练习题

打开配套教学资源 "\exercise\8\8-1.prt" 文件，图 8-45 所示为照相机前盖塑料模具的后模，通过对本章的学习，要求读者灵活运用综合的加工刀路操作对其进行粗加工、精加工。

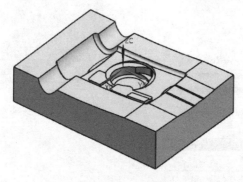

图 8-45　后模

第9章　数控车削加工

学习提示： 在汽车制造、机床制造、航空航天产品制造及其他工业产品制造中都包含大量的回转体类零件，此类零件通常采用车削加工的方法来完成。随着对提高产品加工效率的需求越来越高，数控加工设备的使用也越来越普及，数控车床、数控车削加工中心、数控车铣复合加工中心已大量应用于各制造行业中。UG NX 中提供了强大的数控车削加工模块，包括粗车加工、精车加工、示教加工、中心钻孔加工、螺纹加工等操作，能够实现各种复杂回转体类零件的数控加工编程。本章主要介绍 UG NX 系统中数控车削加工的共同项以及各种数控车削加工模板的使用。

技能目标： 使读者了解数控车削加工的概况和相关参数的概念，通过实例的学习能够掌握数控车削加工各模块操作的运用方法。

9.1　数控车削加工概况

数控车削加工用于加工各种回转体类零件，如轴类零件、套类零件、盘类零件等，主要的加工工序有钻中心孔、钻孔、车外圆、车端面、镗孔、切槽、车螺纹、攻螺纹等。UG NX 中提供了强大的数控车削加工模块，能够实现各种复杂回转体类零件的数控加工编程。数控车削加工模块子类型共有 24 种，如图 9-1 所示。其子类型简介如表 9-1 所示。

图 9-1　【创建工序】对话框

表 9-1　数控车削加工模块子类型简介

子 按 钮	名 称	简 介
CENTERLINE_SPOTDRILL	中心钻点钻	钻孔加工的第一个操作，保证后续的钻深孔加工时钻头不会发生偏心
CENTERLINE_DRILLING	中心线钻孔	用于浅孔的加工，直接完成钻孔，不需要退刀排屑
CENTERLINE_PECKDRILL	中心钻啄钻	用于深孔的加工，进刀一段距离，然后退刀到起点排屑，重复到完成
CENTERLINE_BREAKCHIP	中心钻断屑	用于深孔的加工，进刀一段距离，然后退刀一段距离排屑，重复到完成
CENTERLINE_REAMING	中心钻铰刀	用于铰孔，直径小的孔的精加工
CENTERLINE_TAPPING	中心钻出屑	用于内孔的攻螺纹
FACING	面加工	用于端面的加工
ROUGH_TURN_OD	外圆粗车	用于外圆的粗车加工
ROUGH_BACK_TURN	退刀粗车	用于外圆退刀的粗车加工
ROUGH_BORE_ID	内孔粗镗	用于内孔的粗镗加工
ROUGH_BACK_BORE	退刀粗镗	用于内孔的退刀粗镗加工
FINISH_TURE_OD	外圆精车	用于外圆的精车加工
FINISH_BORE_ID	内孔精镗	用于内孔的精镗加工
FINISH_BACK_BORE	退刀精镗	用于内孔的退刀精加工
TEACH_MODE	示教加工	用于模块和子类型的切削运动和非切削移动参数设置后的加工模拟
GROOVE_OD	外圆切槽	用于外圆的切槽加工
GROOVE_ID	内孔切槽	用于内孔的切槽加工
GROOVE_FACE	端面切槽	用于端面的切槽加工
THREAD_OD	外螺纹加工	用于外螺纹的加工
THREAD_ID	内螺纹加工	用于内螺纹的加工
PART_OFF	切断	用于零件的切断
BAR_FEED_STOP	进给杆停止位	用户定义事件
LATHE_CONTROL	车削控制	只包含机床控制事件
LATHE_USER	自定义车削	刀轨由自己定制的 NX Open 程序生成

9.2　数控车削加工中的共同项

本节将结合典型的数控车削加工编程来详细介绍数控车削加工中的共同项参数的设置，包括创建车削加工刀具、创建立车削加工几何对象等。

9.2.1　创建车削加工刀具

单击【刀片】工具条中的【创建刀具】按钮，打开【创建刀具】对话框，选择【类型】为 turning 时，【刀具子类型】切换至车刀模块，如图 9-2 所示，包括中心钻头、标准钻头、外圆车刀、端面切槽刀、内/外圆切槽刀、内/外螺纹车刀、自定义车刀等，如表 9-2 所示。

表 9-2　数控车刀类型

子 按 钮	刀具名称	简 介
SPOTDRILLING_TOOL	中心钻	用于在钻孔之前进行预钻孔
DRILLING_TOOL	标准钻头	用于钻孔、深孔加工，是粗加工操作
OD_80_L	外圆车刀(左偏)	菱形刀片，刀尖角度为80°，主要用于粗车加工
OD_80_R	外圆车刀(右偏)	菱形刀片，刀尖角度为80°，主要用于粗车加工
OD_55_L	外圆车刀(左偏)	菱形刀片，刀尖角度为55°，主要用于精车加工
OD_55_R	外圆车刀(右偏)	菱形刀片，刀尖角度为55°，主要用于精车加工
ID_80_L	内圆车刀(左偏)	菱形刀片，刀尖角度为80°，主要用于粗镗加工
ID_55_L	内圆车刀(左偏)	菱形刀片，刀尖角度为55°，主要用于精镗加工
BACKBORE_55_L	退刀加工车刀	菱形刀片，刀尖角度为55°，主要用于退刀加工
OD_GROOVE_L	外圆切槽刀	主要用于外圆面切槽加工
FACE_GROOVE_L	端面切槽刀	主要用于端面切槽加工
ID_GROOVE_L	内圆切槽刀	主要用于内圆面切槽加工
OD_THREAD_L	外螺纹车刀	主要用于加工外螺纹
ID_THREAD_L	内螺纹车刀	主要用于加工内螺纹
FORM_TOOL	自定义车刀	用户可以自定义各种成型刀具的形状

单击【确定】按钮，打开【车刀-标准】对话框，如图 9-3 所示。

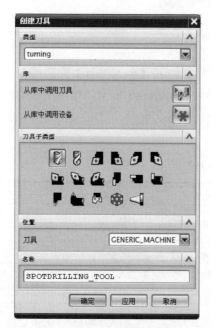

图 9-2 【创建刀具】对话框

图 9-3 【车刀-标准】对话框

【车刀-标准】对话框中各选项卡的说明如下。

- 【刀具】选项卡：用于车刀的刀片。常见的车刀系统提供了 ISO 标准类型的各种车削加工刀片，用户可以根据具体的使用要求进行选择。
- 【夹持器】选项卡：用于设置车刀的刀柄。
- 【跟踪】选项卡：用于设置跟踪点。系统使用刀具上的参考点来计算刀轨，这个参考点被称为跟踪点。跟踪点与刀具的拐角半径相关联，这样，当用户选择跟踪点时车削处理器将使用关联拐角半径来确定切削区域、碰撞检测、刀轨、处理中的工件，并定位到避让几何体。

下面以外圆车刀 OD_55_L 为例介绍创建车削刀具的详细过程。

step 01 调入工件。单击【打开】按钮 ，弹出【打开】对话框，选择配套教学资源中的 "\part\9\9-1.prt" 文件，单击 OK 按钮。

step 02 初始化加工环境。选择【启动】下拉菜单中的【加工】命令，弹出【加工环境】对话框，如图 9-4 所示。在【要创建的 CAM 设置】选项组中选择【类型】为 turning，单击【确定】按钮，进入加工环境。

step 03 创建刀具。单击【刀片】工具条中的【创建刀具】按钮 ，打开【创建刀具】对话框，选择【类型】为 turning，在【刀具子类型】选项中选择外圆车刀(左偏) OD_55_L，在【名称】文本框中输入 OD_55_L，如图 9-5 所示。单击【应用】按钮，打开刀具参数设置对话框。

图 9-4　【加工环境】对话框　　　　　图 9-5　【创建刀具】对话框

step 04　设置刀具参数。单击【车刀标准】对话框中的【刀具】选项卡，接受默认设置
【ISO 刀片形状】为【D(菱形 55)】，【刀片位置】为【顶侧】，【刀尖半径】为 0.8，【方
向角度】为 17.5，设置【测量】为【切削边缘】，【长度】设置为 15，如图 9-6 所示。

图 9-6　设置刀具参数

【ISO 刀片形状】下拉列表框中有各种形状和角度的刀片，可根据生产的需要选用。对特殊的轮廓加工也可自定义刀片。【刀尖半径】选择是标准化的，可根据生产实际对刀片的半径作修正。

step 05 设置刀具夹持器参数。选择【夹持器】选项卡，选中【使用车刀夹持器】复选框，尺寸设置如图 9-7 所示。

夹持器的各个尺寸要根据机夹可转位车刀实际的尺寸作调整，夹持器的角度要根据零件切削的方向作相应的调整。

step 06 设置刀具跟踪参数。选择【跟踪】选项卡，【P 值】设置为 P3，【名称】和【半径 ID】默认系统设定，如图 9-8 所示。单击【确定】按钮，完成设置。这样就创建了一把 OD_55_L 外圆车刀，如图 9-9 所示。

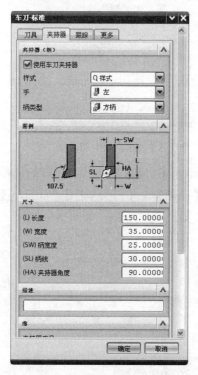

图 9-7　刀具夹持器参数

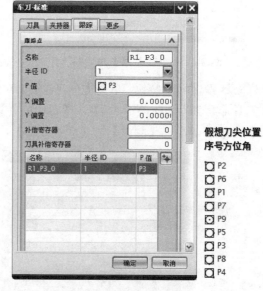

图 9-8　设置刀具跟踪参数

半径 ID：刀尖半径存储的 ID 地址。

数控车床具备刀具半径自动补偿功能，刀尖半径补偿模式的设定使用 G41、G42 指令，如图 9-10 所示。

图 9-9　机床工序导航器

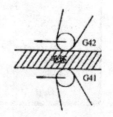

图 9-10　G41、G42 指令

刀尖半径补偿量可以通过刀具补偿设定画面(见图 9-11)设定，T 指令要与刀具补偿编号相对应，并且要输入假想刀尖位置序号。假想刀尖位置序号共有 10 个(0～9)，如图 9-12 所示。

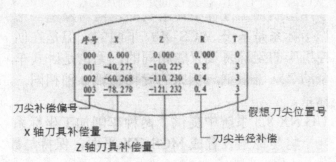

图 9-11　刀具补偿设定画面

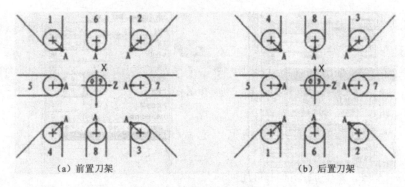

图 9-12　假想刀尖位置序号

数控车床用刀具的假想刀尖位置如图 9-13 所示。

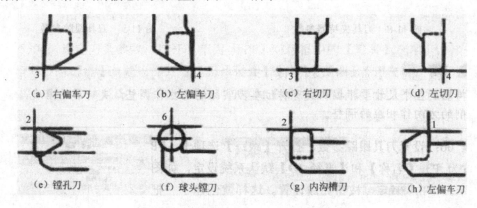

图 9-13　数控车床用刀具的假想刀尖位置

9.2.2　创建车削加工几何对象

本小节将介绍车削加工中需要创建的几何对象，包括车削坐标系(MCS_SPINDLE)、工件(WORKPIECE)、车削加工几何体(TURNING_WORKPIECE)。

1. 创建车削加工坐标系

在车削加工过程中使用到的几何对象是二维平面对象，通常创建加工工件模型使用的工作坐标系是基于 WCS XY 平面的，但是在创建车削加工程序时，通常需要将加工坐标系与数控机床的坐标系设置成相同的，无论是卧式车床还是立式车床，通常情况下都是将加工坐标系的 ZM 轴设置与机床的旋转主轴 Z 轴相同，因此在创建车削加工坐标系 (MCS_SPINDLE) 时通常需要调整坐标系。

在 UG NX 系统中提供了两种车削加工坐标系，包括 MCS_ZX 平面和 MCS_XY 平面，通常情况下我们将坐标系设置成 MCS_ZX 平面，保持与数控车床的坐标系一致。

2. 创建工件

创建工件是车削加工中的工件几何对象，包括部件、毛坯、检查体等。指定的方法与数铣加工模块相同。通常【指定毛坯】选项在 "TURNING_WORKPIECE" 中设置。

3. 创建车削加工几何体

几何体是车削加工中的车削边界几何对象，包括部件边界和毛坯边界。在 Turn Bnd 对话框中，单击【指定毛坯边界】按钮，弹出【选择毛坯】对话框，如图 9-14 所示，其中各选项说明如下。

图 9-14 【选择毛坯】对话框

- ⬭ 棒料：如果加工部件的几何体是实心的，则选择此项。
- ⬭◎ 管料：如果加工部件的几何体带有中心线钻孔，则选择此项。
- ▷ 从曲线料：如果毛坯作为模型部件存在，则选择此类型。
- ➥ 从工作区：从工作区中选择一个毛坯，这种方式可以选择上一步加工后的工件作为毛坯。
- 【安装位置】选项栏：用于设置毛坯相对于工件的位置参考点。如果选取的参考点不在工件轴线上，系统会自动找到该点在轴线上的投影点，再将棒料毛坯一端的圆心与该投射点对齐。
- 【点位置】选项栏：用于确定毛坯相对于工件的放置方向。若选择【在主轴箱处】单选按钮，毛坯则沿坐标轴在正方向放置；若选择【远离主轴箱】单选按钮，毛坯则沿坐标轴的负方向放置。

下面继续以外圆车刀 OD_55_L 为例，创建车削加工坐标系、工件几何体、几何对象，具体过程如下。

step 01 调入工件。继续以外圆车刀 OD_55_L 为例，打开配套教学资源中的 "\part\9\9-1.prt" 文件，单击 OK 按钮。然后选择【启动】下拉菜单中的【加工】命令，进入加工模块。

step 02 创建车削加工坐标系。在工序导航器中，双击坐标系 MCS_SPINDLE，打开 Turn Orient 对话框，如图 9-15 所示。单击【指定 MCS】按钮，弹出 CSYS 对话框，在

【类型】中选择【对象的 CSYS】选项，如图 9-16 所示。在绘图区单击工件的右端面，将
加工坐标系设定在工件左端面的中心，如图 9-17 所
示。并设置【车床工作平面】为 ZM-XM，单击【确
定】按钮，完成设置。

图 9-15　Turn Orient 对话框

step 03　创建工件几何体 WORKPIECE。在工序
导航器中单击 MCS_SPINDLE 前的 "+" 按钮，展开
坐标系父节点，双击其下的 WORKPIECE，打开【工
件】对话框，如图 9-18 所示。单击【指定部件】按钮
，打开【部件几何体】对话框，如图 9-19 所示，
在绘图区选择阶梯轴作为部件几何体。单击两次【确
定】按钮，完成设置。

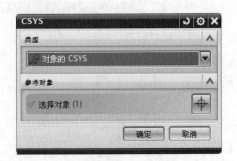

图 9-16　CSYS 对话框

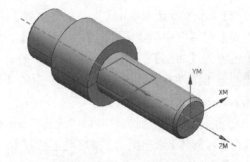

图 9-17　设定坐标系

图 9-18　【工件】对话框

图 9-19　【部件几何体】对话框

step 04　创建车削加工几何体 TURNING_WORKPIECE。在工序导航器中单击
MCS_SPINDLE 前的 "+" 按钮，展开坐标系父节点，单击其下的 WORKPIECE 前的 "+"
按钮，展开工件几何体父节点，如图 9-20 所示。双击其下的 TURNING_WORKPIECE，打
开 Turn Bnd 对话框，如图 9-21 所示。

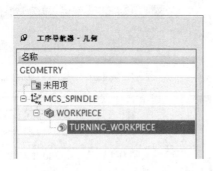

图 9-20 几何工序导航器

图 9-21 Turn Bnd 对话框

step 05 设置车削边界参数。选择 Turn Bnd 对话框内【几何体】选项组的【指定部件边界】，在【部件边界】对话框中指定【平面】为【自动】，【材料侧】设置为【内部】，如图 9-22 所示。如果在前面已经创建了工件几何体 WORKPIECE 中的【部件几何体】，则在该处可以不设置。

step 06 设置车削边界参数，选择 Turn Bnd 对话框内【几何体】选项组的【指定毛坯边界】，在【选择毛坯】对话框中指定毛坯为棒料🔲。【点位置】设置为"在主轴箱处"，【长度】设置为142，【直径】设置为53，如图 9-23 所示。单击【选择】按钮，弹出【点】对话框，指定"安装位置"为工件左端面处，如图 9-24 所示。

该阶梯轴的长度为 140mm，最大直径为 48mm，长度和直径方向留一定的加工余量,则毛坯的尺寸可设定为 53mm×142mm。

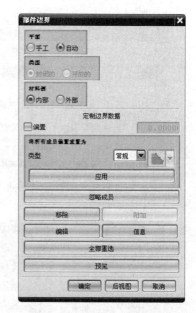

图 9-22 【部件边界】对话框

图 9-23 【选择毛坯】对话框

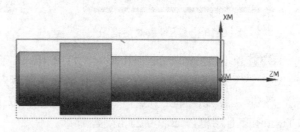

图 9-24 显示毛坯

9.2.3　共同项参数的设置

本小节将介绍各操作子类型主界面中共同项参数的设置，主要包括指定切削区域、轮廓加工选项、进刀/退刀设置等。其他参数的设置将在后面的加工实例中分别介绍。

1. 指定切削区域

在操作主界面上单击【切削区域】的编辑按钮[图标]，弹出【切削区域】对话框，如图 9-25 所示，其中各选项说明如下。

(1) 修剪平面选项：系统提供了两个径向包容和两个轴向包容选项，用于确定切削范围。

(2) 修剪点选项：在【修剪点】选择【指定】，展开下拉选项对话框，在绘图区中可以选择所需的修剪点，用于指定内孔的切削区域。【点选项】有【无】、【点】和【距离】三种方式。

(3) 区域选择：用于检测需要切削材料的数量。

2. 轮廓加工选项

在操作主界面上单击【切削参数】[图标]按钮，弹出【切削参数】对话框，选择【轮廓加工】选项卡，选中【附加轮廓加工】复选框，则显示刀轨设置下拉选项，如图 9-26 所示。在【策略】下拉列表框中包含以下 8 种选项。

图 9-25　【切削区域】对话框

图 9-26　【轮廓加工】选项卡

- 全部精加工：所有表面都进行加工。
- 仅向下：只加工垂直于轴线方向的区域。
- 仅周面：只对圆柱面区域进行加工。
- 仅端面：只对端面区域进行加工。
- 首先周面，然后端面：先加工圆柱面区域，然后对端面区域进行加工。
- 首先端面，然后周面：先加工端面区域，然后对圆柱面区域进行加工。
- 指向拐角：从端面和圆柱面向夹角进行加工。
- 离开拐角：从夹角向端面和圆柱面进行加工。

3. 进刀/退刀设置

在操作主界面上单击【非切削移动】按钮，弹出【非切削移动】对话框，选择【进刀】选项卡，如图 9-27 所示，其中各选项具体说明如下。

(1) 轮廓加工：选择该项，则走刀方式为沿工件表面轮廓走刀。一般情况下用在粗车加工之后，可以提高粗车加工的质量。进刀类型包括圆弧-自动、线性-自动、线性—增量、线性、线性-相对于切削、点等 6 种方式。

图 9-27 【进刀】选项卡

- 圆弧—自动方式：使刀具沿光滑的圆弧、曲线切入工件，从而不产生刀痕，这种进刀方式十分适合精加工或加工表面质量较高的曲面，如图 9-28 所示。
- 线性—自动方式：使刀具沿工件或毛坯的起始点向终止点的方向以直线方式进刀，如图 9-29 所示。

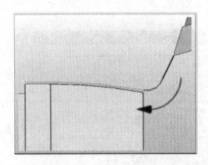

图 9-28 圆弧—自动方式

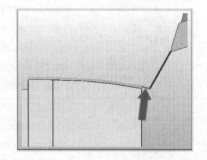

图 9-29 线性—自动方式

- 线性—增量方式：通过用户指定 X 值和 Y 值，来确定进刀位置及进刀方向，如图 9-30 所示。
- 线性方式：通过用户指定角度值和距离值，来确定进刀位置及进刀方向，如图 9-31 所示。
- 线性—相对于切削方式：通过用户指定角度值和距离值，来确定进刀方向和刀具的起始点，如图 9-32 所示。

● 点方式：需要指定进刀的起始点来控制进刀运动，如图 9-33 所示。

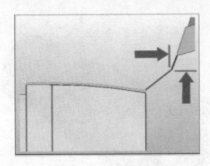

图 9-30　线性—增量方式

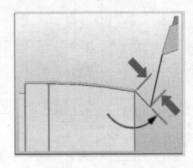

图 9-31　线性方式

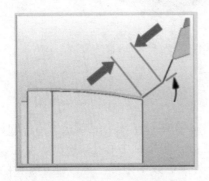

图 9-32　线性—相对于切削方式

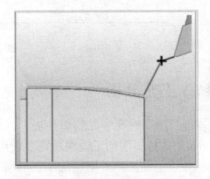

图 9-33　点方式

(2) 毛坯：选择该项，则走刀方式为平行于轴线的直线走刀，进刀的终止点在毛坯表面。进刀类型包括线性—自动、线性—增量、线性、点、两个圆周等 5 种方式。

(3) 部件：选择该项，则走刀方式为平行于轴线的直线走刀，进刀的终止点在工件的表面。进刀类型包括线性—自动、线性—增量、线性、点、两点相切等 5 种方式。

(4) 安全的：选择该项，则走刀方式为平行于轴线的直线走刀。一般情况下用于精加工，可以防止进刀时刀具划伤工件的加工区域。进刀类型包括线性—自动、线性—增量、线性、点等 4 种方式。

(5) 插削：选择该项的进刀类型包括线性—自动、线性—增量、线性、点等 4 种方式。

(6) 初始插削：选择该项的进刀类型包括线性—自动、线性—增量、线性、点等 4 种方式。

9.3　数控车削典型加工操作

本节将通过一个典型的轴类零件的车削加工过程来介绍回转体类零配件车削加工方法和在 UG NX 软件中的操作过程，重点帮助读者掌握各种车削加工操作的基本方法和技巧。锥孔零件如图 9-34 所示，依据零件型面特征，采用各种数控车削方法进行加工操作。本例要求使用钻中心孔、啄钻、镗孔、端面加工、外圆粗加工、外圆精加工、外圆切槽加工、外螺纹车削加工等，最终完成零件的加工。

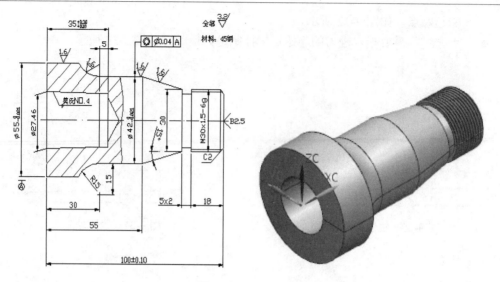

图 9-34　锥孔零件

9.3.1　工艺分析

本例是一个锥孔零件的单件加工，材料是 45# 钢，在数控车床上完成整个零件的加工。在 UG NX 数控车削加工模块里需要使用的各种加工方法包括钻中心孔、啄钻、镗孔、端面加工、外圆粗加工、外圆精加工、外圆切槽加工、外圆螺纹车削加工等。锥孔零件的加工工艺方案如表 9-3 所示。

表 9-3　锥孔零件的加工工艺方案

工序号	加工内容	加工方式	留余量面/径向(mm)	机床	刀具	夹具
10	下料毛坯Φ60×130mm	车削	0.5	车床	切断车刀	三爪卡盘
20	将棒料毛坯装夹在三爪卡盘上，伸出长度为110mm		0	数控车床(卧式斜导轨)		三爪卡盘
20.01	车削端面	FACING	0	数控车床	OD_80_L(左偏外圆粗车刀)	三爪卡盘
20.02	钻中心孔	CENTERLINE_SPOTDRILL	0	数控车床	中心钻Φ2.5	三爪卡盘
30	用活顶尖顶住右端面，提高刚度，减少跳动和振动			数控车床		三爪卡盘和活顶尖
30.01	外表面的粗加工	ROUGH_TURN_OD	0.5/0.5	数控车床	OD_80_L(左偏外圆粗车刀)	三爪卡盘和活顶尖

续表

工序号	加工内容	加工方式	留余量面/径向(mm)	机床	刀具	夹具
30.02	外表面的精加工	FINISH_TURN_OD	0	数控车床	OD_55_L(左偏外圆精车刀)	三爪卡盘和活顶尖
30.03	切退屑槽	GROOVE_OD	0	数控车床	OD_GROOVE_L(左偏外圆切槽刀)	三爪卡盘和活顶尖
30.04	车削螺纹	THREAD_OD	0	数控车床	OD_THREAD_L(左偏外螺纹车刀)	三爪卡盘和活顶尖
30.05	部件切除	PARTOFF	0	数控车床	OD_GROOVE_L(左偏外圆切槽刀)	三爪卡盘和活顶尖
40	将零件调头，加夹套装夹Φ42外圆位置			数控车床		三爪卡盘
40.01	手动车削端面，去除上道工序的0.5mm余量，保证总长为100mm	手动车削端面	0	数控车床	OD_80_L(左偏外圆粗车刀)	三爪卡盘
40.02	钻中心孔、钻孔	CENTERLINE_SPOTDRILL CENTERLINE_PECKDRILL	0	数控车床	中心钻Φ2.5 钻头Φ24	三爪卡盘
40.03	莫氏锥度 NO.4 内孔的粗加工	ROUGH_BORE_ID	0.5	数控车床	ID_55_L(左偏内圆精车刀)	三爪卡盘
40.03	莫氏锥度 NO.4 内孔的精加工	FINISH_BORE_ID	0	数控车床	ID_55_L(左偏内圆精车刀)	三爪卡盘

9.3.2　CAM 操作

1. 数控车削端面加工

按照车削加工的工艺要求，端面加工是数控车削加工的第一个加工操作，为后面的加工工序提供加工基准。下面从创建加工坐标系、工件几何体、刀具等，再到设置端面加工和各种参数，详细地说明整个刀轨设置的过程。

step 01　调入锥孔零件。单击【打开】按钮 🖼，弹出【打开】对话框，选择配套教学资源中的"\part\9\9-2.prt"文件，单击 OK 按钮。

step 02　初始化加工环境。选择【启动】下拉菜单中的【加工】命令，系统弹出【加工环境】对话框，如图 9-35 所示。在【要创建的 CAM 设置】选项组中选择 turning，单击【确定】按钮，进入加工环境。

step 03 创建车削加工坐标系。在工序导航器中，双击坐标系 ⬚MCS_SPINDLE，打开【MCS 主轴】对话框，如图 9-36 所示。单击【指定 MCS】按钮 ⬚，弹出 CSYS 对话框，如图 9-37 所示。在绘图区单击工件的Φ55 外圆端面，将加工坐标系设定在端面的中心，如图 9-38 所示。并指定【车床工作平面】为 ZM-XM，单击【确定】按钮，完成设置。

图 9-35 【加工环境】对话框

图 9-36 【MCS 主轴】对话框

图 9-37 CSYS 对话框

图 9-38 设定坐标系

step 04 创建工件几何体 WORKPIECE。在工序导航器中单击 ⬚MCS_SPINDLE 前的 "+" 按钮，展开坐标系父节点，双击其下的 WORKPIECE，打开【工件】对话框，如图 9-39 所示。单击【指定部件】按钮 ⬚，打开【部件几何体】对话框，选择 ⬚几何体 选项，如图 9-40 所示，然后在绘图区选择锥孔轴作为部件几何体。单击两次【确定】按钮，完成设置。

step 05 创建车削加工几何体 TURNING_WORKPIECE。在工序导航器中单击 ⬚MCS_SPINDLE 前的 "+" 按钮，展开坐标系父节点，单击其下的 WORKPIECE 前的 "+" 按钮，展开工件几何体父节点，如图 9-41 所示。双击其下的 TURNING_WORKPIECE，打开 Turn Bnd 对话框，如图 9-42 所示。

单击【指定毛坯边界】按钮 ⬚，弹出【选择毛坯】对话框。指定毛坯为棒料 ⬚。【点位置】设置为【在主轴箱处】，【长度】设置为 102，【直径】设置为 60，如图 9-43 所示。单击【选择】按钮，弹出【点】对话框。指定 "安装位置" 为工件Φ55 外圆端面中心处，如图 9-44 所示。

图 9-39　【工件】对话框

图 9-40　【部件几何体】对话框

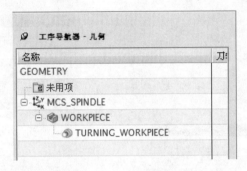

图 9-41　工序导航器

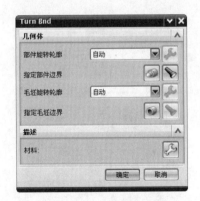

图 9-42　Turn Bnd 对话框

图 9-43　【选择毛坯】对话框

step 06　创建刀具。单击【刀具】工具条中的【创建刀具】按钮 ，在【创建刀具】对话框中选择【类型】为 turing，选择【刀具子类型】为 OD_80_L，【名称】保持默认设置，如图 9-45 所示。

单击【确定】按钮，弹出【车刀-标准】对话框。选择【刀具】选项卡，设定【刀尖半径】为 0.4，其他参数不变，如图 9-46 所示。在【夹持器】选项卡中，选中【使用车刀夹持器】复选框，参数设定参照实际机夹可转位车刀，如图 9-47 所示。在【跟踪】选项卡中，【P 值】选择 P3，其他参数不变，如图 9-48 所示。

图 9-44　设置【安装位置】

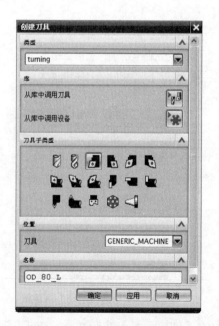

图 9-45　【创建刀具】对话框

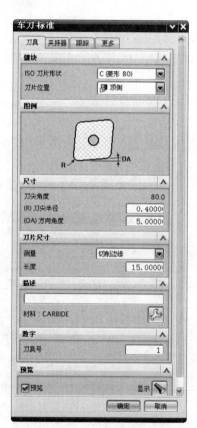

图 9-46　【刀具】选项卡

step 07　创建程序组。单击【刀片】工具条中的【创建程序】按钮 ，然后在【创建程序】对话框中设置【类型】、【位置】、【名称】，如图 9-49 所示。单击两次【确定】按钮后，就建立了一个程序。单击【导航器】工具条中的【程序顺序】视图按钮，可以看到刚刚建立的程序 AA。用同样的方法创建其他的程序组 BB。最后打开程序顺序工序导航器，如图 9-50 所示。

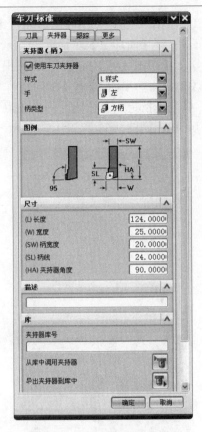

图 9-47　【夹持器】选项卡

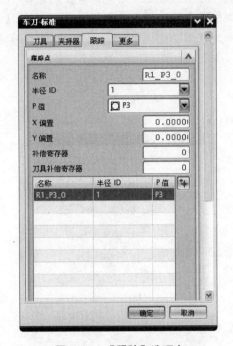

图 9-48　【跟踪】选项卡

图 9-49　【创建程序】对话框

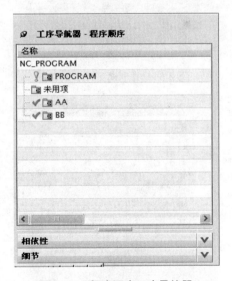

图 9-50　程序顺序工序导航器

step 08　创建面加工 FACING 操作。单击【刀片】工具条中的【创建工序】按钮 ，打开【创建工序】对话框，如图 9-51 所示。在【类型】下拉列表框中选择 turning，选择面加工 FACING 图标 ，【程序】选择 AA，【刀具】选择 OD_80_L，【几何体】选择

TURNING_WORKPIECE，【方法】选择 LATHE_FINISH，单击 FACING 图标，【名称】保持默认设置，如图 9-51 所示。单击【确定】按钮，打开【面加工】对话框。

step 09 指定切削区域。在主界面对话框中，单击【切削区域】按钮，弹出【切削区域】对话框，如图 9-52 所示。在对话框中分别在【轴向修剪平面 1】和【轴向修剪平面 2】选项中的【限制选项】下拉列表框中选择【点】，单击【指定点】按钮，弹出【点】对话框。在对话框中输入坐标值为(100，0，0)和(102，0，0)，如图 9-53 和图 9-54 所示。

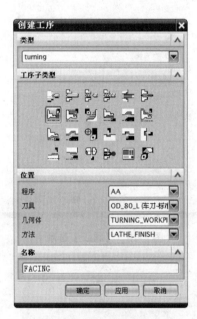

图 9-51　【创建工序】对话框

图 9-52　【切削区域】对话框

图 9-53　指定轴向点 1

图 9-54　指定轴向点 2

图 9-55 所示为切削区域。在主界面上选中【更新 IPW】复选框，这样可以为下道加工工序更新毛坯。

step 10 指定切削策略。在【策略】下拉列表框中选择【单向插削】，如图 9-56 所示。

图 9-55　切削区域

图 9-56　指定切削策略

step 11 修改步进设置。在主界面中，设置【步进角度】为【矢量】，打开【矢量】对话框，指定矢量为 X 轴，【方向】选择【反向】。在【步进】选项中，【步距】选择【恒定】，【距离】设置为 0.6mm，【清理】选择【全部】，如图 9-57 所示。

step 12 设置轮廓加工选项。在【轮廓加工】选项卡中，选中【附加轮廓加工】复选框，【策略】选择【仅面】，默认其他参数设置，如图 9-58 所示。

step 13 设置进刀/退刀。在主界面中单击【非切削移动】按钮，打开【非切削移动】对话框，在【进刀】选项卡中，【进刀类型】选择【线性—自动】，如图 9-59 所示。【退刀】设置与【进刀】设置相同。

图 9-57　修改步进设置

图 9-58　【轮廓加工】选项卡

图 9-59　【进刀】选项卡

step 14 设置逼近选项参数。在【非切削移动】对话框中选择【逼近】选项卡，如图 9-60 所示。在【出发点】选项中，【点选项】选择【指定】，单击【指定点】按钮，弹出【点】对话框，设置如图 9-61 所示。在【运动到起点】选项中，【运动类型】选择【轴向->径向】，单击【指定点】按钮，弹出【点】对话框，设置如图 9-62 所示。在【运动到进刀起点】选项中，【运动类型】选择【直接】。

图 9-60 【逼近】选项卡

图 9-61 指定出发点

在数控车削加工中的"出发点"指换刀具的位置并准备出发靠近零件的位置，这段距离系统用快速进给速度移动。"运动到起点"的起点指刀具开始进刀到零件的位置，这段距离系统用切削进给速度移动。"运动到进刀起点"的进刀起点指刀具进刀到零件表面的位置，这段距离系统用用户设定的切削速度移动。

step 15 设置离开选项参数。在【非切削移动】对话框中选择【离开】选项卡，如图 9-63 所示，在【运动到返回点/安全平面】选项中，【运动类型】选择【轴向>径向】，单击【指定点】按钮，弹出【点】对话框，如图 9-64 所示。在【运动到回零点】选项中，【运动类型】选择【直接】，单击【指定点】按钮，弹出【点】对话框，如图 9-65 所示，返回换刀点或者机械零点。

step 16 设置进给率和速度参数。单击【进给率和速度】按钮，打开【进给率和速度】对话框，在【主轴速度】选项下，【输出模式】选择 RPM，选中【主轴速度】复选框，在【主轴速度】文本框中输入 1000。在【进给率】选项下，【切削】设置为 0.25mmpr，如图 9-66 所示。

数控车削的进给速度分两种情况表示：①主轴每转刀具进给的距离，用 mmpr 表示，程序中使用 G99 表示；②主轴每分钟刀具进给的距离，用 mmpm 表示，程序中使用 G98 表示。

step 17 机床控制。在【机床控制】选项组下，【运动输出】指定为【仅线性】，如图 9-67 所示。

step 18 生成刀位轨迹。单击【生成】按钮，系统计算出数控车削面加工的刀位轨迹，如图 9-68 所示。

图 9-62　指定运动到起点

图 9-63　【离开】选项卡

图 9-64　指定返回点/安全平面

图 9-65　指定回零点

图 9-66　【进给率和速度】对话框

图 9-67　指定【运动输出】

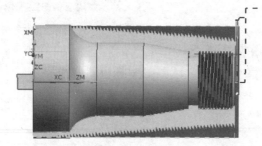

图 9-68　数控车削面加工的刀位轨迹

step 19　刀轨实体加工模拟。在主界面中单击【确定】按钮，弹出【刀轨可视化】对话框，如图 9-69 所示。选择【3D 动态】选项卡，单击下面的【播放】按钮，系统开始模拟加工的全过程。图 9-70 所示为 3D 动态模拟。

图 9-69　【刀轨可视化】对话框

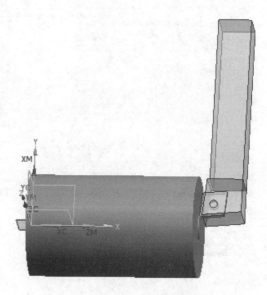

图 9-70　3D 动态模拟

2. 中心线点钻加工

钻中心孔是钻孔加工的第一个加工操作，此加工操作可以保证后续的钻孔加工钻头开始钻削时不发生偏心。钻中心孔是用于活顶尖的定位，实现零件加工的"一顶一夹"装夹定位。

step 01　创建刀具。单击【刀片】工具条中的【创建刀具】按钮，然后在【创建刀具】对话框中选择【类型】为 turning，选择【刀具子类型】为 SPOTDRILLING_TOOL，【名称】保持默认设置，如图 9-71 所示。

单击【确定】按钮，弹出【钻刀】对话框，选择【刀具】选项卡，在【直径】文本框中输入 2.5，其他参数保持默认设置，如图 9-72 所示。

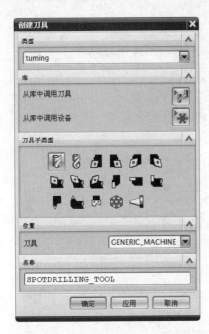

图 9-71　【创建刀具】对话框

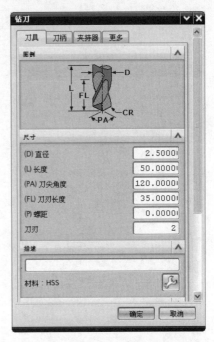

图 9-72　【刀具】选项卡

step 02　创建中心线点钻 CENTERLINE_SPOTDRILL。单击【刀片】工具条中的【创建工序】按钮 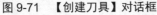，打开【创建工序】对话框，在【类型】下拉列表框中选择 turning，修改位置参数，【刀具】选择 SPOTDRILLING_TOOL，【几何体】选择 TURNING_WORKPIECE，【方法】选择 LATHE_CENTERLINE，单击 CENTERLINE_SPOTDRILL 图标，【名称】保持默认设置，如图 9-73 所示。

step 03　指定起点和深度。在【中心线点钻】对话框的【起点和深度】选项组中，【起始位置】选择【指定】，单击【指定点】按钮，弹出【点】对话框，在对话框中输入坐标值为(100，0，0)。【深度选项】选择【距离】，在【距离】文本框中输入 5。其他设置保持系统默认值，如图 9-74 所示。

step 04　设置进给率和速度参数。在【主轴速度】文本框中输入 700。在【进给率】选项下，【切削】设置为 0.15mmpr。

step 05　生成刀位轨迹。单击【生成】按钮，系统计算出中心孔点钻刀位轨迹。图 9-75 所示为 3D 动态模拟。

3. 外圆粗加工

外圆车削加工能力是车削加工中最基本的加工方法之一。外圆粗加工通过运用合适的刀具以及加工方法，采用恰当的切削用量快速去除余量，下面介绍具体的操作步骤。

图 9-73 【创建工序】对话框

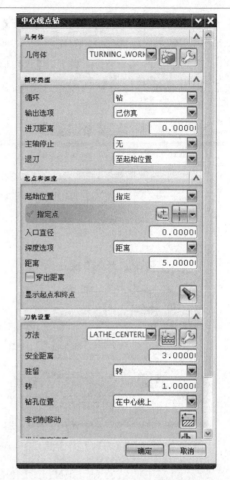

图 9-74 【中心线点钻】对话框

step 01 创建外圆粗车 ROUGH_TURN_OD 加工操作。单击【刀片】工具条中的【创建工序】按钮 ，打开【创建工序】对话框，在【类型】下拉列表框中选择 turning，修改位置参数，单击 ROUGH_TURN_OD 图标 ，【名称】保持默认设置，如图 9-76 所示。

step 02 指定切削区域，默认系统设置。

正确选择车削刀具，本次车削刀具选择 OD_80_L，工序系统自动指定切削区域。

step 03 指定切削策略。在【策略】下拉列表框中选择【单向线性切削】，如图 9-77 所示。

粗车加工外圆面可以采用单向线性切削方式，也可以采用单向轮廓切削方式，本零件外圆面比较简单，因此选择了单向线性切削方式，可以获得比较均匀的切削用量。

step 04 修改刀轨设置。在主界面中，【水平角度】选择【矢量】，【指定矢量】为 XC 正方向，在【步进】选项组中，【切削深度】选择【变量平均值】，【最大值】设定为 2，【最小值】设定为 0，【变换模式】设定为【根据层】，【清理】选择【全部】，如图 9-78 所示。

step 05 设定余量。在【余量】选项卡中，在【粗加工余量】选项组下，【面】文本框中输入 0.5，【径向】文本框中输入 0.5，如图 9-79 所示。

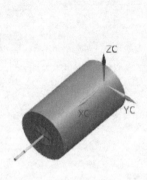

图 9-75　3D 动态模拟

图 9-76　【创建工序】对话框

图 9-77　指定切削策略

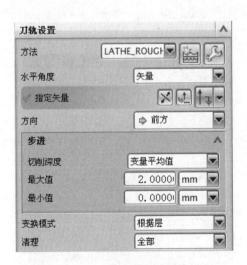

图 9-78　修改刀轨设置

图 9-79　【余量】选项卡

step 06　设置进刀/退刀。在【进刀】选项卡中，在【轮廓加工】选项组下，【进刀类型】选择【线性-自动】，如图 9-80 所示。【退刀】设置与【进刀】设置相同。

step 07　设置逼近选项参数。在【逼近】选项卡的【出发点】选项中，【点选项】选择【指定】，单击【指定点】按钮，弹出【点】对话框，在对话框中输入坐标值为(200，40，0)。在【运动到起点】选项中，【运动类型】选择【直接】，单击【指定点】，弹出【点】

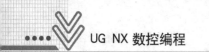
对话框，在对话框中输入坐标值为(105，35，0)。在【运动到进刀起点】选项中，【运动类型】选择【径向->轴向】，如图 9-81 所示。

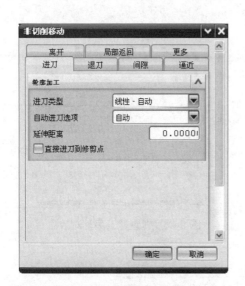

图 9-80　【进刀】选项卡

图 9-81　【逼近】选项卡

step 08　设置离开选项参数。在【非切削移动】对话框中选择【离开】选项卡，如图 9-82 所示，在【运动到回零点】选项中，【运动类型】选择【径向->轴向】，单击【指定点】按钮，弹出【点】对话框，在对话框中输入坐标值为(200，40，0)，如图 9-83 所示，返回换刀点或者机械零点。

图 9-82　【离开】选项卡

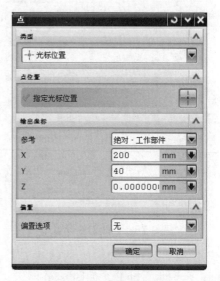

图 9-83　指定回零点

运动到返回点/安全平面的设置：在用同一把刀具加工下道工序时，为提高加工效率，直接将刀具返回点/安全平面停止，而不用回机械零点。如果需要换刀，则直接回机械零点或者换刀点。

step 09 设置进给率和速度参数。单击【进给率和速度】按钮，打开【进给率和速度】对话框，在【主轴速度】选项下，【输出模式】选择 RPM，选中【主轴速度】复选框，在【主轴速度】文本框中输入 800。在【进给率】选项下，【切削】设置为 0.3mmpr，如图 9-84 所示。

图 9-84 【进给率和速度】对话框

step 10 生成刀位轨迹。单击【生成】按钮 ，系统计算出外圆粗车加工的刀位轨迹，如图 9-85 所示。

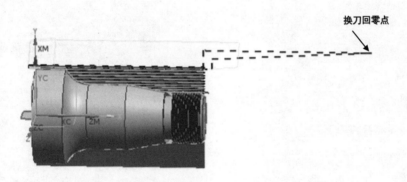

图 9-85 外圆粗车加工的刀位轨迹

4. 外圆精加工

外圆精加工是粗加工后用来保证零件加工精度的工序，可以获得好的加工表面质量。粗加工后，需要在数控系统中修正零件尺寸的补偿值，然后选用合理的切削用量进行精加工。下面介绍数控车削加工中外圆精加工的具体操作。

step 01 创建刀具。单击【刀片】工具条中的【创建刀具】按钮 ，然后在【创建刀具】对话框中选择【类型】为 turning，再选择【刀具子类型】为 OD_55_L，【名称】保持默认设置，如图 9-86 所示。

单击【确定】按钮，弹出【车刀-标准】对话框，如图 9-87 所示。在【刀具】选项卡中，【刀尖半径】设定为 0.2，如图 9-88 所示；在【夹持器】选项卡中，选中【使用车刀夹持器】复选框，参数设定参照实际机夹可转换车刀外形尺寸，如图 9-89 所示。

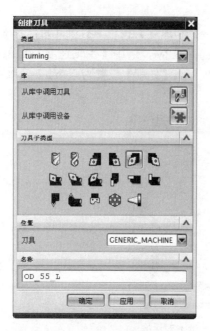

图 9-86 【创建刀具】对话框

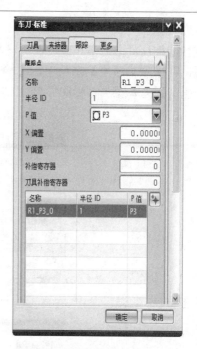

图 9-87 【车刀-标准】对话框

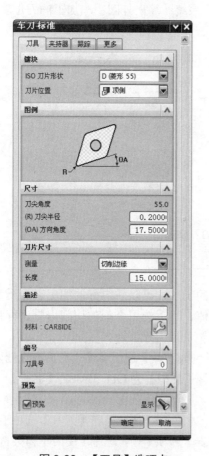

图 9-88 【刀具】选项卡

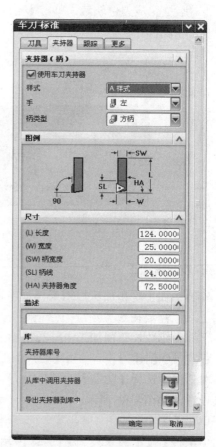

图 9-89 【夹持器】选项卡

step 02　创建外圆精车 FINISH_TURN_OD 加工操作。单击【刀片】工具条中的【创建工序】按钮 ，打开【创建工序】对话框，在【类型】下拉列表框中选择 turning，修改位置参数，【刀具】选择 OD_55_L，【方法】选择 LATHE_FINISH。单击 FINISH_TURN_OD 图标 ，【名称】保持默认设置，如图 9-90 所示。

step 03　指定切削区域。在主界面对话框中，单击【切削区域】按钮 ，弹出【切削区域】对话框，如图 9-91 所示。在对话框中分别在【径向修剪平面 1】、【径向修剪平面 2】、【轴向修剪平面 1】、【轴向修剪平面 2】选项下的【限制选项】下拉列表框中选择【点】，单击【指定点】，弹出【点】对话框。在对话框中分别输入坐标值为(0，30，0)、(0，-30，0)、(-2，0，0)和(100，0，0)，完成切削区域的设定。切削区域如图 9-92 所示。

step 04　指定切削策略。在【策略】下拉列表框中选择【全部精加工】，如图 9-93 所示。

图 9-90　【创建工序】对话框

图 9-91　【切削区域】对话框

step 05　保持刀轨设置。保持系统的默认设置，如图 9-94 所示。

step 06　设定余量。在【余量】选项卡中，保持【精加工余量】选项的默认设置，【面】和【径向】余量为 0，如图 9-95 所示。

step 07　设置进刀/退刀。在【进刀】选项卡中，在【轮廓加工】选项组下，【进刀类型】选择【线性—自动】，如图 9-96 所示。【退刀】设置与【进刀】设置相同。

step 08　设置逼近选项参数。在【逼近】选项卡的【出发点】选项中，【点选项】选择【指定】，单击【指定点】按钮，弹出【点】对话框，在对话框中输入坐标值为(200，40，

0)。在【运动到起点】选项中，【运动类型】选择【直接】，单击【指定点】，弹出【点】对话框，在对话框中输入坐标值为(105，35，0)。在【运动到进刀起点】选项中，【运动类型】选择【径向->轴向】，如图 9-97 所示。

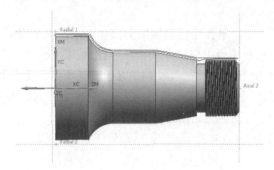

图 9-92　切削区域

图 9-93　指定切削策略

图 9-94　保持刀轨设置

图 9-95　【余量】选项卡

图 9-96　【进刀】选项卡

图 9-97　【逼近】选项卡

step 09　设置离开选项参数。在【非切削移动】对话框中选择【离开】选项卡，如图 9-98 所示，在【运动到回零点】选项中，【运动类型】选择【径向->轴向】，单击【指定点】按钮，弹出【点】对话框，在对话框中输入坐标值为(200，40，0)，如图 9-99 所示，返回换刀点或者机械零点。

图 9-98　【离开】选项卡

图 9-99　指定回零点

step 10　设置进给率和速度参数。单击【进给率和速度】按钮，打开【进给率和速度】对话框，在【主轴速度】选项下，【输出模式】选择 RPM，选中【主轴速度】复选框，在【主轴速度】文本框中输入 1200。在【进给率】选项下，【切削】设置为 0.2mmpr，如图 9-100 所示。

step 11　生成刀位轨迹。单击【生成】按钮，系统计算出外圆精车加工的刀位轨迹，如图 9-101 所示。

图 9-100　【进给率和速度】对话框

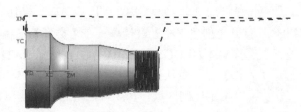

图 9-101　外圆精车加工的刀位轨迹

5. 外圆切槽加工

槽的车削加工可以用于切削内径、外径以及断面，在实际的应用中多用于退刀槽的加工。在车削槽的时候一般要求刀具轴线和回转体零件轴线要相互垂直，这主要是由车槽刀具决定的。下面介绍车槽的具体步骤。

step 01 创建刀具。单击【刀片】工具条中的【创建刀具】按钮 ，然后在【创建刀具】对话框中选择【类型】为 turning，选择【刀具子类型】为 OD_GROOVE_L，【名称】保持接受默认设置，如图 9-102 所示。

单击【确定】按钮，弹出【车刀-标准】对话框，在【刀具】选项卡中，【刀片宽度】设置为 3，其他参数均采用系统默认值，如图 9-103 所示。在【夹持器】选项卡中，选中【使用车刀夹持器】复选框，参数设定参照实际机夹可转位切断车刀，如图 9-104 所示。在【跟踪】选项卡中，选择 R1_P3_0 作为对刀基准，如图 9-105 所示。

切断车刀有两个刀尖，分别对应 P3 和 P4 刀尖位置序号，本工序使用 P3 作为对刀基准。

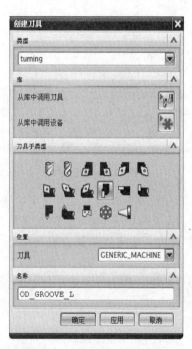

图 9-102　【创建刀具】对话框

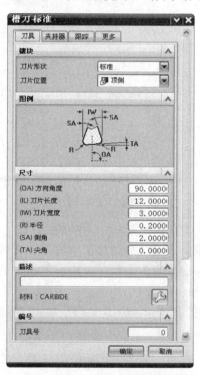

图 9-103　【刀具】选项卡

step 02 创建外圆切槽 GROOVE_OD 加工操作。单击【刀具】工具条中的【创建工序】按钮 ，打开【创建工序】对话框，在【类型】下拉列表框中选择 turning，修改位置参数，【刀具】选择 OD_GROOVE_L，【方法】选择 LATHE_GROOVE。单击 GROOVE_OD 图标 ，【名称】保持默认设置，如图 9-106 所示。

step 03 指定切削区域。在主界面对话框中，单击【切削区域】按钮 ，弹出【切削区域】对话框，如图 9-107 所示。在对话框中分别在【轴向修剪平面 1】和【轴向修剪平面 2】选项下的【限制选项】下拉列表框中选择【点】，单击【指定点】按钮，弹出【点】对话框。在对话框中输入坐标值为(77，0，0)和(82，0，0)，切削区域如图 9-108 所示。

step 04 指定切削策略。在【策略】下拉列表框中选择【单向插削】，如图 9-109 所示。

step 05 保持刀轨设置。保持系统对各参数的默认设置，如图 9-110 所示。

step 06 设定余量。在【余量】选项卡中，在【粗加工余量】选项下，默认【面】和【径向】余量为 0。

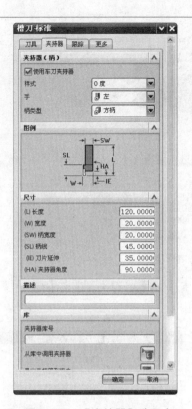

图 9-104　【夹持器】选项卡

图 9-105　【跟踪】选项卡

图 9-106　【创建工序】对话框

图 9-107　【切削区域】对话框

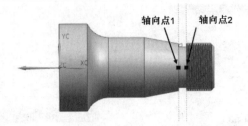

图 9-108　切削区域示意图

图 9-109　指定切削策略

step 07　设置进刀/退刀点。在【进刀】选项卡中，【进刀类型】选择【线性-自动】，如图 9-111 所示。【退刀】设置与【进刀】设置相同。

图 9-110　保持刀轨设置

图 9-111　【进刀】选项卡

step 08　设置逼近选项参数。在【非切削移动】对话框中选择【逼近】选项卡，如图 9-112 所示，在【出发点】选项中，【点选项】选择【指定】，单击【指定点】按钮，弹出【点】对话框，在对话框中输入坐标值为(200，40，0)，如图 9-113 所示。在【运动到起点】选项中，【运动类型】选择【轴向->径向】，单击【指定点】按钮，弹出【点】对话框，在对话框中输入坐标值为(82，32，0)，如图 9-114 所示。在【运动到进刀起点】选项中，【运动类型】选择【直接】。

step 09　设置离开选项参数。在【非切削移动】对话框中选择【离开】选项卡，如图 9-115 所示，在【运动到回零点】选项中，【运动类型】选择【径向->轴向】，单击【指定点】按钮，弹出【点】对话框，在对话框中输入

图 9-112　【逼近】选项卡

坐标值为(200，40，0)，如图 9-116 所示，返回换刀点或者机械零点。

图 9-113　指定出发点

图 9-114　指定运动到起点

图 9-115　【离开】选项卡

图 9-116　指定回零点

step 10　设置进给率和速度参数。单击【进给率和速度】按钮，打开【进给率和速度】对话框，在【主轴速度】选项下，【输出模式】选择 RPM，选中【主轴速度】复选框，在【主轴速度】文本框中输入 400。在【进给率】选项下，【切削】设置为 0.1mmpr。

step 11　机床控制。在【机床控制】选项下，【运动输出】指定为【仅线性】，如图 9-117 所示。

图 9-117　指定【运动输出】

step 12 生成刀位轨迹。单击【生成】按钮 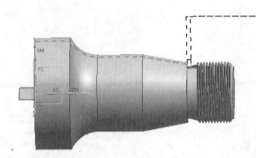，系统计算出外圆切槽加工的刀位轨迹，如图 9-118 所示。

图 9-118　外圆切槽加工的刀位轨迹

6. 外圆螺纹车削加工

螺纹操作有车削或丝锥螺纹切削，加工的螺纹可能是单线或多线的内部、外部或端面螺纹。车螺纹必须指定"螺距"，选择顶线和根线(或深度)以生成螺纹刀轨。下面介绍具体的操作步骤。

step 01 创建刀具。单击【刀片】工具条中的【创建刀具】按钮 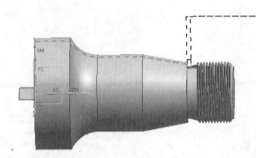，在【创建刀具】对话框中选择【类型】为 turning，选择【刀具子类型】为 OD_THREAD_L，【名称】保持默认设置，如图 9-119 所示。

单击【确定】按钮，弹出【车刀-标准】对话框，各选项卡的参数采用系统默认值，如图 9-120～图 9-122 所示。

图 9-119　【创建刀具】对话框

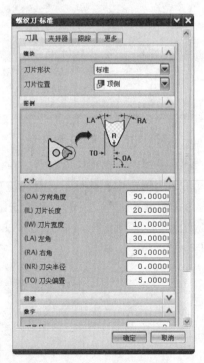

图 9-120　【刀具】选项卡

图 9-121　【夹持器】选项卡

图 9-122　【跟踪】选项卡

step 02　创建外圆螺纹加工操作。单击【刀片】工具条中的【创建工序】按钮 ，打开【创建工序】对话框，在【类型】下拉列表框中选择 turning，修改位置参数，【刀具】选择 OD_THREAD_L，【方法】选择 LATHE_THREAD。单击 THREAD_OD 图标 ，【名称】保持默认设置，如图 9-123 所示。

图 9-123　【创建工序】对话框

step 03　指定顶线。首先在【建模】模块下，在螺纹的顶面画一条顶线，长度要比螺纹实际长度长一些，因为车削螺纹要设置切入和切出的空行程，这样可避免电机升降速过程对螺纹导程造成误差。在主界面的【螺纹形状】选项组中，如图 9-124 所示，单击

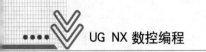
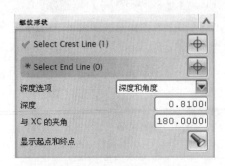 选项，在绘图区指定顶线，如图 9-125 所示。

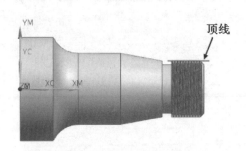

图 9-124　【螺纹形状】选项组　　　　　　　图 9-125　指定顶线

step 04 　指定深度和角度。在【深度】文本框中输入 0.81，在【与 XC 的夹角】文本框中输入 180，如图 9-124 所示。

深度的设置是根据螺纹的实际大径的尺寸减去螺纹的小径尺寸，然后取一半。螺纹尺寸的计算公式为

$$d1 = d - 0.2165 \times P$$
$$d2 = d - 1.299 \times P$$
$$h = (d1 - d2)/2 \text{ 或 } h = 0.5413 \times P$$

式中：$d1$ 是螺纹的大径；

　　　$d2$ 是螺纹的小径；

　　　d 是螺纹的基本尺寸；

　　　h 是深度值；

　　　P 是螺距。

螺纹 M30×1.5mm 深度 h 的计算公式如下

$$h = 0.5413 \times P = 0.5413 \times 1.5 \approx 0.81 (\text{mm})$$

step 05 　修改刀轨设置。在主界面的【刀轨设置】选项中，【切削深度】设定为【%剩余】，其他参数保持系统设置，如图 9-126 所示。

step 06 　设置螺距。在【切削参数】对话框中选择【螺距】选项卡，【螺距选项】选择【螺距】，【螺距变化】选择【恒定】，【距离】设定为 1.5，如图 9-127 所示。

图 9-126　修改【刀轨设置】　　　　　　　图 9-127　设置【螺距】选项卡

step 07 设置进刀/退刀。在【进刀】选项卡中,【进刀类型】选择【自动】,其他参数保持默认的系统设置。【退刀】设置与【进刀】设置相同。

step 08 设置逼近选项参数。在【非切削移动】对话框中选择【逼近】选项卡,如图 9-128 所示,在【出发点】选项中,【点选项】选择【指定】,单击【指定点】按钮,弹出【点】对话框,在对话框中输入坐标值为(200,40,0),如图 9-129 所示。在【运动到起点】选项中,【运动类型】选择【直接】,单击【指定点】按钮,弹出【点】对话框,在对话框中输入坐标值为(105,18,0),如图 9-130 所示。在【运动到进刀起点】选项中,【运动类型】选择【直接】。

图 9-128　【逼近】选项卡

图 9-129　指定出发点

step 09 设置离开选项参数。在【非切削移动】对话框中选择【离开】选项卡,如图 9-131 所示,在【运动到回零点】选项中,【运动类型】选择【径向->轴向】,单击【指定点】按钮,弹出【点】对话框,在对话框中输入坐标值为(200,40,0),如图 9-132 所示。

图 9-130　指定运动到起点

图 9-131　【离开】选项卡

step 10 设置进给率和速度参数。在【进给率和速度】对话框中的【主轴速度】选项下，【输出模式】选择 RPM，选中【主轴速度】复选框，在【主轴速度】文本框中输入 500。在【进给率】选项下，【切削】设置为 1.5mmpr，如图 9-133 所示。

图 9-132　指定回零点

图 9-133　【进给率和速度】对话框

车削螺纹时，车床的主轴转速将受到螺纹导程大小、驱动电动机的升降频特性以及螺纹插补运算速度的影响，一般经济型数控车床推荐车削螺纹时的主轴速度的计算公式为

$$n \leqslant 1200/P-k \qquad (k \text{ 为保险系数，一般取 } 80)$$

车系统的车削螺纹指令设置时，切削速度是螺纹的螺距大小。实例中，螺距是 1.5，切削速度设置为 1.5mmpr。

step 11 生成刀位轨迹。单击【生成】按钮，系统计算出外圆螺纹车削加工的刀位轨迹，如图 9-134 所示。

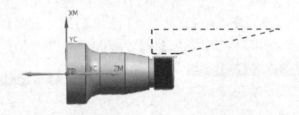

图 9-134　外圆螺纹车削加工的刀位轨迹

step 12 刀轨实体加工模拟。在主界面中单击【确定】按钮，弹出【刀轨可视化】对话框，如图 9-135 所示。选择【3D 动态】选项卡，单击下面的【播放】按钮，系统开始模拟加工的全过程，图 9-136 所示为 3D 动态模拟。

7. 部件切除加工

切断加工通常是车削加工的最后一道工序，在 UG 中的设置要注意切断刀的宽度不能太宽，以免增加切槽阻力，一般刀宽为 3～4mm，还要保证有足够的刀片长度来切断工件。

step 01 创建工序。单击【刀片】工具条中的【创建工序】按钮，然后在【创建工序】对话框中选择【类型】为 turning，选择【刀具子类型】为 PARTOFF，【名称】保持默认设置，如图 9-137 所示。

图 9-135　【刀轨可视化】对话框

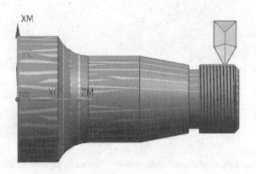

图 9-136　3D 动态模拟

图 9-137　【创建工序】对话框

step 02 设置进刀起点。在主界面选择 Linear_Move，单击【编辑】按钮，弹出【线性移动】对话框，在【移动类型】下拉列表框中选择【直接】，单击【指定点】按钮，弹出【点】对话框，设置进刀起点坐标为(-3.5，35，0)，如图 9-138 和图 9-139 所示。单击【确定】按钮，返回主界面。

图 9-138　设置进刀起点

图 9-139　进刀起点

step 03 设置驱动曲线。在主界面选择 Profile_Move，单击【编辑】按钮，弹出【轮廓移动】对话框，在【驱动几何体】下拉列表框中选择【新驱动曲线】，如图 9-140 所示。单击【选择】按钮，弹出【选择驱动几何体】对话框，在绘图区选择如图 9-141 所示曲线，该曲线在【建模】模式下预先绘制。

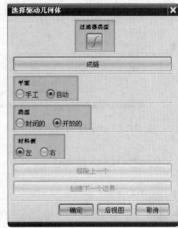

图 9-140　设置驱动曲线

驱动曲线

图 9-141　指定驱动曲线

step 04　设置返回点。在主界面选择 Linear_Move_1，单击【编辑】按钮 🔧，弹出【线性移动】对话框，在对话框中【运动轴】选项下选择【径向->轴向】，单击【指定点】按钮，弹出【点】对话框，设置返回点坐标为(3.5，40，0)，如图 9-142 所示。单击【确定】按钮，返回主界面。

step 05　设置进给率和速度参数。在【进给率和速度】对话框中的【主轴速度】选项下，【输出模式】选择 RPM，选中【主轴速度】复选框，在【主轴速度】文本框中输入 300。在【进给率】选项下，【切削】设置为 0.1mmpr，其他参数保持系统默认设置，如图 9-143 所示。

图 9-142　设置车刀返回点

step 06 生成刀位轨迹。单击【生成】按钮，系统计算出部件切除加工的刀位轨迹，如图 9-144 所示。

图 9-143 【进给率和速度】对话框

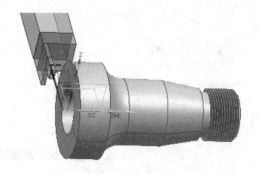

图 9-144 部件切除加工的刀位轨迹

8. 中心线啄钻加工

车削加工模块提供了 CENTERLINE_DRILLING 中心线钻孔、CENTERLINE_PECKDRILL 中心线啄钻和 CENTERLINE_BREAKCHIP 中心线断屑等 3 种方法来完成钻孔操作，本节使用中心线啄钻来完成加工零件。

首先将零件调头，加夹套装夹Φ42 外圆位置，手动车削端面，去除上道工序的 0.5mm 余量，保证总长为 100mm。然后钻中心孔，钻底孔，加工锥面。

step 01 创建车削加工坐标系。单击【刀片】工具条中的【创建几何体】按钮，打开【创建几何体】对话框，在对话框中【类型】选择 turning，【几何体子类型】选择 MCS_SPINDLE 图标，保持【位置】和【名称】的默认设置，如图 9-145 所示。

单击【确定】按钮，打开【MCS 主轴】对话框，如图 9-146 所示。单击【指定 MCS】按钮，弹出 CSYS 对话框，在【类型】中选择【对象的 CSYS】，在绘图区单击工件的锥孔端面，将加工坐标系设定在端面的中心，如图 9-147 和图 9-148 所示。设置【车床工作平面】为 ZM-XM，单击【确定】按钮，完成设置。

图 9-145 【创建几何体】对话框

图 9-146 【MCS 主轴】对话框

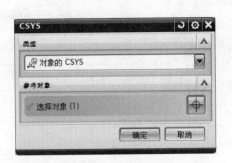

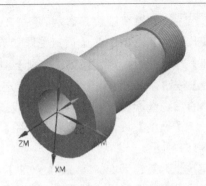

图 9-147　CSYS 对话框　　　　　图 9-148　　设定坐标系

 创建工件几何体 WORKPIECE。在工序导航器中单击 MCS_SPINDLE_1 前的 "+" 按钮,展开坐标系父节点,双击其下的 WORKPIECE_1,打开【工件】对话框,如图 9-149 所示。单击【指定部件】按钮,打开【部件几何体】对话框,如图 9-150 所示,在绘图区选择阶梯轴作为部件几何体。单击两次【确定】按钮,完成设置。

图 9-149　【工件】对话框　　　　　图 9-150　【部件几何体】对话框

step 03　创建车削加工几何体 TURNING_WORKPIECE。在工序导航器中单击 MCS_SPINDLE 前的 "+" 按钮,展开坐标系父节点,单击其下的 WORKPIECE 前的 "+" 按钮,展开工件几何体父节点,如图 9-151 所示。双击其下的 TURNING_WORKPIECE_1,打开 Turn Bnd 对话框,如图 9-152 所示。

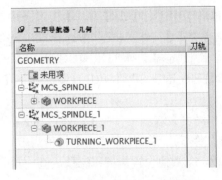

图 9-151　几何工序导航器　　　　　图 9-152　Turn Bnd 对话框

step 04 设置车削边界参数。选择 Turn Bnd 对话框内【几何体】选项中的【指定毛坯边界】，在【选择毛坯】对话框中指定毛坯为【棒料】 。单击【重新选择】按钮，弹出【点】对话框，指定【安装位置】在工件的带螺纹端面处，【点位置】设置为【在主轴箱处】，【长度】设置为 100，【直径】设置为 55，如图 9-153 所示。

step 05 创建刀具。单击【刀片】工具条中的【创建刀具】按钮 ，然后在【创建刀具】对话框中选择【类型】为 turning，选择【刀具子类型】为 DRILLING_TOOL，【名称】设置为 DRILLING_TOOL_24，如图 9-154 所示。

图 9-153 【选择毛坯】对话框

单击【确定】按钮，弹出【钻刀】对话框，选择【刀具】选项卡，在【直径】文本框中输入 24，其他参数保持默认设置，如图 9-155 所示。这样就创建了一把直径为 24mm 的钻头。单击【导航器】工具条中的【机床视图】，如图 9-156 所示。

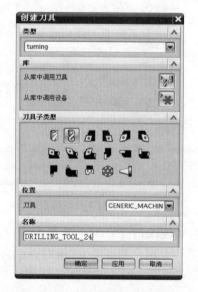

图 9-154 【创建刀具】对话框

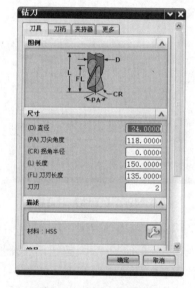

图 9-155 【刀具】选项卡

step 06 创建中心孔点钻 CENTERLINE_SPOTDRILL。单击【刀片】工具条中的【创建工序】按钮 ，打开【创建工序】对话框，在【类型】下拉列表框中选择 turning，修改位置参数，【刀具】选择 SPOTDRILLING_TOOL，【几何体】选择 TURNING_WORKPIECE，【方法】选择 LATHE_CENTERLINE，单击 CENTERLINE_SPOTDRILL 图标 ，【名称】保持默认设置，如图 9-157 所示。

step 07 指定起点和深度。在主界面【起点和深度】选项中，在【起始位置】选择【指定】，单击【指定点】按钮，弹出【点】对话框，单击孔端面的中点，坐标值为(0，0，0)。【深度选项】选择【距离】，在【距离】文本框中输入 5。其他设置保持系统默认值，如图 9-158 所示。

图 9-156　机床工序导航器

图 9-157　【创建工序】对话框

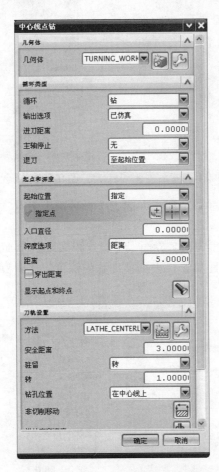

图 9-158　【中心线点钻】对话框

step 08 设置进给率和速度参数。在【进给率和速度】对话框中的【主轴速度】选项下，在【主轴速度】文本框中输入 700。在【进给率】选项下，【切削】设置为 0.15mmpr。

step 09 生成刀位轨迹。单击【生成】按钮 ，系统计算出中心孔点钻的刀位轨迹。图 9-159 所示为 3D 动态模拟。

step 10 创建中心线啄钻 CENTERLINE_SPOTDRILL。单击【刀片】工具条中的【创建工序】按钮 ，打开【创建工序】对话框，在【类型】下拉列表框中选择 turning，修改位置参数，【刀具】选择 DRILLING_TOOL_24，【几何体】选择 TURNING_WORKPIECE_1，【方法】选择 LATHE_METHOD，单击 CENTERLINE_PECKDRILL 图标 ，【名称】保持默认设置，如图 9-160 所示。

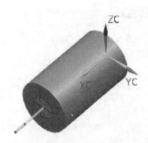

图 9-159　3D 动态模拟　　　　图 9-160　【创建工序】对话框

step 11 设置循环类型参数。在主界面上【循环类型】选项下【进刀距离】设定为 5，如图 9-161 所示。

step 12 设置起点和深度。在主界面上【起点和深度】选项下【起始位置】选择为【自动】，【深度选项】选择【距离】，根据零件孔的深度将【距离】设定为 35，如图 9-162 所示。

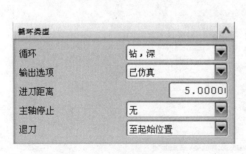

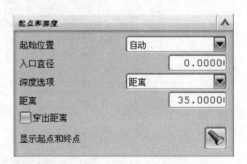

图 9-161　设置循环类型　　　　图 9-162　设置起点和深度

step 13　设置进给率和速度参数。在【进给率和速度】对话框的【主轴速度】选项下，在【主轴速度】文本框中输入 200。在【进给率】选项下，【切削】设置为 0.15mmpr。

step 14　生成刀位轨迹。单击【生成】按钮，系统计算出中心线啄钻加工的刀位轨迹，其 3D 动态模拟如图 9-163 所示。

图 9-163　3D 动态模拟

9. 内孔粗镗加工

车内孔加工一般用于车削回转体内径，一般使用刀具中心线和回转体零件的中心线相互平行方式来切削工件的内侧，这样可以有效地避免在内部的曲面中生成残余波峰。如果是车削内部端面的话，一般采用的方式是让刀具轴线和回转体零件的中心线平行。而运动方式采用垂直于零件中心线的方式。

step 01　创建车削加工坐标系。单击【刀片】工具条中的【创建几何体】按钮，打开【创建几何体】对话框，在【类型】下拉列表框中选择 turning，【几何体子类型】选择 MCS_SPINDLE 图标，保持【位置】和【名称】的默认设置，如图 9-164 所示。单击【确定】按钮，打开【MCS 主轴】对话框，如图 9-165 所示。单击【指定 MCS】按钮，在绘图区将加工坐标系设定在螺纹一端的中心，如图 9-166 所示。在参考坐标系中选中【链接 RCS 与 MCS】复选框，设置【指定平面】为 ZM-XM，单击【确定】按钮，完成设置。

图 9-164　【创建几何体】对话框

图 9-165　【MCS 主轴】对话框

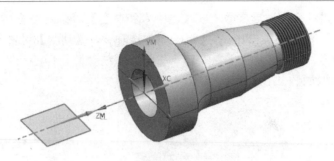

图 9-166 设定坐标系

step 02 创建工件几何体 WORKPIECE。在工序导航器中单击  MCS_SPINDLE_2 前的 "+" 按钮，展开坐标系父节点，双击其下的 WORKPIECE_2，打开【工件】对话框。单击 【指定部件】按钮，打开【部件几何体】对话框，选择【几何体】单选按钮，在绘图区选择锥孔零件作为部件几何体。单击两次【确定】按钮，完成设置。

step 03 创建车削加工几何体 TURNING_WORKPIECE_2。在工序导航器中单击 MCS_SPINDLE_2 前的 "+" 按钮，展开坐标系父节点，单击其下的 WORKPIECE_2 前的 "+" 按钮，展开工件几何体父节点，如图 9-167 所示。双击其下的 TURNING_WORKPIECE_2，打开 Turn Bnd 对话框，如图 9-168 所示。

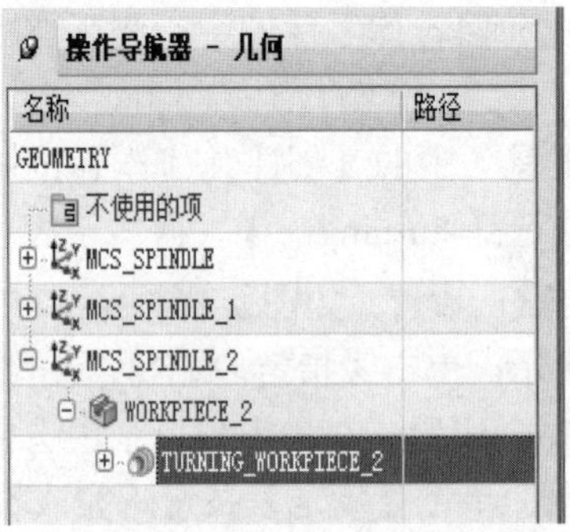

图 9-167 操作导航器的几何视图

图 9-168 Turn Bnd 对话框

设置车削边界参数，选择 Turn Bnd 对话框内【几何体】选项中的【指定毛坯边界】，在【选择毛坯】对话框中指定毛坯为【管材】。单击【选择】按钮，弹出【点】对话框，指定【安装位置】在工件的带螺纹端面处，【点位置】设置为【在主轴箱处】，【长度】设置为 100，【外径】设置为 55，【内径】设置为 24，如图 9-169 所示。毛坯的边界如图 9-170 所示。

step 04 创建刀具。单击【刀片】工具条中的【创建刀具】按钮，在【创建刀具】对话框中选择【类型】为 turning，选择【刀具子类型】为 ID_55_L，【名称】保持默认设置，如图 9-171 所示。

图 9-169 【选择毛坯】对话框

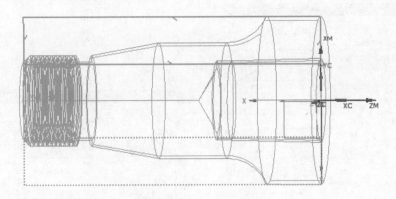

图 9-170 毛坯的边界

单击【确定】按钮，弹出【车刀-标准】对话框。在【刀具】选项卡中，【刀尖半径】设置为 0.2，其他参数保持系统默认设置，如图 9-172 所示。在【夹持器】选项卡中，选中【使用车刀夹持器】复选框，采用Φ16 的刀柄，【夹持器角度】设置为 180，其他参数根据机夹可转换车刀的实际尺寸进行设置，如图 9-173 所示。【跟踪】选项卡保持系统默认设置，如图 9-174 所示。

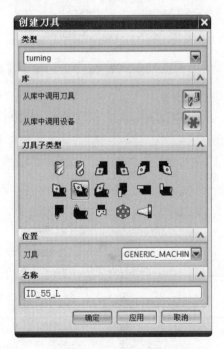

图 9-171 【创建刀具】对话框

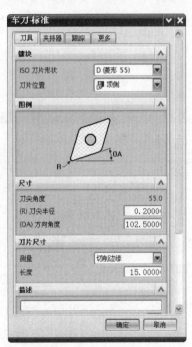

图 9-172 【刀具】选项卡

step 05 创建内孔粗镗 ROUGH_BORE_ID 操作。单击【刀片】工具条中的【创建工序】按钮，打开【创建工序】对话框。在【类型】下拉列表框中选择 turning，修改位置参数，【刀具】选择 ID_55_L，【几何体】选择 TURNING_WORKPIECE_2，【方法】选择 LATHE_METHOD，单击 ROUGH_BORE_ID 图标，【名称】保持默认设置，如图 9-175 所示。单击【确定】按钮，打开【粗镗 ID】对话框，如图 9-176 所示。

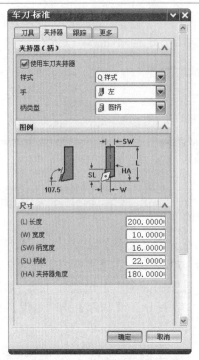

图 9-173 【夹持器】选项卡

图 9-174 【跟踪】选项卡

图 9-175 【创建工序】对话框

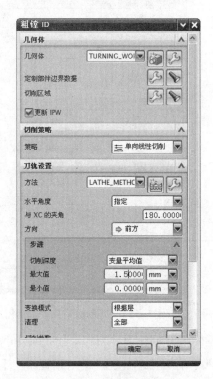

图 9-176 【粗镗 ID】对话框

step 06 修改刀轨设置。在主界面中，【切削深度】选择【变量平均值】，【最大值】设定为 1.5，其他保持系统默认设置，如图 9-176 所示。

step 07 设定余量。在【余量】选项卡的【粗加工余量】选项组下，孔的内表面设定为
【恒定】0.5，默认【面】和【径向】余量为 0，如图 9-177 所示。

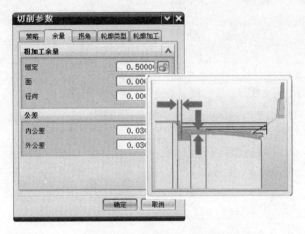

图 9-177　【余量】选项卡

【粗加工余量】选项组下，"恒定"指余量沿着表面均匀分布，适用于复杂的表面。
"面"指台阶端面的余量，如图 9-178 所示。"径向"指直径方向的余量，如图 9-179 所示。
如果三种余量同时设定，则总余量会在面方向和直径方向叠加。

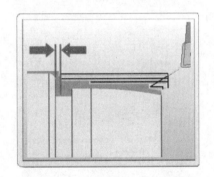 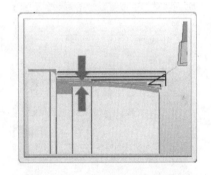

图 9-178　【面】余量示意图　　　　图 9-179　【径向】余量示意图

step 08 设置进刀/退刀。在【非切削移动】对话框中选择【进刀】选项卡，【进刀类
型】选择【线性-自动】。【退刀】设置与【进刀】设置相同。

step 09 设置逼近选项参数。在【非切削移动】对话框中选择【逼近】选项卡，如图 9-180
所示，在【运动到起点】选项中，【运动类型】选择【轴向->径向】；在【出发点】选项中，
【点选项】选择【指定】，单击【指定点】按钮，弹出【点】对话框，点的坐标设置为(100，
100，0)，如图 9-181 所示。单击【指定点】按钮，弹出【点】对话框，点的坐标设置为(10，
12，0)，如图 9-182 所示。在【运动到进刀起点】选项中，【运动类型】选择【自动】。

step 10 设置离开选项参数。在【非切削移动】对话框中选择【离开】选项卡，如图 9-183
所示，在【运动到返回点/安全平面】选项中，【运动类型】选择【自动】，单击【指定点】
按钮，弹出【点】对话框，点的坐标设置为(10，12，0)，如图 9-184 所示。在【运动到回
零点】选项中，【运动类型】选择【直接】，单击【指定点】按钮，弹出【点】对话框，
点的坐标设置为(100，100，0)，如图 9-185 所示，返回换刀点或者机械零点。

图 9-180 【逼近】选项卡

图 9-181 【点】对话框

图 9-182 指定运动到起点

图 9-183 【离开】选项卡

车刀逼近和离开的路径设定对车削零件非常重要，如果设定路径不正确，经常会出现"撞刀"的严重事故，因此要反复进行刀路的模拟，以确保车刀逼近和离开的路径正确。

step 11 设置进给率和速度参数。在主界面中单击【进给率和速度】按钮，弹出【进给率和速度】对话框。在【主轴速度】选项下，【输出模式】选择 RPM，选中【主轴速度】复选框，在【主轴速度】文本框中输入 800。在【进给率】选项下，【切削】设置为 0.2mmpr，其他参数保持系统默认设置，如图 9-186 所示。

step 12 生成刀位轨迹。单击【生成】按钮，系统计算出粗镗 ID 的刀位轨迹，如图 9-187 所示。

图 9-184 指定返回点/安全平面

图 9-185 指定回零点

图 9-186 【进给率和速度】对话框

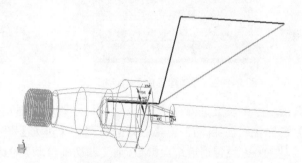

图 9-187 "粗镗 ID"的刀位轨迹

step 13　刀轨实体加工模拟。在主界面中单击【确定】按钮，弹出【刀轨可视化】对话框。选择【3D 动态】选项卡，单击下面的【播放】按钮，系统开始模拟加工的全过程。如图 9-188 所示为 3D 动态模拟。

图 9-188 3D 动态模拟

10. 内孔精镗加工

step 01　创建内孔精镗 FINISH_BORE_ID 操作。单击【刀片】工具条中的【创建工序】按钮，打开【创建工序】对话框。在【类型】下拉列表框中选择 turning，修改位置参数，【刀具】选择 ID_55_L，【几何体】选择 TURNING_WORKPIECE_2，【方法】选择 LATHE_FINISH，单击 FINISH_BORE_ID 按钮，【名称】保持默认设置，如图 9-189 所示。

单击【确定】按钮，打开【精镗 ID】对话框。保持【切削区域】、【切削策略】、【刀轨设置】的系统默认设置，如图 9-190 所示。

图 9-189 【创建工序】对话框

图 9-190 【精镗 ID】对话框

step 02 设置进刀/退刀。在【非切削移动】对话框中选择【进刀】选项卡，【进刀类型】选择【线性-自动】。【退刀】设置与【进刀】设置相同。

step 03 设置逼近选项参数。在【非切削移动】对话框中选择【逼近】选项卡，如图 9-191 所示，在【运动到起点】选项中，【运动类型】选择【轴向->径向】；在【出发点】选项中，【点选项】选择【指定】，单击【指定点】按钮，弹出【点】对话框，点的坐标设置为(100，100，0)，如图 9-192 所示。单击【指定点】按钮，弹出【点】对话框，点的坐标设置为(10，12，0)，如图 9-193 所示。在【运动到进刀起点】选项中，【运动类型】选择【自动】。

图 9-191 【逼近】选项卡

图 9-192 指定出发点

step 04　设置离开选项参数。在【非切削移动】对话框中选择【离开】选项卡，如图 9-194
所示，在【运动到返回点/安全平面】选项中，【运动类型】选择【自动】，单击【指定点】
按钮，弹出【点】对话框，点的坐标设置为(10，12，0)，如图 9-195 所示。在【运动到回
零点】选项中，【运动类型】选择【直接】，单击【指定点】按钮，弹出【点】对话框，
点的坐标设置为(100，100，0)，如图 9-196 所示，返回换刀点或机械零点。

图 9-193　指定运动到起点

图 9-194　【离开】选项卡

图 9-195　指定返回点/安全平面

图 9-196　指定回零点

step 05　设置进给率和速度参数。在主界面中单击【进给率和速度】按钮，弹出【进
给率和速度】对话框。在【主轴速度】选项下，【输出模式】选择 RPM，选中【主轴速度】
复选框，在【主轴速度】文本框中输入 1200。在【进给率】选项下，【切削】设置为 0.1mmpr，
其他参数保持系统默认设置。

step 06　生成刀位轨迹。单击【生成】按钮，系统计算出精镗 ID 的刀位轨迹，如
图 9-197 所示。

step 07 刀轨实体加工模拟。在主界面中单击【确定】按钮，弹出【刀轨可视化】对话框。选择【3D 动态】选项卡，单击下面的【播放】按钮 ，系统开始模拟加工的全过程。图 9-198 所示为 3D 动态模拟。

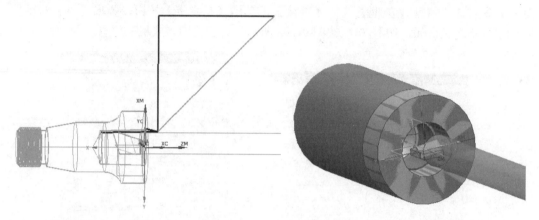

图 9-197 "精镗 ID" 的刀位轨迹   图 9-198 3D 动态模拟

11. 车削加工刀轨的后处理

在工序导航器中，选择创建的操作 FACING ，右击，在弹出的快捷菜单中选择【后处理】 命令，如图 9-199 所示，打开【后处理】对话框，如图 9-200 所示。在【文件名】文本框中输入文件名及路径。单击【应用】按钮，系统开始对选择的操作进行后处理，产生一个 9-2.ptp 文件，如图 9-201 所示，将 NC 文件输入数控机床，实现零件的自动控制加工。

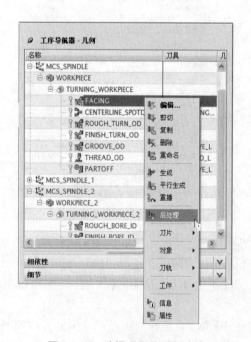

图 9-199 选择【后处理】命令

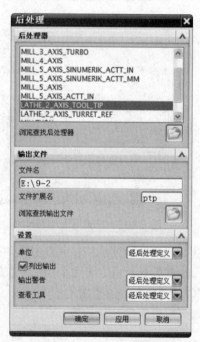

图 9-200 【后处理】对话框

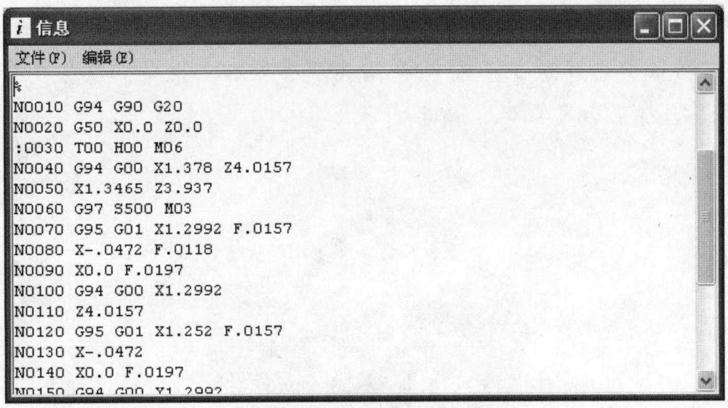

信息

文件(F) 编辑(E)

```
N0010 G94 G90 G20
N0020 G50 X0.0 Z0.0
:0030 T00 H00 M06
N0040 G94 G00 X1.378 Z4.0157
N0050 X1.3465 Z3.937
N0060 G97 S500 M03
N0070 G95 G01 X1.2992 F.0157
N0080 X-.0472 F.0118
N0090 X0.0 F.0197
N0100 G94 G00 X1.2992
N0110 Z4.0157
N0120 G95 G01 X1.252 F.0157
N0130 X-.0472
N0140 X0.0 F.0197
N0150 G94 G00 X1.2992
```

图 9-201　后处理信息

9.4　本章小结

本章主要介绍 UG NX 的常用数控车削加工模块的加工特点、创建的过程和各项参数的设置，最后通过一个轴类零件的实例，详细地介绍了各个加工模块，包括钻中心孔、钻孔、车外圆、车端面、镗孔、切槽、车螺纹、攻螺纹等，使读者有一个整体的认识，能够掌握 UG NX 数控车削加工的运用方法。

思考与练习

一、思考题

1. UG NX 数控车削加工的创建几何体下如何指定毛坯边界的参数？

2. 非切削移动参数的设置要注意哪些问题？

3. 简述各种车削加工中切削区域的设置方法。

二、练习题

1. 打开配套教学资源 "\exercise\9\9-1.prt" 文件，图 9-202 所示为液化气灶管接头，材料是黄铜。选用合适的刀具和加工方法对右端轮廓进行加工，同时用攻外螺纹的方法加工左端螺纹，并生成 NC 代码。

图 9-202　液化气灶管接头

2. 打开配套教学资源"\exercise\9\9-2.prt"文件，图 9-203 所示为典型的套类零件，材料是 45#钢。要求按如下工序加工：①钻头钻孔，去除加工余量；②采用外圆车刀粗加工、精加工外形轮廓；③内孔车刀粗车、精车内孔。

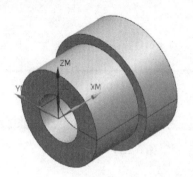

图 9-203　典型的套类零件

3. 打开配套教学资源"\cxcrcisc\9\9-3prt"文件，图 9-204 所示为典型的综合类回转体零件，毛坯尺寸为Φ60mm×82mm，预钻孔Φ20，材料是 45#钢，要求对零件编制刀路，并生成 NC 代码。

图 9-204　典型的综合类回转体零件

第 10 章　数控电火花线切割加工

学习提示：数控电火花线切割加工是一种直接利用电能进行材料加工的现代加工方法，不仅能加工各种各样的硬、脆、韧金属材料，而且还能加工各种各样的复杂精密零件。UG NX 线切割模块提供了无废料内部切割、工件内形切割、工件外形切割以及开放区域轮廓切割等几个加工子模块，这些模块基本满足了零件从两轴到四轴的线切割加工需求。本章主要介绍电火花线切割相关基本概念及工艺知识，以及如何在 UG NX 系统中实践数控线切割加工应用过程。

技能目标：使读者了解数控电火花加工、数控线切割加工的相关知识，通过实例的学习能够掌握数控电火花线切割加工模块操作的运用。

随着工业技术的发展，生产科研中常会用到一些形状复杂或高硬度材料的零件，这些零件的材料采用传统的切削、磨削方式很难达到预期的加工效果。20 世纪中叶，特种加工技术应运而生，特种加工技术主要利用电、声、光、热、化学能量进行加工，电火花线切割加工是比较常用的特种加工方法之一，在特种加工中它又属于电火花加工类。

10.1　数控线切割自动编程基础

10.1.1　线切割加工模块子类型

UG NX 的线切割模块包含无废料内部切割、工件内形切割、工件外形切割以及开放区域轮廓切割等几个加工子模块，按照机床联动方式又分为两轴和四轴加工方式。用户根据加工需要，灵活选择其中一个或者几个子模块，就可以完成零件的线切割加工任务。线切割加工模块子类型简介如表 10-1 所示。

两轴加工线切割机床只具有 *XY* 两轴联动，其电极丝垂直于工件的上下表面；四轴加工机床可以实现 *XYUV* 四轴联动，可以加工各种直纹面，包括柱面、锥面、锥台和上下异形面。

表 10-1　线切割加工模块子类型简介

子　按　钮	名　称	简　介
No Core	无废料内部切割	采用无废料切割方式把型腔内的材料全部腐蚀掉以完成加工，主要用于加工大深径比工件，该方式只能进行两轴加工
Internal Trim	工件内形切割	用于生成工件内腔轮廓的单次或多次切割轨迹，该方式可以进行两轴或四轴加工

续表

子 按 钮	名 称	简 介
External Trim	工件外形切割	用于生成工件外形轮廓的单次或多次切割轨迹，该方式可以进行两轴或四轴加工
Open Profile	开放区域轮廓切割	用于生成工件开放轮廓的单次或多次切割轨迹，该方式可以进行两轴或四轴加工
Wire EDM _CONTROL	线切割控制	定义机床控制事件，这些事件将生成后置处理命令并将直接传递给后置处理器
LATHE_USER	自定义线切割	刀轨由自己定制的 NX Open 程序生成

10.1.2　线切割刀具

UG NX 9.0.25 版本之前在线切割模块中没有电极丝定义选项，唯一需要指定的参数是电极丝的直径，在 UG NX 9.0.25 版本以后提供了电极丝定义选项。下面将通过实例来介绍 UG NX 线切割模块中电极丝的定义过程。

下面以 0.13mm 的电极丝为例介绍创建线切割刀具的过程。

step 01　调入工件。单击【打开】按钮，弹出【打开】对话框，选择"\part\10\10_1.prt"文件，选择【文件】|【加工】命令，进入加工环境。

step 02　创建刀具。单击【主页】工具条中的【创建刀具】按钮，打开【创建刀具】对话框，【类型】选择 wire_edm，如图 10-1 所示。单击【应用】按钮，打开刀具参数设置对话框。

图 10-1　【创建刀具】对话框

step 03　设置刀具参数。在【线刀具】对话框中选择【刀具】选项卡，【直径】设定为 0.13，如图 10-2 所示。

step 04　设置电极丝夹持器参数。在【线刀具】对话框中选择【引导线】选项卡，设定电极丝夹持器【直径】为 15，【长度】为 10，【锥角】为 5，【拐角半径】为 3，如图 10-3 所示。

step 05　保存部件。

电极丝夹持器相当于慢走丝线切割机床上的上下导向器，对于快走丝线切割机床相当于走丝系统的上下导轮，如果定义了电极丝夹持器，则 UG NX 在进行刀轨运算时将检查走丝系统是否与工件及夹具存在碰撞。

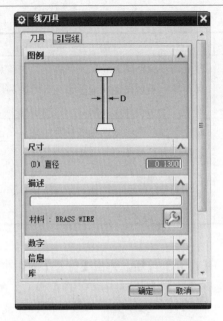

图 10-2   【刀具】选项卡

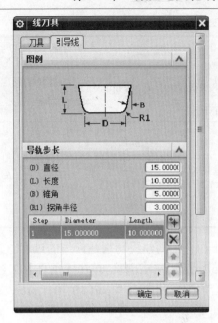

图 10-3   【引导线】选项卡

10.1.3   线切割几何体

线切割模块中的几何体是由边界组成的，被加工零件的三维实体在线切割模块中仅仅起到干涉检查及提供实体表面以便于用户选择边界的作用，在两轴线切割加工中电极丝垂直于工件的上、下表面，只需要选择上、下表面或者边界线或者一系列点即可定义线切割几何体；在四轴线切割加工中可以通过选择顶面、侧面或者线框几何体方式定义线切割几何体。在定义线切割几何体的时候需要定义线切割的轴数，不同的线切割轴数决定了不同的线切割几何体的定义方法。

在 UG NX 线切割模块中，几何体的子类型简介如表 10-2 所示。

表 10-2   线切割几何体子类型简介

子 按 钮	名 称	简 介
MCS MCS_WIRE	加工坐标系	加工坐标系是刀位轨迹中输出点的参考坐标系
WORKPIECE	工件几何体	WORKPIECE 是线切割加工中的工件几何体，包括部件、毛坯、检查体等。线切割模块中的工件几何体的主要功能是在干涉检查时使用
SEQUENCE_INTERNAL_ TRIM	内轮廓顺序切割几何体	建立两轴或四轴内轮廓几何体组，在该几何体组下系统自动生成一系列内轮廓的切割操作，包括粗加工、切除加工和精加工

续表

子按钮	名　称	简　介
 SEQUENCE_EXTERNAL_TRIM	外轮廓顺序切割几何体	建立两轴或四轴外轮廓几何体组，在该几何体组下，系统自动生成一系列外轮廓的切割操作，包括粗加工、切除加工和精加工
WEDM_GEOMETRY	线切割几何体	建立单独的两轴或四轴线切割边界，在该线切割边界下系统不生成操作，用户在后续定义操作时需要指定该几何体是使用无废料内部切割、工件内形切割、工件外形切割以及开放区域轮廓切割方式来生成线切割刀轨

下面介绍创建线切割几何体的过程。

step 01　调入工件。单击【主页】工具条中的【打开】按钮，弹出【打开】对话框，选择配套教学资源中的"\part\10\10_1.prt"文件，选择【文件】下拉菜单中的【加工】命令，进入加工环境。该文件中有 3 个几何体，分别是实体圆柱、实体圆锥和线框圆锥，需要为每一个几何体构建线切割几何体。

step 02　创建加工坐标系。进入加工环境后，系统默认建立一个MCS_WEDM加工坐标系且位于实体圆柱的下表面，可以把该坐标系作为圆柱体的加工坐标系。现需要为实体圆锥和线框圆锥分别建立另外两个加工坐标系。单击【主页】工具条中的【创建几何体】按钮，打开【创建几何体】对话框，选择【类型】为wire_edm，选择【几何体子类型】为 MCS_WEDM，输入【名称】为MCS_WEDM_CONE，如图10-4所示。单击【应用】按钮，打开【MCS 线切割】对话框，如图10-5所示。在【MCS线切割】对话框中单击【CSYS 对话框】按钮，选择锥形实体底面圆心建立第二个加工坐标系。采用同样的方法为线框圆锥几何体建立 MCS_WEDM_WIREFRAME 加工坐标系。此时在工序导航器中将出现 3 个加工坐标系，如图10-6所示。

图 10-4　【创建几何体】对话框

图 10-5　【MCS 线切割】对话框

图 10-6　加工坐标系及工件几何体

step 03 创建工件几何体。建立了加工坐标系后，系统会自动在每一个加工坐标系下建立一个工件几何体，如图 10-6 所示。在此仅需要分别为每个加工几何体赋予相应的实体即可。双击【工序导航器】中【MCS_WEDM】节点下工件几何体【WORKPIECE】，弹出【工件】对话框，如图 10-7 所示，包括指定部件、指定毛坯、指定检查体等，单击【指定部件】按钮，弹出【部件几何体】对话框，如图 10-8 所示。选择实体圆柱，此圆柱工件几何体将以加工坐标系 MCS_WEDM 为父节点，后续该圆柱几何体操作将以 MCS_WEDM 为坐标原点输出刀轨迹。执行类似的步骤定义【WORKPIECE_CONE】为实体圆锥。

图 10-7 【工件】对话框

图 10-8 【部件几何体】对话框

同样可以分别为两个实体定义毛坯几何体，其定义方法同铣加工。另外，部件线框几何体不能定义工件几何体。

step 04 创建两轴外轮廓顺序切割几何体。步骤 03 构建的"部件几何体"的主要作用是提供给 UG NX 系统做干涉检查使用，在创建线切割加工程序时必须定义"线切割几何体"。单击【主页】工具条中的【创建几何体】按钮，打开【创建几何体】对话框，选择【类型】为 wire_edm，选择【几何体子类型】为 SEQUENCE_EXTERNAL_TRIM ，选择【位置】中的【几何体】WOEKPIECE 作为父节点，如图 10-9 所示。

单击【应用】按钮，弹出【顺序外部修剪】对话框，如图 10-10 所示。【刀具】选择【WIRE(线刀具)】，单击【几何体】中的【选择或编辑几何体】按钮，弹出【线切割几何体】对话框，如图 10-11 所示。

图 10-9 【创建几何体】对话框

图 10-10 【顺序外部修剪】对话框

该对话框是用来定义线切割几何体的主要对话框的，在该对话框中应先选择【轴类型】，不同的轴类型对应着不同的线切割几何体定义方法，本步骤需要创建圆柱实体的外轮廓几何体，该几何体采用两轴加工，因此选择【轴类型】为两轴 ![icon]。在【过滤器类型】中有 3 种选择方法，分别是【面边界】![icon]、【线边界】![icon] 和【点边界】![icon]。本步骤是建立外轮廓顺序切割几何体，如果选择【面边界】将会把圆柱体的内外边界全部选中，因此单击【线边界】并选择圆柱体的上表面的外圆作为线切割几何体，单击【确定】按钮，返回到【顺序外部修剪】对话框，单击【确定】按钮，则该圆柱的外轮廓顺序切割几何体构建完成。此时在工序导航器的几何视图中将出现新建的几何体 SEQUENCE_EXTERNAL_TRIM，同时可以发现系统自动建立了 3 个子操作 EXTERNAL_TRIM_ROUGH、EXTERNAL_RIM_CUTOFF、EXTERNAL_TRIM_FINISH，图 10-12 所示。

图 10-11 【线切割几何体】对话框

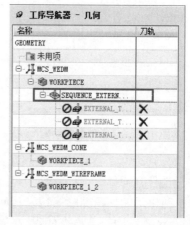

图 10-12 顺序外部修剪线切割几何体及其子操作

step 05 创建两轴内轮廓线切割几何体。单击【主页】工具条中的【创建几何体】按钮，在弹出的【创建几何体】对话框中选择【类型】为 wire_edm，选择【几何体子类型】为 WEDM_GEOM ![icon]，选择【位置】WORKPIECE 作为父几何体，单击【应用】按钮，弹出【线切割几何体】对话框，单击【几何体】中的【选择或编辑几何体】按钮 ![icon]，弹出【线切割几何体】对话框，选择【轴类型】为两轴 ![icon]，【过滤器类型】为曲线 ![icon]，选择圆柱几何体上表面键槽孔的 4 条边，单击【确定】按钮，返回【线切割几何体】对话框，单击【确定】按钮，完成该圆柱几何体的两轴内轮廓线切割几何体的定义，在工序导航器的几何视图中将出现新建立的线切割几何体 WEDM_GEOM，如图 10-13 所示。

注意线切割几何体和顺序切割几何体的区别，线切割几何体仅仅建立了线切割边界，其下不包括操作，而顺序切割几何体系统将自动为其建立一系列的预先定义的子操作。

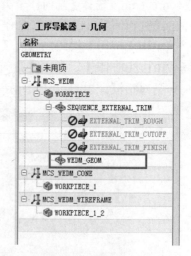

图 10-13 线切割几何体 WEDM_GEOM

step 06　创建四轴外轮廓顺序切割几何体。单击【主页】工具条中的【创建几何体】按钮，在【创建几何体】对话框中，设置【类型】为 SEQUENCE_EXTERNAL_TRIM，【位置】选择 WORKPIECE_CONE 作为父几何体，单击【应用】按钮，在弹出的【线切割几何体】对话框中单击【选择或编辑几何体】按钮，在弹出的【线切割几何体】对话框中的【轴类型】选择【四轴】，【过滤器类型】选择【顶面】，选择实体圆锥的上表面，单击【确定】按钮，返回到【顺序外部修剪】对话框，单击【确定】按钮，完成 4 轴外轮廓顺序切割几何体的创建。

step 07　创建四轴线框外轮廓线切割几何体。当使用线框几何体来构建线切割几何体时，所使用的线框几何体必须符合以下几个条件。

- 每一个下边界的两端由侧边线和上边界连接形成一个四边形；
- 连接上下边界的侧边必须为直线；
- 上下边界及侧边线之间的间隙小于系统公差；
- 侧边线的锥度角必须小于 45°。

单击【主页】工具条中的【创建几何体】按钮，在【创建几何体】对话框中，设置【类型】为 wire_edm，单击【应用】按钮，在弹出的【线切割几何体】对话框中单击【选择或编辑几何体】按钮，在弹出的【线切割几何体】对话框中的【轴类型】选择【四轴】，在【过滤器类型】中选择【线框几何体】，单击【成链】按钮，弹出【成链】对话框，选择链开始曲线[见图 10-14(a)]和链结束曲线[见图 10-14(b)]。系统自动选择该线框模型底边 4 个圆弧曲线，并回到【线切割几何体】对话框，单击【确定】按钮，返回到【线切割几何体】对话框，再次单击【确定】按钮，完成四轴线框外轮廓线切割几何体的定义。

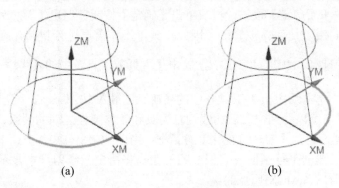

(a)　　　　　　　　　　　(b)

图 10-14　链曲线的选择

step 08　保存部件。

10.1.4　线切割刀轨参数的设置

本小节将介绍线切割加工相关参数的设置，主要包括割线设置、控制点、刀轨设置、切削参数设置、进刀/退刀设置等。其他参数的设置会在后面的加工实例中分别介绍。

1. 割线设置

线切割机床的走丝系统中有上下丝架，在 UG NX 中可以通过割线设置来确定上下丝架之间的距离，具体通过割线设置来完成，位置位于【切削参数】的【策略】选项卡中。下

面介绍割线设置的过程。

step 01 单击【打开】按钮，弹出【打开】对话框，选择配套教学资源中的
"\part\10\10_2.prt"文件。

step 02 切换工序导航器为几何视图，展开线切割几何体 SEQUENCE_EXTERNAL_
TRIM，选择 EXTERNAL_TRIM_ROUGH 子操作，如图 10-15 所示，单击【主页】工具条
中的【确认刀轨】按钮，弹出【刀轨可视化】对话框，在图形窗口可以看到线切割刀具
和实体圆柱之间的关系，如图 10-16 所示。单击【取消】按钮，退出【刀轨可视化】对话框。

图 10-15　工序导航器

图 10-16　电极丝的位置

step 03 在工序导航器中双击线切割几何体 SEQUENCE_EXTERNAL_TRIM，弹出【顺
序外部修剪】父几何体的编辑对话框，单击【切削参数】按钮，在弹出的【切削参数】
对话框中修改【割线设置】中的【下部平面 ZM】的值为-5，【下导轨偏置】的值为 5，如
图 10-17 所示。单击【确定】按钮，再次单击【确定】按钮，退出【顺序外部修剪】父几何
体的编辑对话框。由于几何体被修改，因此，其子操作需要进行更新，在工序导航器中选
择子操作 EXTERNAL_TRIM_ROUGH，单击【主页】工具条中的【生成刀轨】按钮，
该子操作被更新。单击【主页】工具条中的【确认刀轨】按钮，弹出【刀轨可视化】
对话框，在图形窗口可以看到修改后的线切割刀具和实体圆柱之间的关系，如图 10-18 所示。
单击【取消】按钮，退出【刀轨可视化】对话框。由图 10-18 可知，上、下平面是用来指定
电极丝导轮或夹持器的平行平面，它们之间的距离将决定三维刀具中显示的电极丝长度，
其值是参照加工坐标系(MCS)原点的。

step 04 保存部件。

图 10-17　【切削参数】对话框

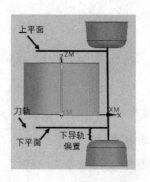

图 10-18　电极丝的位置

2. 控制点

在线切割刀轨规划时，需要确定线切割轨迹的穿丝孔点、起切点及退出点，在一些特殊工件的加工工艺中为了避免封闭走丝路线造成切割完成后零件脱离毛坯，需要在走丝路线中预留断口，这些特殊的位置在 UG NX 线切割中需要通过线切割几何体中的【控制点】对话框来进行设置。在【控制点】对话框中可以定义以下内容。

- 穿丝孔点(thread hole point)，用来定义电极丝通过上下导轮的位置点。如果没有定义引入点，系统会以离穿丝孔点最近的线切割几何体边界作为切割的起始点；如果没有定义穿丝孔点，系统将以线切割边界的开始点作为线切割的起始点。
- 前导点(lead in point)，用来辅助定义边界的切割起始点。前导点一般也作为后导点来使用，如果前导点没有设置在线切割边界上，系统将会以离前导点最近的线切割几何体边界作为切割的起始点。
- 退刀点(retract point)，电极丝从后导点退出后到达的点。
- 搭条点(tab point)，用来定义预留断口的位置。在线切割加工过程中，预留断口处不进行切割，用来额外支撑被加工零件。可以定义多个搭条点。

在【非切削移动】对话框的【避让】选项卡中可以定义出发点(from)和回零点(go home)，其中出发点是线切割移动的开始点，回零点是线切割移动的最后一个位置。图 10-19 为各个控制点示意图。

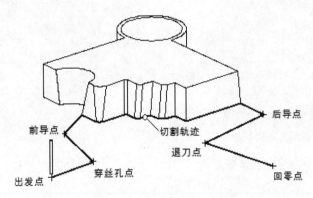

图 10-19　各个控制点示意图

下面介绍控制点的设置过程。

step 01　单击【打开】按钮，弹出【打开】对话框，选择配套教学资源中的"\part\10\10_2.prt"文件。

step 02　切换工序导航器为几何视图，展开线切割几何体 SEQUENCE_EXTERNAL_TRIM，选择 EXTERNAL_TRIM_ROUGH 子操作，在图形区域将出现 EXTERNAL_TRIM_ROUGH 的刀轨，如图 10-20 所示。

step 03　在工序导航器中双击 SEQUENCE_EXTERNAL_TRIM 外轮廓顺序切割几何体，弹出【顺序外部修剪】对话框，在该对话框中单击【选择和编辑几何体】按钮 ⬥，弹出【编辑几何体】对话框，单击【控制点】按钮，弹出【控制点】对话框，如图 10-21 所示，在【穿丝孔点】选项下的【点选项】下拉列表框中选择【指定】，使用【点选择】对话框选择穿丝孔点。同理选择前导点、退刀点及搭条点，如图 10-22 所示。连续单击【确定】按钮，完成外轮廓顺序切割几何体的编辑。

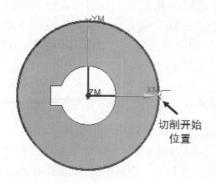

图 10-20　EXTERNAL_TRIM_ROUGH 的刀轨　　　图 10-21　【控制点】对话框

step 04　由于线切割父几何体 SEQUENCE_EXTERNAL_TRIM 被修改，因此其子操作 EXTERNAL_TRIM_ROUGH 需要更新，在工序导航器中选择子操作 EXTERNAL_TRIM_ ROUGH，在【主页】工具条中单击【生成刀轨】按钮 生成刀轨，刀轨被更新，如图 10-23 所示。

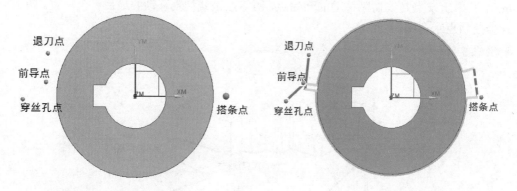

图 10-22　控制点选择位置　　　　　　　　　图 10-23　更新后的刀轨

step 05　保存部件。

3. 刀轨设置

在操作主界面上或者在内外轮廓顺序切割几何体主界面上可以进行刀轨设置，下面以外轮廓切割为例说明其主要参数。图 10-24 所示为外轮廓切割的刀轨设置界面。

- 在【方法】下拉列表框中可以选择预先定义的方法组，或者单击按钮，弹出【新建方法】对话框，单击【确定】按钮，弹出【线切割方法】对话框，如图 10-25 所示，在其中设定内外公差、进给速度以及刀轨显示等参数。
- 【切除刀路】允许生成切除刀轨，在多次切割中为了避免被切割工件掉落往往需要设置一个或多个预留断口，这些预留断口留到轮廓切削完成后进行切除。其中切除刀路可以设置为一个或多个，设置多个切除刀路有利于提高断口的表面粗糙度。当设置为多个切除刀路时可以选择切除优先或区域优先，当选择切除优先时系统先切除每一次切割中的多个断口；当选择区域优先时系统先多次切除一个断口，然后移动到下一个断口再多次切除。

图 10-24　外轮廓切割的刀轨设置

图 10-25　【线切割方法】对话框

- 【粗加工刀路】用于设置粗加工刀路的数目，如果设置值为 0，则不生成粗加工刀路。
- 【精加工刀路】用于设置精加工刀路的数目，如果设置值为 0，则不生成精加工刀路。
- 【切除距离】用于设置预留断口的长度。

4. 切削参数设置

在操作主界面上或者在内外轮廓顺序切割几何体主界面上单击【切削参数】按钮，即可弹出【切削参数】对话框，其中包括【策略】、【拐角】和【更多】选项卡，如图 10-26 所示。下面以内外轮廓切割为例说明其中参数的含义。

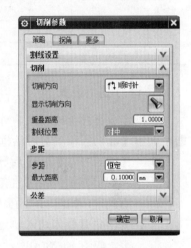

图 10-26　【切削参数】对话框

- 【切削方向】用于设置刀路的切割方向，其切割方向可以是交替、顺时针和逆时针。
- 【重叠距离】用于设置刀路中沿轮廓超越开始切割位置的一段距离，即当电极丝绕工件轮廓切割一周回到起始切割位置时不立刻切出工件，而是继续沿着已经切割完成的轮廓继续切割一段距离，这有利于消除开始切入位置的切痕。
- 【割线位置】可以设置电极丝的位置为【对中】或【相切】。当设置为【对中】时，电极丝沿着工件轮廓进行切割，如图 10-27(a)所示；当设置为【相切】时，电极丝由工件轮廓偏置步距值，如图 10-27(b)所示。
- 【步距】用于设置多次切割时的工件边界的偏置值。其值可以是：①恒定，步距恒定且不能大于电极丝的直径；②多个，可以为每个刀路设置不同的偏置值，其值为相对于前一个刀路的偏置值；③线切割百分比，步距恒定其值为电极丝的直径百分比；④每条刀路的余量，步距依次为刀轨离开最后一次精加工刀轨的距离，最后一次精加工路径离开工件轮廓的值取决于电极丝直径和放电间隙，因此其数目为粗加工、精加工刀路之和减 1，其值必须递增且增量必须小于电极丝直径，如在【刀轨设置】中设定粗加工刀路和精加工刀路各为 2 次，故只需要 3 次步距值，就可以依次设定如表 10-3 所示的步距值。

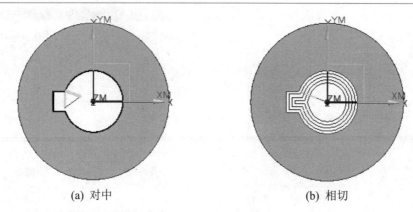

(a) 对中　　　　　　　　　　　　　(b) 相切

图 10-27　割线位置

表 10-3　步距—每条刀路的余量

加工类型	刀　路	余　量	说　明
精加工	1	0.1	离开最后一次精加工的偏置值
粗加工	2	0.2	离开最后一次精加工的偏置值
粗加工	3	0.3	离开最后一次精加工的偏置值

5. 进刀/退刀设置

在操作主界面上或者在内外轮廓顺序切割几何体主界面上单击【切削参数】按钮，即可调出【非切削移动】对话框，从中可以设置进刀/退刀方法。

- 【前导方法】、【后导方法】。在设置电极丝切入切出工件时可以设置电极丝切入切出方法为：①直接，电极丝垂直于工件轮廓切入工件，其切入长度由切入距离确定，如图 10-28(a)所示；②角度，电极丝切入工件时和工件轮廓构成一定的角度，角度值为切入轨迹和第一刀切割轨迹之间的夹角，其切入长度由切入距离确定，如图 10-28(b)所示；③圆形，电极丝以圆弧方式相切于工件轮廓切入工件，其切入长度由圆弧半径和弧度决定，如图 10-28(c)所示。

(a) 直接　　　　　　　　　(b) 角度　　　　　　　　　(c) 圆形

图 10-28　进退刀设置

- 【切入距离】、【切出距离】：用于定义直接和角度这两种前后导方法的切入切出距离。
- 【前导角】：用于定义角度这种前后导方法的切入切出角。
- 【刀具补偿距离】：用于定义在切入切出工件刀轨前或后建立或撤销刀具补偿所需要的一段直线距离，在这一段直线距离中，电极丝由非刀补状态逐步建立起刀补状态或由刀补状态逐步撤销为非刀补状态。
- 【刀具补偿角】：对于角度和圆弧切入或切出前后导方式，用于定义补偿状态建立段和切入切出段之间的夹角；对于直接切入或切出方式没有这个选项，其补偿建立或撤销段总是和工件轮廓垂直。

10.2　典型线切割零件数控加工实例

10.2.1　实例图纸工艺分析

图 10-29 所示为一个冲压电机转子硅钢片的冲模中的凹模镶件加工实例，冲件材料为 0.5mm 的硅钢板材，由于被冲材料具有一定的硬度，因此镶件材料采用硬质合金。冲裁间隙取单边为 0.08mm，刃口直壁部分为 8mm，考虑到落料，因此在刃口直壁往下的部分设置斜度为 1° 的落料孔。

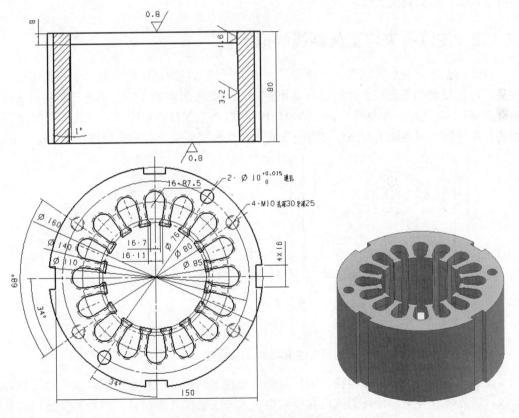

图 10-29　电机转子凹模镶件

如图 10-29 所示，该模具多数加工尺寸为未注公差，精度较高的尺寸为两个销孔，其尺寸公差为 Φ10～Φ10.015，加工表面粗糙度不大于 Ra1.5μm，从各项指标来看，其属于比较普通的落料模。目前，国内企业生产的高速走丝线切割加工设备，其加工精度普遍达到±0.01mm，在导向装置、工作液质量及放电参数使用合理的情况下，加工此类模具不存在问题，为了控制成本，并非一定要采用精度很高的低速走丝线切割机床，完全可以考虑采用国产普通高速走丝线切割机床进行加工。

该模具镶件为圆盘形的工件，由内部形状，两个 2-Φ10 的定位销孔、4-M10 的螺栓孔及 4mm×16mm 的矩形槽组成，对于 Φ160 外圆及上下平面可以由车床进行加工，4-M10 的螺栓孔画线后在普通钻床上加工。需要注意的是，螺纹孔的加工必须在热处理之前进行。由于 2-Φ10 的定位销孔位一般都有位置度的要求，因此，需要进行线切割加工的部位为内部形状，两个 2-Φ10 的定位销孔及 4mm×16mm 的矩形槽。对于内部的形状，由图 10-29可知，其分为两个部分，一部分为 8mm 高的刃口部分，刃口以下为锥度为 1° 的落料部分，落料部分的精度对于该模具镶件来说并不重要，因此只要实施一次切割就可以了，而 8mm高的刃口部分由于需要较高的精度及表面粗糙度，往往需要两次以上的切割修整才能达到要求。对于内部形状有两种切割方案，第一种方案是先切割刃口直线部分，再切割锥度部分；第二种方案是先切割锥度部分，再切割刃口直线部分。如果先切割刃口直线部分，由于料厚，需要较长时间，紧接着切割斜度部分，其材料厚度仅仅减少了 8mm，因此也需要较长时间。如果先切割斜度部分，斜度部分加工完成后，加工刃口部分就剩余 8mm 左右的高度了，切割时间将大大缩短。

10.2.2 定位装夹与工艺路线的拟定

经过以上工艺分析可以看出，该零件需要进行线切割的部位较分散，如果使用悬臂式装夹，可供安装的平面较小会造成安装不稳定，因此选用两端支撑方式进行装夹，安装稳定可靠。装夹时避开工件两端 16mm 的矩形槽位置，并且保持矩形槽的角点离开工作台 5mm左右，这样所有需要加工的部位可以一次装夹全部加工完成，其装夹位置如图 10-30 所示。

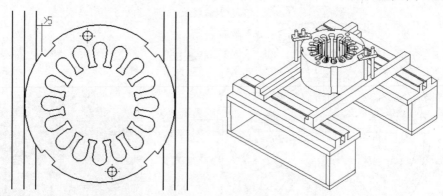

图 10-30 装夹位置

在进行线切割加工前需要找正工件并确定电极丝与工件的相对位置，由于该工件为圆盘状，可以考虑使用零件外圆或内孔确定电极丝与工件的相对位置，但是本例使用的是两端支撑方式进行装夹，这样会给加工人员带来不便，因此考虑装夹前加工好内孔并保证其精度，使用自动找中心的方法让电极丝在工件孔中心定位。

经过上述工艺分析，具体的线切割加工工艺方案如表 10-4 所示。

表 10-4　电机转子凹模镶件的线切割加工工艺方案

工序号	加工内容	加工方式	留余量面/径向(mm)	机　床	刀　具	夹　具
10	车削端面	车削	0.5	车床	外圆车刀	三爪卡盘
10.1	钻中心孔	钻削	0	车床	中心钻Φ2.5	三爪卡盘
10.2	钻孔至Φ24.5	钻削	0	车床	Φ24.5 钻头	三爪卡盘
10.3	镗孔至Φ25	镗削	0	车床	Φ25 镗刀	三爪卡盘
10.4	外圆粗车至Φ161	车削	0.5	车床	外圆车刀	三爪卡盘
10.5	切断	车削	0.5	车床	切断刀	三爪卡盘
20	钻穿丝孔	钻削	0	钻床	Φ5 钻头	压板
30	热处理					
40	磨外圆至尺寸Φ160	磨削	0	外圆磨床	砂轮	心轴
50	磨内孔至尺寸Φ26	磨削	0	内圆磨床	砂轮	三爪卡盘
60	磨平面至尺寸Φ80	磨削	0	平面磨床	砂轮	电磁吸盘
70	线切割刃口锥面	线切割	0	快走丝线切割机	Φ0.13 钼丝	压板
70.1	多次切割刃口直面	线切割	0.2/0.1/0	快走丝线切割机	Φ0.13 钼丝	压板
70.2	线切割 2-Φ10 定位销孔	线切割	0	快走丝线切割机	Φ0.13 钼丝	压板
70.3	线切割 4～16mm 的矩形槽	线切割	0	快走丝线切割机	Φ0.13 钼丝	压板

10.2.3　穿丝孔、起切点及走丝路线与工艺参数的确定

本例中需要进行线切割加工的部位有内部形状，两个Φ10 的定位销孔以及 4mm×16mm 的矩形槽，其中 4mm×16mm 的矩形槽可直接从零件外部切入。需要注意的是，在确定开始切割位置时应该避免和装夹部位干涉，其切入位置可以取矩形槽短边的延长线上 3mm 处，起始切割点为矩形槽的短边和外圆的交点处；对于内部形状及两个Φ10 孔则需要分别预先加工好穿丝孔，两个Φ10 孔的穿丝孔可以设置在孔的圆心，为了避免切入位置留有切割痕迹，可以采用圆弧切入方法；对于内部形状，虽然有预先加工的供工件定位使用的Φ26 的孔，但是其离工件内部形状较远，如果以这个孔作为穿丝孔将造成空切割时间过长，降低加工效率，因此内部形状的穿丝孔设置在离内部形状较近处，起切点选择内孔与短直线的交点处，如图 10-31 所示。

由线切割加工工艺方案可知，在线切割加工刃口锥面时，由于这部分仅仅起到落料作用，加工要求不高，因此可以采用较大的电参数进行加工，本例选择的刃口锥面加工电参数为脉冲宽度 50μs、加工电流 2A。对于内部刃口直面部分及定位要求较高的Φ10 的定位

销孔可采用多次切割工艺，第一次切割所用的脉冲宽度为30μs、加工电流为3A；第二次切割所用的脉冲宽度为8μs、加工电流为1.5A；第三次切割所用的脉冲宽度为1μs、加工电流为0.8A。

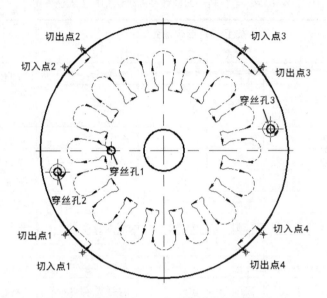

图 10-31　穿丝孔、起切点及走丝路线

10.2.4　数控线切割实例操作

1. 线切割刃口锥面

按照线切割加工的工艺要求，刃口锥面是数控线切割加工的第一个加工操作。下面详细介绍其刀轨的创建过程。

step 01 导入零件。单击【打开】按钮，弹出【打开】对话框，选择配套教学资源中的"\part\10\10-3.prt"文件，单击 OK 按钮。

step 02 初始化加工环境，在【要创建的 CAM 设置】选项组中选择 wire_edm，进入加工环境。

step 03 创建线切割加工坐标系。在工序导航器中，双击坐标系 MCS_WEDM，打开【MCS 线切割】对话框，单击【指定 MCS】按钮，在绘图区选择工件底面圆弧，将加工坐标系设定在工件底面圆心，如图 10-32 所示。

step 04 创建工件几何体 WORKPIECE。在工序导航器中双击 WORKPIECE，打开【工件】对话框，单击【指定部件】按钮，打开【部件几何体】对话框，在绘图区选择镶件几何体。单击两次【确定】按钮完成设置。

step 05 创建线切割几何体。在工序导航器中右击 WORKPIECE，在弹出的快捷菜单中选择【插入】|【几何体】命令，打开【创建几何体】对话框，选择 WEDM_GEOM，单击【确定】按钮，单击【选择和编辑几何体】按钮，打开【线切割几何体】对话框，选择【轴类型】为四轴，【过滤器类型】设置为顶面，在绘图区选择镶件几何体的底

面，单击两次【确定】按钮，完成设置。

step 06 创建控制点。在工序导航器中双击刚刚建立的线切割几何体 WEDM_GEOM，打开【线切割几何体】对话框，单击【选择和编辑几何体】按钮，打开【编辑几何体】对话框，单击【控制点】按钮 控制点，打开【控制点】对话框，在【穿丝孔点】选项下的【点选项】下拉列表框中选择【指定】，选择内部形状的穿丝孔点，在【前导点】选项下的【点选项】下拉列表框中选择【指定】，选择内部形状的切削开始位置，单击三次【确定】按钮，完成设置，如图 10-33 所示。

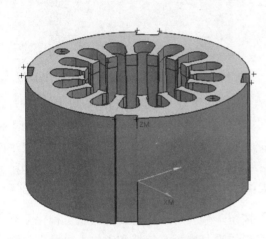

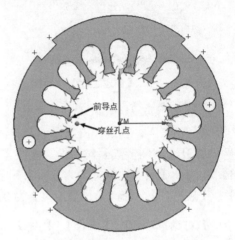

图 10-32　加工坐标系　　　　　　　　图 10-33　控制点设置

step 07 创建线切割刀具。单击【主页】工具条中的【创建刀具】按钮，打开【创建刀具】对话框，在【名称】文本框中输入 WIRE_0.13mm，单击【确定】按钮，打开【线刀具】对话框，在【刀具】选项卡中修改电极丝的【尺寸】选项的【(D)直径】为 0.13mm；切换到【引导线】选项卡，修改【导轨步长】选项的【(D)直径】为 25mm，【(L)长度】为 30mm，【(B)锥角】为 5°，【(R1)拐角半径】为 5mm，单击【确定】按钮，完成设置。

step 08 创建内部形状四轴线切割操作。在工序导航器中右击 WEDM_GEOM，选择【插入】|【工序】命令，打开【创建工序】对话框，确认【类型】为 wire_edm，在【工序子类型】中选择【内部修剪】，在【位置】选项组的【刀具】下拉列表框中选择刚刚建立的【WIRE_0.13mm】线刀具，如图 10-34 所示，单击【确定】按钮，打开【内部修剪】对话框，修改【刀轨设置】选项组的【粗加工刀路】为 0，【精加工刀路】为 1，【反割距离】为 0，如图 10-35 所示，单击【确定】按钮，完成设置。

由工艺分析可知，落料部分的精度对于该模具镶件来说并不重要，只要实施一次切割运动即可，因此在粗精加工刀路中只需要设置一个精加工刀路。

step 09 生成刀具轨迹并进行仿真。在工序导航器中双击刚刚生成的刀轨 INTERNAL_TRIM，单击【操作】|【生成刀轨】按钮 生成刀轨，单击 打开【刀轨可视化】对话框，选择【重播】|【显示选项】|【刀具】，单击【播放】按钮 ，检查刀具路径，可以发现其电极夹持器和工件干涉，如图 10-36 所示。同时刀轨运动方向是由系统根据线切割几何边界生成的，单击两次【确定】按钮，完成仿真。

图 10-34 【创建工序】对话框

图 10-35 【内部修剪】对话框中的刀轨设置

step 10 修改刀轨参数，重新生成刀轨。在工序导航器中双击刚刚生成的刀轨，打开【内部修剪】对话框，单击【刀轨设置】选项组的【切削参数】按钮，打开【切削参数】对话框，修改【策略】选项卡下的【割线设置】中的【上部平面ZM】为 80，【上导轨偏置】为 5，【下导轨偏置】为 5，修改【切削】选项组的【切削方向】为【顺时针】，修改【重叠距离】为 0，如图 10-37 所示。单击【确定】按钮，回到【内部修剪】对话框，单击【操作】|【生成刀轨】按钮，单击打开【刀轨可视化】对话框，单击【播放】按钮，检查刀具路径，可以发现其电极夹持器和工件不再发生干涉，仔细检查最后一段刀轨，发现其并没有回到最初的穿丝孔的位置，单击【确定】按钮，回到【内部修剪】对话框，单击【刀轨设置】选项组的【非切削移动】按钮，打开【非切削移动】对话框，在【避让】选项卡中选择【回零点】选项下的【点选项】为【指定】，单击【指定点】按钮，打开【点】对话框，在图形窗口中选择内部形状的穿丝孔点，如图 10-33 所示，单击两次【确定】按钮，回到【内部修剪】对话框，单击【操作】|【生成刀轨】，单击打开【刀轨可视化】对话框再次检查刀轨。单击两次【确定】按钮，完成刀轨参数的修改。

step 11 保存该部件到工作目录中。在菜单栏中选择【文件】|【保存】|【另存为】命令，保存为"10-3_test.prt"文件(或保存为任意文件名以继续下一步操作)。

2. 多次切割刃口直面

step 01 单击【打开】按钮，弹出【打开】对话框，选择配套教学资源"\part\10\10-3_test.prt"文件，单击 OK 按钮。

step 02 建立多次切割刃口直面线切割几何体。在工序导航器中右击 WORKPIECE，选择【插入】|【几何体】命令，打开【创建几何体】对话框，选择 WEDM_GEOM，单击【确定】按钮，打开【线切割几何体】对话框，单击【选择和编辑几何体】按钮，打开【线切割几何体】对话框，选择【轴类型】为两轴，【过滤器类型】为顶面，在绘图区选择镶件几何体的顶面，单击两次【确定】按钮，完成设置。系统在镶件实体中找到多个符合两轴条件的几何体边界，因此该镶件的外轮廓及 2 个销孔均被选中，而本工序仅仅

需要切削内部刃口，因此需要编辑选中的编辑，删除外轮廓及 2 个销孔。在工序导航器中双击 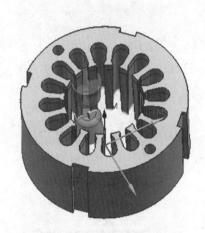 WEDM_GEOM_1，打开【线切割几何体】对话框，单击【选择和编辑几何体】按钮，打开【编辑几何体】对话框，在图形窗口选择需要删除的边界或单击【当前几何体】的 ▲▼ 按钮，高亮需要删除的边界，单击【移除】按钮，单击两次【确定】按钮，完成刃口直面线切割几何体的设置。

图 10-36　电极夹持器和工件干涉

图 10-37　修改切削参数

step 03 建立多次切割刃口直面线切割操作。在工序导航器中右击 WEDM_GEOM_1，选择【插入】|【工序】命令，打开【创建工序】对话框，请确认【类型】为 wire_edm，在【工序子类型】中选择【内部修剪】，在【位置】选项组的【刀具】下拉列表框中选择刚刚建立的【WIRE_0.13mm】线刀具，单击【确定】按钮，打开【内部修剪】对话框，修改【刀轨设置】选项组的【粗加工刀路】为 2，【精加工刀路】为 1，【反割距离】为 5，单击【确定】按钮，完成设置。

step 04 创建控制点。在工序导航器中双击刚刚建立的操作 INTERNAL_TRIM_1，打开【内部修剪】对话框，单击【几何体】中的【编辑】按钮，打开【线切割几何体】对话框，单击【选择或编辑几何体】按钮，单击【控制点】按钮 控制点，打开【控制点】对话框，选择【前导点】选项下的【点选项】为【指定】，打开【点】对话框，选择【类型】为【控制点】，单击【点位置】按钮，选择内部形状的一条边中点为切削开始位置，如图 10-38 所示，单击五次【确定】按钮，完成控制点设置。

step 05 修改刀轨参数，重新生成刀轨。在工序导航器中双击刚刚生成的刀轨 INTERNAL_TRIM_1，打开【内部修剪】对话框，单击【刀轨设置】选项组的【切削参数】按钮，打开【切削参数】对话框，修改【策略】选项卡下的【割线设置】中的【上部平面 ZM】为 80，【上导轨偏置】为 5，【下导轨偏置】为 5；修改【切削】选项组的【重叠距离】为 0.5，修改【割线位置】为【相切】，修改【步距】为【多个】，单击【列表】按钮添加距离，设置【刀路数】为 1，距离分别为 0.1 和 0.2，如图 10-39 所示。单击【确

定】按钮,回到【内部修剪】对话框。单击【刀轨设置】选项组的【非切削移动】按钮 ⬚ ,
打开【非切削移动】对话框,在【避让】选项卡中选择【出发点】选项下的【点选项】为
【指定】,单击【指定点】按钮 ⬚ ,打开【点】对话框,在图形窗口中选择内部形状的穿
丝孔点,选择【回零点】选项下的【点选项】为【指定】,单击【指定点】按钮 ⬚ ,打开
【点】对话框,在图形窗口中选择内部形状的穿丝孔点,如图 10-40 所示,单击【确定】按
钮,回到【内部修剪】对话框,单击【操作】|【生成刀轨】按钮 生成刀轨 。

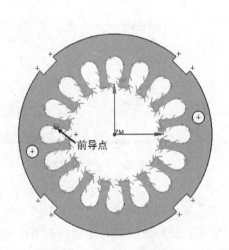

图 10-38　控制点和前导点

图 10-39　修改切削参数

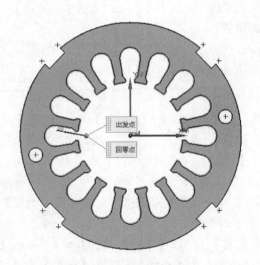

图 10-40　出发点和回零点

step 06 保存部件。

3. 线切割 2-Φ10 定位销孔

step 01 创建销孔加工工序。单击【主页】工具条中的【创建工序】按钮 创建工序 ，打开【创建工序】对话框，单击【工序子类型】工具条中的【内部修剪】按钮 ，【位置】→【刀具】选择 WIRE_0.13MM (线刀) ，【位置】选项组的【几何体】选择 WORKPIECE，单击【确定】按钮，弹出【内部修剪】对话框，单击【几何体】中的【指定线切割几何体】按钮 ，弹出【线切割几何体】对话框，选择【轴类型】为两轴 ，选择【过滤器类型】为曲线边界 ，在图形窗口中首先选择镶块上表面 X 轴负方向上一个销孔的边曲线。单击三次【确定】按钮，完成销孔加工工序的初步建立。

step 02 修改割线设置。参照多次切割刃口直面工序步骤 05 修改【策略】选项卡下的【割线设置】中的【上部平面 ZM】为 80，【上导轨偏置】为 5，【下导轨偏置】为 5。

step 03 建立控制点。参照多次切割刃口直面工序步骤 04 建立穿丝孔点为销孔圆心。

step 04 修改切入切出方式。系统默认的切入切出方式为直接切入切出，根据本例的工艺设计，其切入切出方式应该为圆弧方式，因此需要进行修改。在工序导航器中双击刚刚生成的工序 INTERNAL_TRIM_2 ，打开【内部修剪】对话框，单击【非切削移动】按钮 ，打开【非切削移动】对话框，在【进刀】选项卡中设置【前导】选项组的【前导方法】为【圆形】，设置【圆弧半径】为 1，设置【弧度】为 90，如图 10-41 所示，在【避让】选项卡中的【回零点】选项下的【点选项】中选择【指定】，单击【指定点】按钮 ，打开【点】对话框，在图形窗口中选择该销孔圆心为回零点。单击【确定】按钮，回到【内部修剪】对话框。

step 05 刀轨参数设置。在【内部修剪】对话框中的【刀轨设置】中修改【粗加工刀路】为 0，修改【精加工刀路】为 1，【反割距离】为 0。单击【切削参数】按钮 ，打开【切削参数】对话框，修改【策略】选项卡中的【切削】选项组的【切削方向】为【顺时针】，单击【确定】按钮，回到【内部修剪】对话框，单击【操作】|【生成刀轨】按钮 生成刀轨 ，如图 10-42 所示。单击【确定】按钮，完成销孔轨迹的生成。

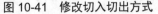

图 10-41　修改切入切出方式

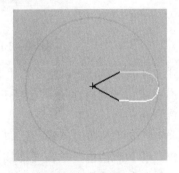

图 10-42　销孔刀轨

step 06 参照步骤 01 到步骤 05 可完成另一个销孔的操作建立。

step 07 保存部件。

4. 线切割 4～16mm 的矩形槽

step 01 创建 4～16mm 的矩形槽加工工序。单击【主页】工具条中的【创建工序】按钮 创建工序，打开【创建工序】对话框，单击【工序子类型】工具条中的【开放轮廓】按钮，【位置】选项组的【刀具】选择 WIRE_0.13MM (线刀) ▾，【位置】选项组的【几何体】选择 WORKPIECE，单击【确定】按钮，弹出【开放轮廓】对话框，单击【几何体】中的【指定线切割几何体】按钮，弹出【线切割几何体】对话框，选择【轴类型】为两轴，【过滤器类型】为曲线边界，【材料侧】设置为【右】，在图形窗口中选择镶块上表面左下角矩形槽的边曲线，如图 10-43 中的①～③；单击【创建下一个边界】按钮，在图形窗口中选择镶块上表面左上角矩形槽的边曲线，如图 10-43 中的④～⑥；单击【创建下一个边界】按钮，在图形窗口中选择镶块上表面右上角矩形槽的边曲线，如图 10-43 中⑦～⑨；单击【创建下一个边界】按钮，在图形窗口中选择镶块上表面右下角矩形槽的边曲线，如图 10-43 中的⑩～⑫，单击【确定】按钮，回到【开放轮廓】对话框。修改【刀轨设置】中的【粗加工刀路】为 0，【精加工刀路】为 1。单击【刀轨设置】选项组的【切削参数】按钮，打开【切削参数】对话框，修改【策略】选项卡下的【割线设置】中的【上部平面 ZM】为 80，【上导轨偏置】为 5，【下导轨偏置】为 5。单击【确定】按钮，回到【开放轮廓】对话框，单击【操作】|【生成刀轨】按钮 生成刀轨，单击【确定】按钮，初步完成槽加工工序。

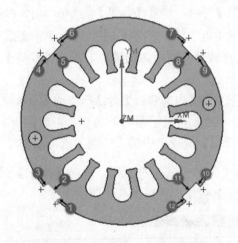

图 10-43　线切割几何体选择次序

对于开放区域刀轨，在设置线切割几何体时需要指定材料侧(及工件所在的位置)。其判断方法为沿着线切割几何体边界方向往前看，如果工件位于边界几何体的右侧则选择材料侧为右，否则选左侧。

step 02 修改切入切出方式。在工序导航器中双击刚刚生成的工序 OPEN_PROFILE，打开【开放轮廓】对话框，单击【非切削移动】按钮，打开【非切削移动】对话框，在【进刀】选项卡中设置【前导】选项组的【前导方法】为【角度】，设置【前导角】为 180，如图 10-44 所示；切换到【退刀】选项卡，确认【后导方法】为【同前导】，单击【确定】按钮，回到【开放轮廓】对话框，单击【操作】|【生成刀轨】按钮 生成刀轨，单击【操作】|

检查刀轨，如图 10-45 所示。

图 10-44　【进刀】选项卡

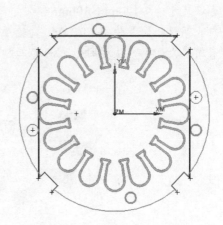

图 10-45　4mm×16mm 的矩形槽刀轨

step 03　保存部件。

10.3　本 章 小 结

　　本章主要介绍了线切割加工技术的产生及其基本原理、电火花线切割机床的分类及其主要结构组成；介绍了电火花线切割加工工艺；通过实例介绍了 UG NX 的线切割加工模块中各子模块的加工特点、线切割刀具的建立方法、各种线切割几何体的建立过程以及主要线切割刀轨参数的含义及其设置方法；最后通过一个电机转子凹模镶件的加工实例，详细地介绍了其加工工艺路线及其两轴与四轴加工，使读者对线切割加工及其自动编程有一个整体的认识，能够使用 UG NX 线切割加工模块进行线切割编程的编制。

思考与练习

一、思考题

1. 试述数控电火花线切割机床的加工原理及工作过程。

2. 何谓快速走丝和慢速走丝线切割机床？试说明它们之间的特点有何不同。

3. 什么是工件的切割变形现象？请简单说明预制穿丝孔的必要性及如何确定穿丝孔的位置。

4. 试述 UG NX 数控线切割加工模块中的各个子模块的加工范围及其特点。

5. 试述 UG NX 线切割几何体子类型及其特点。

6. UG NX 线切割中控制点有哪些？并简述其含义。

二、练习题

1. 打开配套教学资源 "\exercise\10\exercise10-1.prt" 文件，图 10-46 所示为棘爪零件，材料是 45#钢。选择直径为 0.12mm 的钼电极丝，采用快走丝机床进行加工。请按照如下要

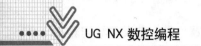

UG NX 数控编程

求建立该零件的内外两轴线切割加工刀轨。

(1) 毛坯尺寸为Φ120mm×10mm。

(2) 内孔穿丝孔位置为(0，0，0)，外轮廓穿丝孔位置为(0，−100，0)。

(3) 采用单次切割方法逆时针方向加工内外轮廓。

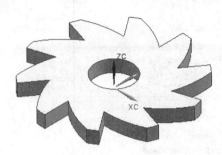

图 10-46　棘爪零件

2. 打开配套教学资源 "\exercise\10\exercise10-2.prt" 文件，图 10-47 所示为一个拨叉零件，材料是 Cr12 合金钢。选择直径为 0.2mm 的铜电极丝，采用慢走丝机床进行加工。请按照如下要求建立该零件的内外两轴线切割加工刀轨。

(1) 毛坯尺寸(单位：mm)及穿丝孔位置如图 10-47 所示。

(2) 先加工内孔，后加工外轮廓。

(3) 采用多次切割方法加工内外轮廓，第一次切割加工单边留余量为 0.027mm，第二次切割加工单边留余量为 0.01mm，第三次切割加工单边留余量为 0mm。

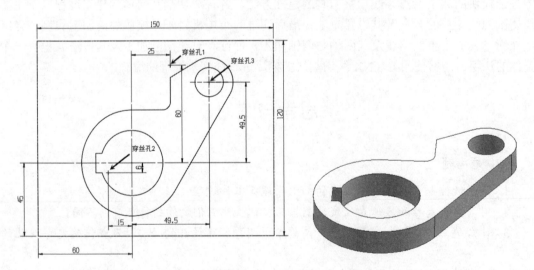

图 10-47　拨叉零件

3. 打开配套教学资源 "\exercise\10\exercise10-3.prt" 文件，图 10-48 所示为一个上下异形件，选择直径为 0.12mm 的钼电极丝，采用快走丝机床进行加工。采用单次切割方法建立该零件四轴线切割加工外轮廓刀轨。

264

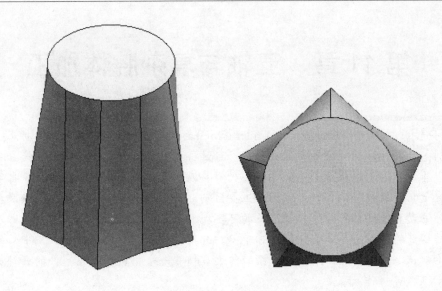

图 10-48　上下异形件

第 11 章　五轴与复杂腔体加工

学习提示：加工中心(machining center，MC)是一种功能较全的数控加工机床。它把铣削、镗削、钻削和切削螺纹等功能集中在一台设备上，使其具有多种工艺功能。加工中心设置有刀库，刀库中存放着不同数量的各种刀具或量具，在加工过程中由程序自动选用和更换。这是它与数控铣床、数控镗床的主要区别。其控制功能最少可实现两轴联动控制，实现刀具运动直线插补和圆弧插补，多的可实现五轴联动、六轴联动，从而保证刀具进行复杂曲面零件的加工。本章将介绍加工中心的分类、特点、加工范围及加工中心的选用等基础理论知识，同时重点讲解一个复杂腔体类零件和一个推进器叶轮零件的五轴加工工艺及 UG NX CAM 操作流程。

技能目标：使读者了解加工中心设备；学会五轴与复杂腔体加工工艺的制定；掌握复杂腔体类零件加工、五轴加工 CAM 流程。

11.1　复杂腔体类零件加工实例

11.1.1　零件图纸分析

如图 11-1 所示，该箱体类零件总体尺寸为 149.4mm×100mm×40mm，模型特征由型腔及 C1 倒角、两个 Φ36.5 的锥度凸台且其顶部为 SR100 的球面及其 C1 倒角、两个 Φ20 的孔及孔口 C1 倒角、两个 Φ30H7 的沉头孔及 C1 倒角、1 个 32×32 的斜方孔以及 7 个 M5 螺纹孔构成。零件毛坯为尺寸 150mm×100mm×40mm 的 45#钢长方体，工艺基准已经进行了精加工，现要求在三轴加工中心上加工所有特征。

由零件图可知，该零件形状较为复杂，其几个面上均有需要加工的特征，上表面有型腔和螺纹孔；右表面有锥形凸台且形状较为复杂；前表面有 L 形缺口、沉头孔和矩形方孔且矩形方孔和前表面具有 110°的夹角；后表面也有沉头孔。

从图 11-1 中技术要求来看，上表面与下表面有平行度要求，两个 Φ26 沉孔与 Φ30H7 之间有同轴度要求，两个 Φ20 的孔与底面有平行度要求且与 Φ30 的沉头孔轴心有垂直度要求；同时上下前后及左表面有粗糙度要求。因此整体看来该零件的加工要求较高，在安装定位时需要考虑合适的装夹方法，同时需要考虑合适的切削参数。

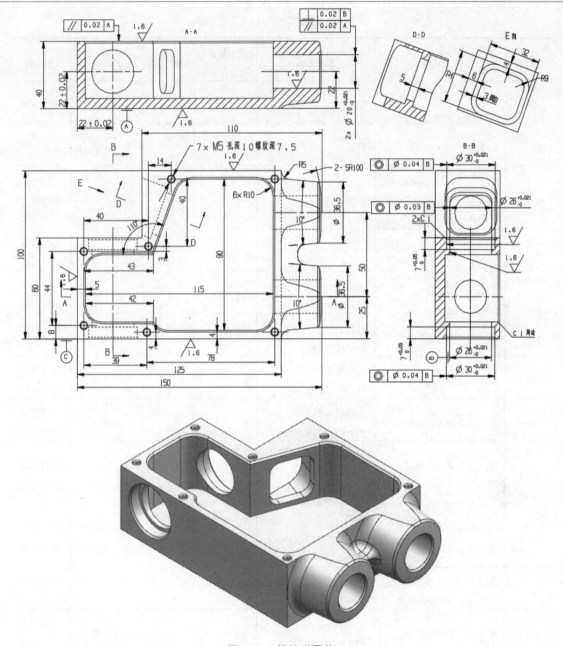

图 11-1　箱体类零件

11.1.2　定位装夹与工艺路线的拟定

　　由上述分析可知该零件技术要求较高，同时需要进行多次装夹加工不同的表面。数控铣床或加工中心的通用夹具主要有平口钳、磁性吸盘和压板装置。为了保证加工精度，夹具的误差一般取工件公差的 1/5～1/3，对应于本例可取 0.004～0.006mm，通过查询 JB/T 9937-2011《高精度机用虎钳》检验标准可知，使用 1 级精度的高精度机用平口钳作为通用夹具进行装夹可以保证加工的精度要求。其具体的加工工艺方案如表 11-1 所示。

表 11-1　箱体零件的加工工艺方案

工序号	加工内容	加工方式	留余量面/单边(mm)	机 床	刀 具	夹 具
10	毛坯下料 155mm×105mm×45mm	锯削	2.5	锯床		
20	六面铣削	铣削	0.5	普通铣床	Φ150盘铣刀	压板
30	磨六面至 150mm×100mm×40mm，保证六面的平行度和垂直度	磨削	0	平面磨床	砂轮	磁性吸盘
40	加工上表面型腔及 7-M7 螺纹孔			立式加工中心		高精度机用平口钳
40.01	粗加工上表面型腔	平面铣 PLANAR_MILL	0.5	立式加工中心	Φ20 立铣刀	高精度机用平口钳
40.02	精加工上表面型腔侧面	精加工工壁 FINISH_WALL	0/0.5 底面	立式加工中心	Φ16 立铣刀	高精度机用平口钳
40.03	精加工上表面型腔底面	底壁加工 FLOOR_WALL	0	立式加工中心	Φ16 立铣刀	高精度机用平口钳
40.04	加工上表面 C1 倒角	深度轮廓加工 ZLEVEL_PROFILE	0	立式加工中心	Φ16 倒角刀	高精度机用平口钳
40.05	加工上表面 M5 螺纹底孔	定心钻 SPOT_DRILLING 钻孔 DRILLING	0	立式加工中心	中心钻Φ2.5 钻头Φ4.2	高精度机用平口钳
40.06	加工上表面 M5 螺纹孔口倒角及螺纹孔	钻埋头孔 COUNTERSINKING 攻丝 TAPPING	0	立式加工中心	Φ12 锪孔钻 M5 丝锥	高精度机用平口钳
50	加工前表面 L 形缺口、Φ26 孔、Φ30H7 沉孔			立式加工中心		高精度机用平口钳
50.01	粗加工前表面 L 形缺口	平面铣 PLANAR_MILL	0.5	立式加工中心	Φ20 立铣刀	高精度机用平口钳
50.02	精加工前表面 L 形缺口	底壁加工 FLOOR_WALL	0	立式加工中心	Φ16 立铣刀	高精度机用平口钳
50.03	粗加工前表面Φ26 孔	定心钻 SPOT_DRILLING 啄钻 PECK_DRILLING	0.5	立式加工中心	中心钻Φ2.5 钻头Φ25	高精度机用平口钳
50.04	镗前表面Φ26 孔到尺寸	镗孔 BORING	0	立式加工中心	Φ25~Φ33 可调镗刀	高精度机用平口钳

工序号	加工内容	加工方式	留余量面/ 单边(mm)	机　床	刀　具	夹　具
50.05	铣前表面Φ30H7 沉孔至尺寸	铣削孔 HOLE_MILLING	0		Φ16 立铣刀	高精度机 用平口钳
50.06	加工前表面Φ30 沉孔 C1 倒角	深度轮廓加工 ZLEVEL_PROFILE	0	立式加 工中心	Φ16 倒角刀	高精度机 用平口钳
60	加工后表面Φ30 沉孔			立式加 工中心		高精度机 用平口钳
60.01	铣后表面Φ30H7 沉孔至尺寸	铣削孔 HOLE_MILLING	0		Φ16 立铣刀	高精度机 用平口钳
60.02	加工后表面Φ30 沉孔 C1 倒角	深度轮廓加工 ZLEVEL_PROFILE	0	立式加 工中心	Φ16 倒角刀	高精度机 用平口钳
70	旋转工件,以百分表找正上表面型腔 110° 内表面至水平,加工矩形方孔	平面铣 PLANAR_MILL	0	立式加 工中心	Φ12 立铣刀	高精度机 用平口钳
80	加工右表面Φ36.5 的锥度处所有特征			立式加 工中心		高精度机 用平口钳
80.01	粗加工右表面 2×Φ20 孔	定心钻 SPOT_DRILLING 啄钻 PECK_DRILLING	0.5	立式加 工中心	中心钻Φ2.5 钻头Φ19	高精度机 用平口钳
80.02	铣右表面 2×Φ20 孔至尺寸	铣削孔 HOLE_MILLING	0	立式加 工中心	Φ16 立铣刀	高精度机 用平口钳
80.03	粗加工右表面外形	型腔铣 CAVITY_MILL	0.5	立式加 工中心	Φ20 立铣刀	高精度机 用平口钳
80.04	半精加工右表面外形	深度轮廓加工 ZLEVEL_PROFILE	0.2	立式加 工中心	Φ12 立铣刀	高精度机 用平口钳
80.05	精加工右表面外形	区域轮廓铣 CONTOUR_AREA	0	立式加 工中心	Φ10 球刀	高精度机 用平口钳
80.06	加工右表面 C1 倒角	实体轮廓 3D SOLID_PORFILE_3D	0	立式加 工中心	Φ16 倒角刀	高精度机 用平口钳

11.1.3　加工坐标原点与工艺参数的确定

1. 加工坐标原点的确定

镗铣类零件的加工坐标原点一般设置在作为设计基准或工艺基准的端面或孔轴线上。对称件通常设置在对称面或对称中心上。在 Z 方向,原点习惯取在工件的上表面上,以便于检查程序。

如图 11-1 所示，本零件的下表面、后表面及Φ30H7 的沉头孔轴心线为设计基准，考虑到基准统一，可以设置零件的下表面、后表面为加工基准，但是Φ30 的沉头孔轴心线在加工前无法作为加工基准，可以取零件的左表面作为加工基准，因此除加工矩形方孔以外，加工坐标系的原点均设置在零件底面的右下角处，如图 11-2 中加工坐标系的原点 1 处；对于加工矩形方孔时加工原点的设置问题，由于零件图中该特征的要求不高，可以在工序 60 加工完成后通过划线法确定其 Y 方向的位置，其 Z 方向的零点位置取上表面型腔中的 110°的斜面处，X 方向的位置为零件的下表面，如图 11-2 中加工坐标系的原点 2 处。在实际加工过程中为了对刀方便，可以在加工前精确测量毛坯的长、宽、高，对刀时仍然使用毛坯的上表面，然后推算出相应的加工坐标系原点。

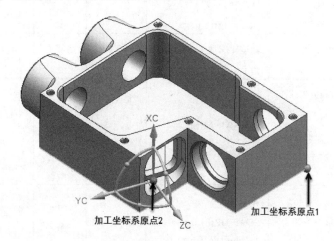

图 11-2 加工坐标系原点

2. 工艺参数的确定

铣削的工艺参数主要包括切削速度 V_c、进给速度 F、背吃刀量 a_p。切削用量的选择方法是：首先选取背吃刀量，其次确定进给速度，最后确定切削速度。

11.1.4 CAM 软件操作流程

1. 进入加工环境，设置父节点

使用 UG NX 创建工序之前，可以定义程序、刀具、几何体和加工方法等父节点，建立完成后，这些父节点的参数可由其他组或工序继承。

step 01 调入配套教学资源 "\part\11\11-1.prt" 文件，在【要创建的 CAM 设置】选项组中选择 mill_palanar，进入加工环境。

step 02 创建加工坐标系。本零件由于需要多次装夹，因此需要建立多个加工坐标系。

(1) 创建上表面特征加工坐标系。

打开工序导航器，切换到【几何】视图，系统进入加工环境后会自动建立一个加工坐标系，其坐标系原点及方位和工作坐标系一致，为了便于后续操作中选择相应的坐标系及相应的工件，修改系统默认的加工坐标系名称为 WCS_TOP，同时修改加工几何体

WORKPIECE 为 WORKPIECE_TOP。

在工序导航器中双击 WCS_TOP，系统弹出【MCS 铣削】对话框，单击【指定 MCS】图标，弹出 CSYS 对话框，在图形窗口中可以动态调整加工坐标系原点及各坐标轴的方位，本例中由于工作坐标系即为需要设置的加工坐标系，因此不需要进行修改。单击【确定】按钮，返回到【MCS 铣削】对话框，修改【安全设置】中的【安全设置选项】中的【自动平面】为【平面】，单击【指定平面】按钮，弹出【平面】对话框，在图形窗口中选择零件的上表面，在【偏置】中输入距离为 10，设置完成后在该父节点下建立的任何操作将以该安全平面为区域之间的刀具移动平面。单击两次【确定】按钮，完成上表面的加工坐标系的设定。

在工序导航器中双击 WORKPIECE_TOP，弹出【工件】对话框，单击【指定部件】按钮，选择箱体为部件几何体，单击【指定毛坯边界】按钮，选择图形窗口中的长方体为毛坯几何体，如图 11-3 所示。

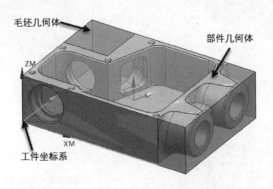

图 11-3　上表面加工坐标系及几何体

(2) 创建前表面特征加工坐标系。

在工序导航器中的【几何】视图中右击 MCS_TOP 节点，在弹出的快捷工具条中选择【复制】，右击根节点 Geometry，在弹出的快捷工具条中单击【内部粘贴】，系统复制加工坐标系 MCS_TOP 及其下的子节点 WORKPIECE_TOP 为 MCS_TOP_COPY 和 WORKPIECE_TOP_COPY，修改 MCS_TOP_COPY 和 WORKPIECE_TOP_COPY 名称为 MCS_FRONT 和 WORKPIECE_FRONT。

双击加工坐标系 MCS_FRONT，修改前表面加工坐标系及安全平面，如图 11-4 所示。

(3) 创建后表面特征、矩形方孔特征、右表面特征加工坐标系及其安全平面。

参照上述操作步骤建立后表面、矩形方孔、右表面加工坐标系及安全平面，设置完成后在工序导航器中的【几何】视图中将会显示 5 个加工坐标系，分别表示该零件的 5 个装夹位置，如图 11-5 所示。

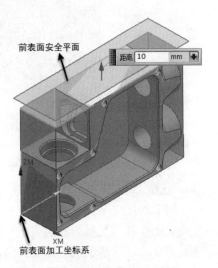

图 11-4　前表面加工坐标系及安全平面

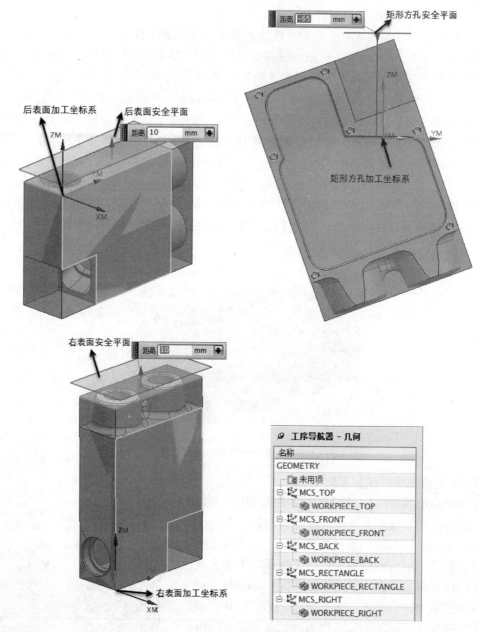

图 11-5 后表面、矩形方孔、右表面加工坐标系及安全平面

step 03 创建加工程序父节点。

加工程序父节点决定了加工操作的输出次序，本例需要多次装夹，每一次装夹包含一个或多个操作，且每一次装夹的加工坐标系不同，因此需要为每一次装夹建立一个加工程序父节点，这样便于组织管理操作，对于复杂的零件加工尤其重要。

工序导航器切换到【程序顺序】视图，右击 NC_PROGRAM 根节点下的 PROGRAM 节点，在弹出的快捷工具条中选择【复制】，右击 NC_PROGRAM 根节点，多次选择【内部粘贴】，共计建立 5 个程序组父节点，如图 11-6 所示，分别修改这 5 个程序父节点的名字为 PROGRAM_TOP、PROGRAM_FRONT、PROGRAM_BACK、PROGRAM_RECTANGLE、

PROGRAM_RIGHT，如图 11-7 所示。这几个程序父节点将用来分别存放相应表面的操作。

图 11-6　利用复制粘贴快速建立程序父节点

图 11-7　修改程序父节点名称

step 04　创建刀具父节点。

虽然在操作中可以建立刀具，但是一个比较好的习惯是在编程开始的时候把本零件加工过程中需要的刀具全部一次建立完成，这样在建立各个操作的时候可以直接选择建立完成的刀具。

本零件加工需要使用的刀具如表 11-2 所示。

表 11-2　箱体加工刀具表

刀 具 号	刀具名称	刀具型号/规格	刀具材料	刀具长度(mm)
T1	MILL20R0	Φ20 立铣刀/2 刃	硬质合金	100
T2	MILL16R0	Φ16 立铣刀/3 刃	硬质合金	100
T3	MILL16C4	Φ16 倒角刀/单刃	硬质合金	75
T4	Drill2.5	Φ2.5 中心钻/2 刃	高速钢	
T5	Drill4.2	Φ4.2 钻头/2 刃	高速钢	25
T6	Drill12	Φ12 锪孔钻/2 刃	高速钢	
T7	TAP5	M5 丝锥	高速钢	
T8	Drill25	Φ25 钻头/2 刃	高速钢	100
T9	BORING25-33	Φ25～Φ33 可调镗刀/2 刃	硬质合金	150
T10	MILL12	Φ12 立铣刀/2 刃	硬质合金	75
T11	Drill19	Φ19 钻头/2 刃	高速钢	75
T12	BALL10	Φ10 球刀/2 刃	硬质合金	75

下面以 3 刃 Φ16 立铣刀为例介绍其建立过程。首先工序导航器切换到【机床】视图，单击【插入】工具条中的【创建刀具】图标，弹出【创建刀具】对话框，在该对话框中的【类型】中选择 mill_palanar，在【刀具子类型】中选择　按钮，修改【名称】为 MILL16R0，单击【确定】按钮，在弹出的【铣刀-5 参数】对话框中修改【(D)直径】值为 16，修改【(L)长度】值为 100，修改【刀刃】值为 3，修改【刀具号】为 2，修改【补偿寄存器】为 2，修改【刀具补偿寄存器】为 2，如图 11-8 所示。读者可以自行建立其他刀具，所有刀具建立完成后，在工序导航器中的【机床视图】中的显示如图 11-9 所示。

【铣刀-5 参数】中的【补偿寄存器】表示刀具的长度补偿寄存器号，【刀具补偿寄存器】表示刀具的直径补偿寄存器号；在建立钻头和镗刀等刀具的时候只有把【创建刀具】

对话框中的【类型】选择为 drill 才可以在【刀具子类型】中选择相应的刀具。

2. 加工上表面型腔及 M7 螺纹孔

由加工工艺方案可知，上表面型腔的加工由多个操作组成，其加工工艺方案如表 11-3 所示。

图 11-8　3 刃 φ16 立铣刀参数　　　　图 11-9　工序导航器中的刀具列表

表 11-3　上表面型腔加工工艺方案

工序号	加工内容	加工方式	留余量面/单边(mm)	机床	刀具	夹具
40	加工上表面型腔及 7-M7 螺纹孔			立式加工中心		高精度机用平口钳
40.01	粗加工上表面型腔	平面铣 PLANAR_MILL	0.5	立式加工中心	Φ20 立铣刀	高精度机用平口钳
40.02	精加工上表面型腔侧面	精加工工壁 FINISH_WALL	0	立式加工中心	Φ16 立铣刀	高精度机用平口钳
40.03	精加工上表面型腔底面	底壁加工 FLOOR_WALL	0	立式加工中心	Φ16 立铣刀	高精度机用平口钳
40.04	加工上表面 C1 倒角	深度轮廓加工 ZLEVEL_PROFILE	0	立式加工中心	Φ16 倒角刀	高精度机用平口钳
40.05	加工上表面 M5 螺纹底孔	定心钻 SPOT_DRILLING 钻孔 DRILLING	0	立式加工中心	中心钻 Φ2.5 钻头 Φ4.2	高精度机用平口钳
40.06	加工上表面 M5 螺纹孔口倒角及螺纹孔	钻埋头孔 COUNTERSINKING 攻丝 TAPPING	0	立式加工中心	Φ12 锪孔钻 M5 丝锥	高精度机用平口钳

274

step 01　粗加工上表面型腔，并在侧面及底面做 0.5mm 预留。

工序导航器切换到【几何】视图，右击 WORKPIECE_TOP 节点，在弹出的快捷菜单中选择【插入】|【工序】命令，在弹出的【创建工序】对话框中选择【类型】为 mill_planar，选择【工序子类型】为平面铣🔣，选择【位置】中的【程序】为 PROGRAM_TOP▾，【刀具】为 MILL2ORO (铣刀-▾，【几何体】为 WORKPIECE_TOP▾，【方法】为 MILL_ROUGH▾，单击【确定】按钮，弹出【平面铣】对话框，单击【指定部件边界】按钮🔲，在弹出的【边界几何体】对话框中修改【模式】为【曲线/边...】，在弹出的【创建边界】对话框中选择【平面】为【用户定义】，弹出【平面】对话框，在图形区域中选择零件的上表面(见图 11-10)，修改【偏置】的值为 0，单击【确定】按钮，回到【创建边界】对话框，此时在图形窗口中选择如图 11-10 所示的倒角边(注意是倒角面与竖直型腔的交线)，修改【材料侧】为【外部】。单击两次【确定】按钮，返回【平面铣】对话框。

平面铣加工是使用边界及边界所在的平面来定义零件的形状，使用底面来定义零件的 Z 方向深度，本例中设置材料侧为外部，表示边界形状的外侧是零件的形状，因此不允许加工，其内部不是零件的形状，因此可以进行切削，且加工到底面为止。

单击【指定底面】按钮🔲，弹出【平面】对话框，在图形窗口中选择型腔的底面，确认【偏置】中的【距离】为 0，如图 11-10 所示，单击【确定】按钮，返回【平面铣】的 PLANAR_MILL 对话框。

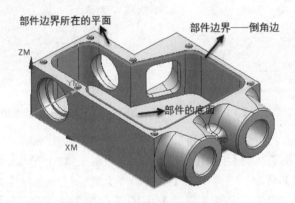

图 11-10　部件边界及底面的定义

单击【切削层】按钮🔲，在弹出的【切削层】对话框中设定【每刀切削深度】中的【公共】的值为 2，设定背吃刀量的值，单击【确定】按钮，返回到【平面铣】对话框。

单击【切削参数】按钮🔲，在弹出的【切削参数】对话框中的【余量】中设置【部件余量】为 0.5，设置【最终底面余量】为 0.5。单击【确定】按钮，返回【平面铣】的 PLANAR_MILL 对话框。

单击【非切削移动】按钮🔲，在弹出的【非切削移动】对话框中设置【进刀】选项卡中【封闭区域】选项的【斜坡角】的值为 5。单击【确定】按钮，返回到【平面铣】对话框。

对于封闭区域的进刀，如果使用的铣刀端面刀刃不过中心，需要设置【进刀】选项卡中【封闭区域】选项的【斜坡角】的值小一点，以防止进刀时损坏刀具，必要时可以在封闭区域预先加工预钻孔，以方便刀具进刀。

单击【刀轨设置】中的【进给率和速度】按钮，在弹出的【进给率和速度】对话框中设置【表面速度(smm)】的值为 80，设置【每齿进给量】的值为 0.1，单击任意一个高亮的【计算】按钮，系统会根据刀具的参数及输入的每齿进给量和切削深度自动计算主轴转速和切削进给率，如图 11-11 所示，单击【确定】按钮，返回【平面铣】的 PLANAR_MILL 的对话框。

单击【操作】中的【计算刀轨】按钮，系统将计算上表面型腔的粗加工操作。单击【操作】中的【确认】按钮，在弹出的【刀轨可视化】对话框中选择【2D 动态】，单击【播放】按钮，进行刀轨模拟加工，加工完成后如图 11-12 所示，单击两次【确定】按钮，完成上表面型腔粗加工操作，保存部件。

图 11-11　【进给率和速度】对话框　　　图 11-12　上表面型腔粗加工模拟结果

step 02　精加工上表面型腔侧面到尺寸，留底面余量为 0.5mm。

切换工序导航器到【几何】视图，右击 WORKPIECE_TOP 节点，在弹出的快捷菜单中选择【插入】|【工序】命令，在弹出的【创建工序】对话框中选择【类型】为 mill_planar，选择【工序子类型】为，选择【位置】中的【程序】为 PROGRAM_TOP，【刀具】为 MILL16R0 (铣刀-)，【几何体】为 WORKPIECE_TOP，【方法】为 MILL_FINISH，单击【确定】按钮，在弹出的【精加工壁】对话框中分别单击【指定部件边界】按钮和【指定底面】按钮，参照步骤 01 中建立部件边界和底面的方法建立相同的部件边界和底面，返回到【精加工壁】对话框。

单击【精加工壁】对话框中的【切削参数】按钮，在弹出的【切削参数】对话框中修改【余量】中的【最终底面余量】为 0.5，单击【确定】按钮，返回到【精加工壁】的 FINISH_WALL 对话框。

单击【进给率和速度】按钮，在弹出的【进给率和速度】对话框中设置【表面速度(smm)】的值为 80，设置【每齿进给量】的值为 0.1，单击任意一个高亮的【计算】按钮，系统会根据刀具的参数及输入的每齿进给量和切削深度自动计算主轴转速和切削进给率。单击【确定】按钮，返回到【精加工壁】对话框。

单击【操作】中的【计算刀轨】按钮![],系统将计算上表面型腔的侧壁精加工操作,单击【确定】按钮,完成上表面型腔的侧壁精加工操作。

step 03　精加工上表面型腔底面到尺寸。

切换工序导航器到【几何】视图,右击刚刚建立的侧壁精加工程序,选择![复制],右击工序导航器中的 WORKPIECE_TOP 节点,在弹出的快捷工具条中选择【内部粘贴】,系统将生成一个未经计算的操作,修改该操作名称为 FINISH_FLOOR,双击操作 FINISH_FLOOR,弹出【精加工壁】对话框。

对于主要参数相同的两个或多个操作,可以依据已经完成的操作快速建立新的操作,建立完成后只需要修改新操作中不同的参数,一些相同的参数设置不需要重复设置,如本例中的部件几何体、底面等。

修改【刀轨设置】中的【切削模式】为![跟随部件],单击【精加工壁】的 FINISH_FLOOR 对话框中的【切削参数】按钮![],在弹出的【切削参数】对话框中修改【余量】选项组的【最终底面余量】为 0,单击【确定】按钮,返回到【精加工壁】对话框。

单击【非切削移动】按钮![],在弹出的【非切削移动】对话框中设置【进刀】选项卡中【封闭区域】选项的【进刀类型】为【插削】。单击【确定】按钮,返回到【精加工壁】对话框。

本底面精加工操作中由于仅仅在底面留有 0.5mm 的余量,因此可以使用直接下刀的方式进刀。

单击【操作】中的【计算刀轨】按钮![],系统将计算上表面型腔的底面精加工操作,单击【确定】按钮,完成上表面型腔的底面精加工操作,并保存部件。

step 04　加工上表面 C1 倒角。

切换【工序导航器】到【几何】视图,右击 WORKPIECE_TOP 节点,在弹出的快捷菜单中选择【插入】|【工序】命令,在弹出的【创建工序】对话框中选择【类型】为 mill_contour,选择【工序子类型】为![],选择【位置】中的【程序】为 PROGRAM_TOP ,【刀具】为 MILL16C4 (倒斜铣) ,【几何体】为 WORKPIECE_TOP ,【方法】为 MILL_FINISH ,单击【确定】按钮。

在弹出的【深度轮廓加工】对话框中单击【指定切削区域】按钮![],弹出【切削区域】对话框,在图形窗口中选择斜角面及型腔竖直面,如图 11-13 所示,单击【确定】按钮,返回【深度轮廓加工】对话框。

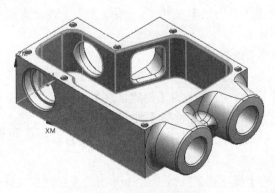

图 11-13　指定切削区域

单击【刀轨设置】中的【切削层】按钮，在弹出的【切削层】对话框中修改【范围定义】中的【范围深度】为2，修改【每刀切削深度】为2，单击【确定】按钮，完成切削层设置并返回【深度轮廓加工】对话框。

本工序中加工的倒角为C1，倒角刀倒角为C4。设置切削层为1层，且计算刀轨的深度为距离上表面2mm处，这样将使用倒角刀的刀刃中部进行切削。

单击【操作】中的【计算刀轨】按钮，系统生成上表面C1倒角操作，单击【确定】按钮，完成上表面C1倒角操作。

step 05 加工上表面M5螺纹底孔中心孔。

在钻孔之前，为了避免钻头偏移，一般需要使用中心钻在钻孔位置钻中心孔。

切换工序导航器到【几何】视图，右击WORKPIECE_TOP节点，在弹出的快捷菜单中选择【插入】|【工序】命令，在弹出的【创建工序】对话框中选择【类型】为drill，选择【工序子类型】为定心钻，选择【位置】中的【程序】为 PROGRAM_TOP ，【刀具】为 DRILL2.5 (钻刀) ，【几何体】为 WORKPIECE_TOP ，【方法】为 DRILL_METHOD ，单击【确定】按钮，弹出【定心钻】对话框。

单击【几何体】中的【指定孔】按钮，在弹出的【点到点几何体】对话框中单击【选择】按钮，在弹出的对话框中选择【一般点】，弹出【点】对话框，依次在图形窗口中选择上表面的7个螺纹孔的圆心位置，选择完成后单击【确定】按钮，返回到上一级对话框，单击【选择结束】，回退到【点到点几何体】对话框，单击【规划完成】，返回到【定心钻】对话框，完成要加工孔的几何体定义。

单击【几何体】中的【指定顶面】，弹出【顶部曲面】对话框，选择【顶部选项】为【面】，在图形窗口中选择零件上表面，单击【确定】按钮，返回到【定心钻】对话框，完成孔顶面的定义。

单击【循环类型】中的【循环】 标准钻... 右侧的【编辑】按钮，弹出【指定参数组】对话框，单击【确定】按钮，在弹出的【Cycle参数】对话框中单击 Depth (Tip) – 0.0000 ，在弹出的【Cycle深度】对话框中单击【刀肩深度】按钮，在弹出的对话框中修改【深度】值为2，单击【确定】按钮，返回到【Cycle参数】对话框，完成中心钻钻削深度的参数定义；单击【Dwell-开】按钮，在弹出的Cycle Dwell对话框中单击【秒】按钮，在弹出的对话框中设置【秒】的值为1，单击【确定】按钮，返回到【Cycle参数】对话框，完成中心钻孔底暂停时间的设置。单击【确定】按钮，返回到【定心钻】对话框。

单击【操作】中的【计算刀轨】按钮，系统生成上表面螺纹孔的中心钻操作，单击【确定】按钮，并保存部件。

step 06 加工上表面M5螺纹底孔。

切换工序导航器到【几何】视图，右击WORKPIECE_TOP节点，在弹出的快捷菜单中选择【插入】|【工序】命令，在弹出的【创建工序】对话框中选择【类型】为drill，选择【工序子类型】为钻孔，选择【位置】中的【程序】为 PROGRAM_TOP ，【刀具】为 DRILL4.2 (钻刀) ，【几何体】为 WORKPIECE_TOP ，【方法】为 DRILL_METHOD ，单击【确定】按钮，弹出【钻孔】对话框。

单击【几何体】中的【指定孔】按钮，在弹出的【点到点几何体】对话框中单击【选择】按钮，在弹出的对话框中单击【面上所有孔】按钮，系统弹出新对话框，在图形窗口中选择零件的上表面，系统将自动选择上表面的所有孔作为要加工的孔，单击【确定】按钮，返回到上一级对话框，单击【选择结束】按钮，返回到【点到点几何体】对话框，同时在图形窗口各个孔的中心将会看到孔的编号，由于孔的中心位置是系统自动选择的，其先后次序往往比较杂乱，因此需要优化。在【点到点几何体】对话框中单击【优化】按钮，在弹出的对话框中单击【最短刀轨】按钮，在弹出的优化参数对话框中单击【优化】按钮，系统弹出优化结果对话框，该对话框中将显示优化前后的路径长度，单击【接受】按钮，返回到【点到点几何体】对话框，单击【确定】按钮，返回到【钻孔】对话框。

参照"步骤 05：加工上表面 M5 螺纹底孔中心孔"所述定义孔的顶面 ![top] 为零件上表面。

单击【循环类型】中的【循环】 `标准钻…` 右侧的【编辑】按钮 ![edit]，弹出【指定参数组】对话框，单击【确定】按钮，弹出【Cycle 参数】对话框，参照"步骤 05：加工上表面 M5 螺纹底孔中心孔"所述修改孔加工深度为【刀肩深度】，深度为10mm。单击【确定】按钮，返回到【钻孔】对话框。

单击【操作】中的【计算刀轨】按钮 ![calc]，系统生成上表面螺纹底孔操作，单击【确定】按钮，并保存部件。

step 07 加工上表面 M5 螺纹孔孔口倒角 C0.75。

切换【工序导航器】到【几何】视图，右击 WORKPIECE_TOP 节点，在弹出的快捷菜单中选择【插入】|【工序】命令，在弹出的【创建工序】对话框中选择【类型】为 drill，选择【工序子类型】为钻埋头孔 ![icon]，选择【位置】中的【程序】为 `PROGRAM_TOP ▼`，【刀具】为 `DRILL12 (铣刀-5▼)`，【几何体】为 `WORKPIECE_TOF▼`，【方法】为 `DRILL_METHOD ▼`，单击【确定】按钮，弹出【钻埋头孔】对话框。

参照"步骤 06：加工上表面 M5 螺纹底孔"所述定义需要加工的孔 ![icon1] 和孔的顶面 ![icon2]。

单击【循环类型】中的【循环】 `标准钻，埋头孔…▼` 右侧的【编辑】按钮 ![edit]，弹出【指定参数组】对话框，单击【确定】按钮，弹出【Cycle 参数】对话框，单击 `Csink 直径 – 0.0000` 按钮，在弹出的对话框中修改【Csink 直径】为 5。单击【确定】按钮，返回【Cycle 参数】对话框。

Csink 直径为埋头孔直径，如图 11-14 所示。

参照"步骤 05：加工上表面 M5 螺纹底孔中心孔"中所述修改孔底循环时间为 1 秒，单击【确定】按钮，返回【钻埋头孔】对话框。单击【操作】中的【计算刀轨】按钮 ![calc]，系统生成加工上表面螺纹孔孔口倒角操作，单击【确定】按钮，并保存部件。

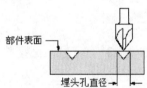

图 11-14　埋头孔直径

step 08 上表面 M5 螺纹孔攻丝操作。

切换工序导航器到【几何】视图，右击 WORKPIECE_TOP 节点，在弹出的快捷菜单中选择【插入】|【工序】命令，在弹出的【创建工序】对话框中选择【类型】为 drill，选择【工序子类型】为攻丝 ![icon]，选择【位置】中的【程序】为 `PROGRAM_TOP ▼`，【刀具】为 `TAP5 (钻刀) ▼`，【几何体】为 `WORKPIECE_TOF▼`，【方法】为 `DRILL_METHOD ▼`，单击【确定】按钮，弹出【钻埋头孔】对话框。

参照"步骤 06：加工上表面 M5 螺纹底孔"所述定义需要加工的孔 ![icon1] 和孔的顶面 ![icon2]。

单击【循环类型】中的【循环】 `标准攻丝…　　▼` 右侧的【编辑】按钮 ![edit]，弹出【指定参数组】对话框，单击【确定】按钮，弹出【Cycle 参数】对话框，单击 Depth (Tip) – 0.0000 按钮，在弹出的 Cycle 深度对话框中单击 刀尖深度 按钮，在弹出的对话框中修改【深度】值为 7.5，单击【确定】按钮，返回到【Cycle 参数】对话框，单击 进给率 (MMPM) – 250.0000 按钮，在弹出的【Cycle 进给率】对话框中单击 切换单位至MMPR 按钮，使其修改进给率为每转进给量，修改该对话框中的 MMPR 值为 M5 螺纹的牙距 0.8，单击两次【确定】按钮，返回到【攻丝】对话框。

单击【操作】中的【计算刀轨】按钮 ，系统生成上表面螺纹孔攻丝操作。至此上表面所有工序加工完成。

切换工序导航器到【几何】视图，展开 WORKPIECE_TOP 节点，可见，在该节点下包含了 8 个子操作。切换工序导航器到【程序顺序】视图，展开 PROGRAM_TOP 节点，可见在该节点下包含了同样的 8 个子操作。

右击工序导航器中的 PROGRAM_TOP 父节点，在弹出的快捷工具条中选择【刀轨】|【确认】，将弹出【刀轨可视化】对话框，选择【2D 动态】，单击【播放】按钮 进行仿真，其仿真结果如图 11-15 所示。

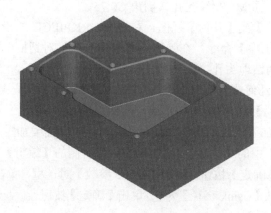

图 11-15　上表面刀轨仿真结果

3. 加工前表面型腔 L 形缺口、Φ26 孔、Φ30H7 沉孔

由加工工艺方案可知，前表面型腔的加工由多个操作组成，其加工工艺方案如表 11-4 所示。

表 11-4　前表面型腔加工工艺方案

工序号	加工内容	加工方式	留余量面/单边(mm)	机 床	刀 具	夹 具
50	加工前表面 L 形缺口、Φ26 孔、Φ30H7 沉孔			立式加工中心		高精度机用平口钳
50.01	粗加工前表面 L 形缺口	平面铣 PLANAR_MILL	0.5	立式加工中心	Φ20 立铣刀	高精度机用平口钳
50.02	精加工前表面 L 形缺口	底壁加工 FLOOR_WALL	0	立式加工中心	Φ16 立铣刀	高精度机用平口钳

续表

工序号	加工内容	加工方式	留余量面/单边(mm)	机 床	刀 具	夹 具
50.03	粗加工前表面 Φ26 孔	定心钻 SPOT_DRILLING 啄钻 PECK_DRILLING	0.5	立式加工中心	中心钻Φ2.5 钻头Φ25	高精度机用平口钳
50.04	镗孔前表面 Φ26 孔到尺寸	镗孔 BORING	0	立式加工中心	Φ25~Φ33 可调镗刀	高精度机用平口钳
50.05	铣前表面 Φ30H7 沉孔至尺寸	铣削孔 HOLE_MILLING	0		Φ16立铣刀	高精度机用平口钳
50.06	加工前表面 Φ30 沉孔 C1 倒角	深度轮廓加工 ZLEVEL_PROFILE	0	立式加工中心	Φ16倒角刀	高精度机用平口钳

step 01　粗加工前表面 L 形缺口。

切换工序导航器到【几何】视图，右击 WORKPIECE_FRONT 节点，在弹出的快捷菜单中选择【插入】|【工序】命令，在弹出的【创建工序】对话框中选择【类型】为 mill_planar，【工序子类型】选择平面铣，选择【位置】中的【程序】为 PROGRAM_FRONT，【刀具】为 MILL20R0，【几何体】为 WORKPIECE_FRONT，【方法】为 MILL_ROUGH，单击【确定】按钮，弹出【平面铣】对话框。

单击【指定部件边界】按钮，弹出【边界几何体】对话框，在【面选择】中选中【忽略孔】复选框，在图形窗口中选择如图 11-16 所示的两个部件边界面，单击【确定】按钮，返回到【平面铣】对话框。单击【指定毛坯边界】按钮，弹出【边界几何体】对话框，在【面选择】中选中【忽略孔】复选框，在图形窗口中选择如图 11-16 所示的一个毛坯边界面，单击【确定】按钮，返回到【平面铣】对话框。单击【指定毛坯边界】按钮，弹出【编辑边界】对话框，修改【平面】为【用户定义】，弹出【平面】对话框，在图形窗口区域选择如图 11-16 所示的毛坯边界所在的平面并设置【偏置】值为 0，单击两次【确定】按

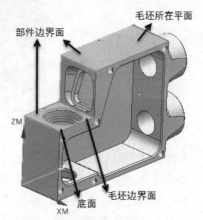

图 11-16　定义部件及毛坯边界

钮，返回到【平面铣】对话框。单击【指定底面】按钮，弹出【平面】对话框，在图形窗口中选择如图 11-16 所示的底面，单击【确定】按钮，返回到【平面铣】对话框。

在【刀轨设置】中修改【切削模式】为【跟随周边】，单击【切削层】按钮，在弹出的【切削层】对话框中设置【类型】为【恒定】，设置【每刀切削深度】为 2，单击【确定】按钮，返回到【平面铣】对话框。

单击【切削参数】按钮，在弹出的【切削参数】对话框中设置【策略】选项卡中【切削】选项的【刀路方向】为【向内】，设置【余量】选项组的【部件余量】为 0，【最终底面余量】为 0.5，单击【确定】按钮，返回到【平面铣】对话框。

单击【操作】中的【计算刀轨】按钮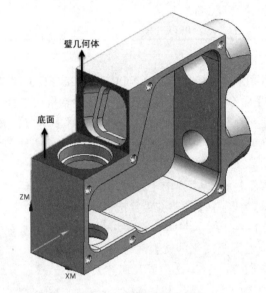，系统生成前表面 L 形缺口的粗加工操作，单击【确定】按钮，并保存部件。

step 02 精加工前表面 L 形缺口。

切换工序导航器到【几何】视图，右击 WORKPIECE_FRONT 节点，在弹出的快捷菜单中选择【插入】|【工序】命令，在弹出的【创建工序】对话框中选择【类型】为 mill_planar，【工序子类型】选择底壁加工，选择【位置】中的【程序】为 PROGRAM_FRONT，【刀具】为 MILL16R0，【几何体】为 WORKPIECE_FRONT，【方法】为 MILL_FINISH，单击【确定】按钮，弹出【底壁加工】对话框。

单击【指定切削区底面】按钮，弹出【切削区域】对话框，在图形窗口中选择如图 11-17 所示的底面。单击【指定壁几何体】按钮，弹出【壁几何体】对话框，在图形窗口中选择如图 11-17 所示的壁几何体。单击【确定】按钮，返回【底壁加工】对话框。

图 11-17　底面及壁几何体

修改【刀轨设置】中的【切削模式】为【跟随周边】，单击【切削参数】按钮，在弹出的【切削参数】对话框中设置【策略】选项卡中【切削】选项的【刀路方向】为【向内】，单击【确定】按钮，返回【底壁加工】对话框。

单击【操作】按钮，系统生成前表面 L 形缺口的精加工操作，单击【确定】按钮，并保存部件。

step 03 粗加工前表面Φ26 孔。

参照上表面加工螺纹孔中所述请自行完成Φ26 孔的中心孔加工。需要注意的是，在建立中心孔操作的时候需要选择 PROGRAM_FRONT 作为程序父节点，选择 WORKPIECE_FRONT 作为几何体父节点。

切换工序导航器到【几何】视图，右击 WORKPIECE_FRONT 节点，在弹出的快捷菜单中选择【插入】|【工序】命令，在弹出的【创建工序】对话框中选择【类型】为 drill，【工序子类型】选择啄钻，选择【位置】中的【程序】为 PROGRAM_FRONT，【刀具】为 DRILL25，【几何体】为 WORKPIECE_FRONT，【方法】为 DRILL_METHOD，单击

【确定】按钮，弹出【啄钻】对话框。

请自行定义孔的位置和孔的顶面。单击【几何体】中的【指定底面】按钮，在弹出的【底面】对话框中，修改【底面选项】为【面】，在图形窗口中选择后表面作为孔的底面，单击【确定】按钮，返回【啄钻】对话框。

单击【循环类型】中的【循环】 标准钻, 深孔... 右侧的【编辑】按钮，弹出【指定参数组】对话框，单击【确定】按钮，弹出【Cycle 参数】对话框，单击 Depth -模型深度 ，在弹出的【Cycle 深度】对话框中选择【穿过底面】，完成加工孔的深度设定。

在【Cycle 深度】对话框中单击 Step 值 - 未定义 ，弹出啄钻加工中增量的定义对话框，在该对话框中用户可以最多指定 7 个不同的啄钻加工中的增量值，如果指定一个或多个增量值，系统会循环使用这些增量值作为啄钻加工中的增量，如果指定为 0，系统将忽略该增量以及所有后续增量。在增量的定义对话框中修改【Step#1】为 5，其余保持为 0。单击两次【确定】按钮，返回到【啄钻】对话框。

单击【操作】中的【计算刀轨】按钮，系统生成Φ26 孔的粗加工操作，单击【确定】按钮，并保存部件。

step 04 镗前表面Φ26 孔。

切换工序导航器到【几何】视图，右击 WORKPIECE_FRONT 节点，在弹出的快捷菜单中选择【插入】|【工序】命令，在弹出的【创建工序】对话框中选择【类型】为 drill，【工序子类型】选择镗孔，选择【位置】中的【程序】为 PROGRAM_FRONT，【刀具】为 BORING25-33，【几何体】为 WORKPIECE_FRONT，【方法】为 DRILL_METHOD，单击【确定】按钮，弹出【镗孔】对话框。

请自行定义孔的位置、孔的顶面及底面。同时设置【Cycle 参数】对话框中的孔的深度为【穿过底面】，并生成Φ26 孔的镗孔精加工操作。

step 05 铣前表面Φ30H7 沉孔至图纸尺寸。

切换工序导航器到【几何】视图，右击 WORKPIECE_FRONT 节点，在弹出的快捷菜单中选择【插入】|【工序】命令，在弹出的【创建工序】对话框中选择【类型】为 drill，【工序子类型】选择铣削孔，选择【位置】中的【程序】为 PROGRAM_FRONT，【刀具】为 MILL16RO，【几何体】为 WORKPIECE_FRONT，【方法】为 MILL_FINISH，单击【确定】按钮，弹出【铣削孔】对话框。

单击【几何体】中的【指定特征几何体】按钮，在弹出的【特征几何体】对话框中单击【特征】中的【选择对象】按钮，在图形窗口中选择Φ30 孔壁，系统将自动找到铣削区域，在【特征】中的【列表】中确认 Diameter 的值为 30，Depth 为 7。单击【确定】按钮，返回【铣削孔】对话框。

单击【操作】中的【计算刀轨】按钮，系统生成Φ30H7 沉孔的铣孔操作，单击【确定】按钮，并保存部件。

step 06 加工前表面Φ30 沉孔 C1 倒角。

请读者参照上表面加工型腔 C1 倒角程序部分自行完成Φ30 沉孔 C1 倒角操作。

4. 加工后表面Φ30 沉孔

后表面Φ30 沉孔的加工工艺方案如表 11-5 所示，其加工方法和前表面Φ30 沉孔相似，请读者参考前表面Φ30沉孔加工步骤自行完成。需要注意的是，在建立后表面操作时需要选择 PROGRAM_BACK 作为程序父节点，选择 WORKPIECE_BACK 作为几何体父节点。

5. 加工矩形方孔

矩形方孔的加工工艺方案如表 11-6 所示。

表 11-5　后表面Φ30沉孔的加工工艺方案

工序号	加工内容	加工方式	留余量面/单边(mm)	机　床	刀　具	夹　具
60	加工后表面Φ30沉孔			立式加工中心		高精度机用平口钳
60.01	铣后表面Φ30H7沉孔至尺寸	铣削孔 HOLE_MILLING	0		Φ16立铣刀	高精度机用平口钳
60.02	加工后表面Φ30沉孔 C1 倒角	深度轮廓加工 ZLEVEL_PROFILE	0	立式加工中心	Φ16倒角刀	高精度机用平口钳

表 11-6　矩形方孔的加工工艺方案

工序号	加工内容	加工方式	留余量面/单边(mm)	机　床	刀　具	夹　具
70	旋转工件，以百分表找正上表面型腔 110° 内表面至水平，加工矩形方孔	平面铣 PLANAR_MILL	0	立式加工中心	Φ12立铣刀	高精度机用平口钳

切换工序导航器到【几何】视图，右击 WORKPIECE_TOP 节点，在弹出的快捷菜单中选择【插入】|【工序】命令，在弹出的【创建工序】对话框中选择【类型】为 mill_planar，选择【工序子类型】为平面铣，选择【位置】中的【程序】为 PROGRAM_RECTANGLE，【刀具】为 MILL12 (铣刀-5 参数)，【几何体】为 WORKPIECE_RECTANGLE，【方法】为 MILL_FINSH，单击【确定】按钮，弹出【平面铣】对话框，单击【指定部件边界】按钮，在弹出的【边界几何体】对话框中修改【模式】为【曲线/边…】，在弹出的【创建边界】对话框中选择【平面】为【用户定义】，在弹出的【平面】对话框中确定【类型】为【自动判断】，在图形窗口中首先选择图 11-18 所示的矩形环面，接着选择矩形孔与 L 形缺口的交线的中点，如图 11-18 所示，系统将建立一个平面作为部件边界所在的平面，该平面平行于矩形孔底面且通过矩形孔与 L 形缺口的交线。单击【确定】按钮，返回【创建边界】对话框，修改【材料侧】为【外部】，在图形窗口中选择如图 11-18 所示的矩形孔侧壁与矩形环面的整圈交线，单击【确定】按钮，返回【边界几何体】对话框，完成第一个部件边界的定义。单击【确定】按钮，返回【平面铣】对话框。

单击【指定部件边界】按钮，弹出【编辑边界】对话框，继续添加其他部件边界，单击【编辑边界】对话框中的【附加】，弹出【边界几何体】对话框，确定【模式】为【面】，确认【材料侧】为【内部】，在图形窗口中选择图 11-18 所示的矩形环面作为添加的部件边界，单击【确定】按钮，返回【编辑边界】对话框，连续单击该对话框中下部的◀或▶按钮，在图形窗口中会切换高亮显示刚刚建立的 3 个部件边界，确认边界①和③的【材料侧】为【外部】，边界②的【材料侧】为【内部】，单击【确定】按钮，返回【平面铣】对话框。

单击【指定毛坯边界】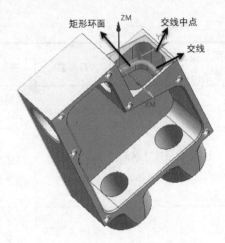，弹出【边界几何体】对话框，采用和上述定义图 11-19 中部件边界①相似的方法定义毛坯边界，不过其材料侧应该定义为【内部】，定义完成后，毛坯边界如图 11-20 所示。

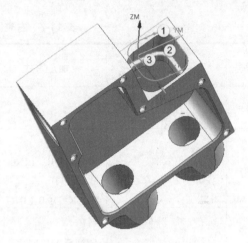

图 11-18　部件边界定义　　　　　　　图 11-19　边界状态

在【平面铣】对话框中单击【指定底面】按钮，弹出【平面】对话框，在图形窗口中选择如图 11-21 所示的面，设置【偏置】的值为 2，以保证刀轨切透底面，单击【确定】按钮，返回【平面铣】对话框。

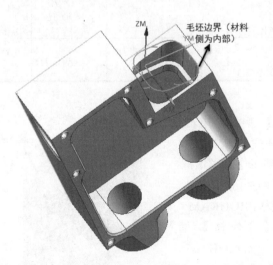
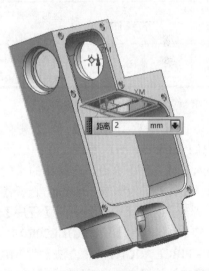

图 11-20　毛坯边界　　　　　　　图 11-21　底面定义

单击【切削层】按钮，在弹出的【切削层】对话框中设置【类型】为【恒定】，设置【每刀切削深度】中的【公共】的值为 1，单击【确定】按钮，返回【平面铣】对话框。

单击【操作】中的【计算刀轨】按钮，系统生成矩形方孔操作，单击【确定】按钮，并保存部件。

6. 加工右表面Φ36.5的锥度处所有特征

右表面Φ36.5的锥度处加工工艺方案如表11-7所示，其中工序80.01、工序80.02，请读者参照前述孔加工方法自行完成，注意程序父节点选择 PROGRAM_RIGHT，几何体父节点选择WORKPIECE_RIGHT，钻孔操作的孔的顶面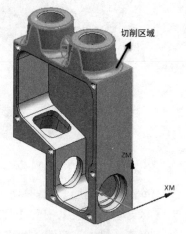可以借助文件中的毛坯几何体完成定义。

表 11-7　右表面加工工艺方案

工序号	加工内容	加工方式	留余量面/单边(mm)	机　床	刀　具	夹　具
80	加工右表面 Φ36.5 的锥度处所有特征			立式加工中心		高精度机用平口钳
80.01	粗加工右表面 2×Φ20 孔	定心钻 SPOT_DRILLING 啄钻 PECK_DRILLING	0.5	立式加工中心	中心钻Φ2.5 钻头Φ19	高精度机用平口钳
80.02	铣右表面 2×Φ20 孔至尺寸	铣削孔 HOLE_MILLING	0	立式加工中心	Φ16立铣刀	高精度机用平口钳
80.03	粗加工右表面外形	型腔铣 CAVITY_MILL	0.5	立式加工中心	Φ20立铣刀	高精度机用平口钳
80.04	半精加工右表面外形	深度轮廓加工 ZLEVEL_PROFILE	0.2	立式加工中心	Φ12立铣刀	高精度机用平口钳
80.05	精加工右表面外形	区域轮廓铣 CONTOUR_AREA	0	立式加工中心	Φ10 球刀	高精度机用平口钳
80.06	加工右表面 C1 倒角	实体轮廓 3D SOLID_PORFILE_3D	0	立式加工中心	Φ16倒角刀	高精度机用平口钳

step 01　粗加工右表面外形。

切换【工序导航器】到【几何】视图，右击WORKPIECE_RIGHT 节点，在弹出的快捷菜单中选择【插入】|【工序】命令，在弹出的【创建工序】对话框中选择【类型】为 mill_contour，选择【工序子类型】为型腔铣，选择【位置】中的【程序】为 PROGRAM_RIGHT ，【刀具】为 MILL20R0，【几何体】为WORKPIECE_RIGHT，【方法】为 MILL_ROUGH，单击【确定】按钮，弹出【型腔铣】对话框。

单击【指定切削区域】按钮，弹出【切削区域】对话框，在图形窗口中选择如图 11-22 所示的表面，单击【确定】按钮，返回【型腔铣】对话框。

修改【刀轨设置】中的【最大距离】的值为 2，修

图 11-22　右表面切削区域

改每层切削深度为 2mm。

单击【操作】中的【计算刀轨】按钮，系统生成右表面粗加工操作，单击【确定】按钮，并保存部件。

step 02　半精加工右表面外形。

切换工序导航器到【几何】视图，右击 WORKPIECE_RIGHT 节点，在弹出的快捷菜单中选择【插入】|【工序】命令，在弹出的【创建工序】对话框中选择【类型】为 mill_contour，选择【工序子类型】为型腔铣，选择【位置】中的【程序】为 PROGRAM_RIGHT，【刀具】为 MILL12，【几何体】为 WORKPIECE_RIGHT，【方法】为 MILL_SEMI_FINISH，单击【确定】按钮，弹出【深度轮廓加工】对话框。

单击【指定切削区域】按钮，弹出【切削区域】对话框，在图形窗口中选择如图 11-22 所示的表面，单击【确定】按钮，返回【深度轮廓加工】对话框。

修改【刀轨设置】中的【最大距离】的值为 1，即每层切削深度为 1mm；单击【切削参数】按钮，在弹出的【切削参数】对话框中修改【余量】中的【部件侧面余量】的值为 0.2，同时确认【使得底面余量与侧面余量】选项被选中，单击【确定】按钮，返回【深度轮廓加工】对话框。

单击【操作】中的【计算刀轨】按钮，系统生成右表面半精加工操作，单击【确定】按钮，并保存部件。

step 03　精加工右表面外形。

切换工序导航器到【几何】视图，右击 WORKPIECE_RIGHT 节点，在弹出的快捷菜单中选择【插入】|【工序】命令，在弹出的【创建工序】对话框中选择【类型】为 mill_contour，选择【工序子类型】为型腔铣，选择【位置】中的【程序】为 PROGRAM_RIGHT，【刀具】为 BALL_10，【几何体】为 WORKPIECE_RIGHT，【方法】为 MILL_FINISH，单击【确定】按钮，弹出【区域轮廓铣】对话框。

单击【指定切削区域】按钮，弹出【切削区域】对话框，在图形窗口中选择如图 11-22 所示的表面，单击【确定】按钮，返回【区域轮廓铣】对话框。

单击【切削区域】按钮，弹出【切削区域】对话框，在该对话框中可以进一步细分陡峭区域和非陡峭区域，系统将为不同的区域采用不同的切削方式。单击【要切削的区域】中的【创建区域列表】按钮，系统经过分析划分了 5 个切削区域，如图 11-23 所示。其中切削区域 1 及切削区域 3～5 为平面；切削区域 2 由Φ36.5 的圆锥面和 SR100 的球面及 C1 倒角组成，该区域可以进一步划分为陡峭区域Φ36.5 的圆锥面和非陡峭区域 SR100 的球面及 C1 倒角面。

在【要切削的区域】中选择切削区域 2，此时图形窗口中该区域高亮，单击【分割】按钮，弹出【分割区域】对话框，在该对话框中选择【分割选项】为【平面】，在【指定平面】右侧下拉图标列表框中选择【通过对象】，然后在图形窗口中选择 C1 倒角面和Φ36.5 圆锥面的交线，如图 11-24 所示。单击【确定】按钮，返回【切削区域】对话框，系统重新分割区域。

进一步可以设置每个区域的性质，在【要切削的区域】中选择包含Φ36.5 圆锥面的切削区域，单击【编辑】按钮，在弹出的【编辑】对话框中设置【区域属性】为【陡峭】，单击【确定】按钮，系统重新规划该区域的刀轨计算方法。分别检查其他区域的【区域属性】，如果需要可做修改。完成后单击【确定】按钮，返回【区域轮廓铣】对话框。

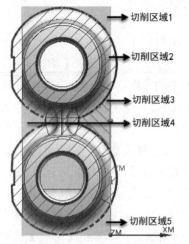

图 11-23　系统划分的切削区域

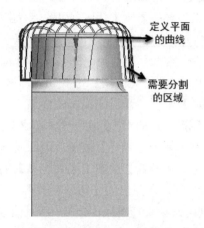

图 11-24　用户自定义区域分割

单击【驱动方法】下的按钮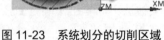，弹出【区域铣削驱动方法】对话框，在该对话框中可以设定陡峭区域和非陡峭区域的切削方式，设定【驱动设置】|【非陡峭切削】|【非陡峭切削模式】为【跟随周边】，设置【步距】为【恒定】，设置【最大距离】为 0.2，设置【步距已应用】为【在平面上】；设定【驱动设置】|【陡峭切削】|【陡峭切削模式】为【深度加工往复】，设置【设定切削层】为【恒定】，设置【深度加工每刀切削深度】为 0.2，单击【确定】按钮，返回【区域轮廓铣】对话框。

读者可以进一步设置其他参数，如【进给率和速度】等。

单击【操作】中的【计算刀轨】按钮，系统生成右表面精加工操作，单击【确定】按钮，并保存部件。

step 04　加工右表面 C1 倒角。

本零件右表面 C1 倒角由 SR100 的球和Φ20 的内孔及Φ36.5 的圆锥面的交线生成，其外部倒角是一个空间倒角面，无法使用前述倒角方法进行倒角。本例将使用实体轮廓 3D 加工方法生成该倒角操作。

切换工序导航器到【几何】视图，右击 WORKPIECE_RIGHT 节点，在弹出的快捷菜单中选择【插入】|【工序】命令，在弹出的【创建工序】对话框中选择【类型】为 mill_contour，选择【工序子类型】为实体轮廓 3D，选择【位置】中的【程序】为 PROGRAM_RIGHT，【刀具】为 MILL16C4，【几何体】为 WORKPIECE_RIGHT，【方法】为 MILL_FINISH，单击【确定】按钮，弹出【实体轮廓 3D】对话框。

单击【几何体】中的【指定壁】按钮，弹出【壁几何体】对话框，在图形窗口中选择Φ20 的内孔及Φ36.5 的圆锥外圆处的倒角面，单击【确定】按钮，返回【实体轮廓 3D】对话框。

确认【刀轨设置】中的【跟随】为【壁的底部】，修改【Z 向深度偏置】的值为 1，修改【部件余量】的值为-3。

刀具的倒角为 C4，设置 Z 向深度偏置值是为了刀具切削倒角的时候使用的是倒角刀刃的中部进行切削，设置部件余量值的大小为刀具倒角减去 Z 向深度偏置值并取负值。注意：本例中所示的 3D 倒角面加工为一种在三轴加工中心进行近似 3D 倒角加工的方法，可能会对工件产生局部过切，对于要求不高的 3D 倒角面适用，如果需要精确加工 3D 倒角面建议使用五轴机床进行加工。

图 11-25　右表面仿真结果

单击【操作】中的【计算刀轨】按钮，系统生成右表面精加工操作，单击【确定】按钮，并保存部件。

对该部分进行仿真，其仿真结果如图 11-25 所示。

11.1.5　后处理与程序单

在工序导航器中，切换到【程序顺序】视图，选择创建的程序组如 PROGRAM_BACK，然后右击，选择【后处理】命令，如图 11-26 所示，打开【后处理】对话框，选择【后处理器】为 MILL_3_AXIS，如图 11-27所示。在【文件名】文本框中输入文件名及路径，单击【确定】按钮，系统开始对选择的程序组操作进行后处理，产生一个文本文件，由于是对程序组进行的后处理，该程序组中包含有多个操作，因此在 NC 程序中将包含

图 11-26　选择【后处理】命令

换刀指令，内容如图 11-28 所示。将 NC 文件输入数控机床，实现零件的自动控制加工。

图 11-27　【后处理】对话框

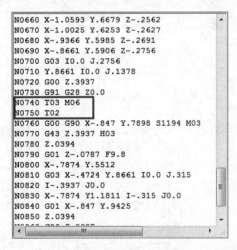

图 11-28　生成 NC 程序

UG NX 系统没有提供公制的后处理程序，因此在本例中生成的 NC 程序中的坐标值均以英制单位表示，读者可以到西门子相关网站下载与机床相配套的后处理程序文件。

11.2 推进器叶轮五轴加工实例

11.2.1 零件图纸分析

如图 11-29 所示,该零件为一个推进器的叶轮,毛坯材料为 2A12 铝合金,底座Φ64×20、Φ96×18.5 圆台及其端面Φ20 孔、2×Φ6 销孔、4×M6 螺纹孔、叶片外轮廓边界面已在前道工序加工完成,本工序要求加工叶轮所有叶片面、叶毂曲面、底座与根部曲面相交的 6°斜面和圆角面及 4×Φ6 斜孔。

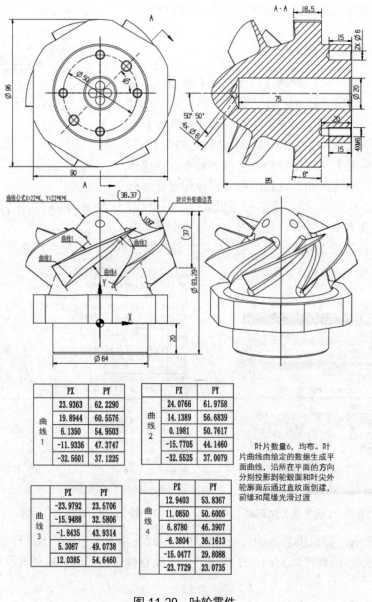

	PX	PY
曲线1	23.9363	62.2290
	19.8944	60.5576
	6.1350	54.9503
	-11.9336	47.3747
	-32.5601	37.1225

	PX	PY
曲线2	24.0766	61.9758
	14.1389	56.6839
	0.1981	50.7617
	-15.7705	44.1460
	-32.5525	37.0079

	PX	PY
曲线3	-23.9792	23.5706
	-15.9488	32.5806
	-1.8435	43.9314
	5.3087	49.0738
	12.0385	54.6460

	PX	PY
曲线4	12.9403	53.8367
	11.0850	50.6005
	6.8780	46.3907
	-6.3804	36.1613
	-15.0477	29.8088
	-23.7729	23.0735

叶片数量6,均布。叶片曲线由给定的数据生成平面曲线,沿所在平面的方向分别投影到轮毂面和叶尖外轮廓面后通过直纹面创建,前缘和尾缘光滑过渡

图 11-29 叶轮零件

11.2.2　定位装夹与工艺路线的拟定

夹具采用专用夹具，借助叶轮底座上已经加工的销孔及螺纹孔采用一面两孔的定位方式，用 4 个 M6 的螺钉紧固在工装上，如图 11-30 所示。工装用压板压紧在工作台上。

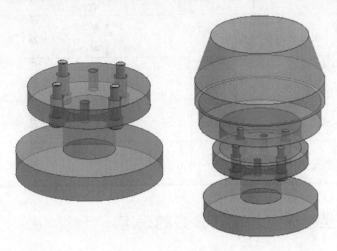

图 11-30　工件装夹

叶轮零件的加工工艺方案如表 11-8 所示。

表 11-8　叶轮零件的加工工艺方案

工序号	加工内容	加工方式	留余量面/单边(mm)	机　床	刀　具	夹具
10	毛坯下料Φ100×100	锯削	2	锯床		
20	车削底座及叶尖轮廓面	数控车削	0	数控车床	外圆车刀	三爪卡盘
30	加工Φ20 孔、2×Φ6 销孔、4×M6 螺纹孔	钻削	0	立式加工中心	Φ20钻头、Φ5.9钻头、Φ6铰刀、Φ5.5钻头、M6丝锥	三爪卡盘
40	加工叶毂、叶片、6°斜面、4×Φ6 斜孔及底座六边形	铣削		五轴加工中心		专用夹具、压板
40.01	加工底座六边形	铣削	0	五轴加工中心	Φ16 铣刀	专用夹具、压板
40.02	叶片粗加工	铣削	1	五轴加工中心	Φ12 球刀	专用夹具、压板
40.03	精加工叶毂面	铣削	0	五轴加工中心	Φ8 球刀	专用夹具、压板

续表

工序号	加工内容	加工方式	留余量面/单边(mm)	机 床	刀 具	夹 具
40.04	精加工叶片面	铣削	0	五轴加工中心	Φ8球刀	专用夹具、压板
40.05	精加工叶片根部圆角面	铣削	0	五轴加工中心	Φ8球刀	专用夹具、压板
40.06	精加工叶毂曲面底部6°斜面及圆角	铣削	0	五轴加工中心	Φ8球刀	专用夹具、压板
40.07	钻4×Φ6斜孔中心孔	钻削		五轴加工中心	Φ2.5中心钻	专用夹具、压板
40.08	钻4×Φ6斜孔	钻削	0	五轴加工中心	Φ6钻头	专用夹具、压板

11.2.3 加工坐标原点与工艺参数的确定

为了在加工时便于对刀操作，本零件的加工坐标系原点可以设置在零件毛坯的顶部。

本例中要加工的零件材料为2A12，为铝—铜—镁系中的典型硬铝合金，属于形变铝合金，在航空工业中应用较多。

铝合金强度和硬度相对较低，塑性较小，对刀具磨损小，且热导率较高，使切削温度较低，因此铝合金的切削加工性较好，属于易加工材料，切削速度较高，适于高速切削。但铝合金熔点较低，温度升高后塑性增大，在高温高压作用下，切削界面摩擦力很大，容易粘刀，特别是退火状态的铝合金，不易获得低的表面粗糙度。

在使用铣刀进行铝合金加工时，切削刃应保持锋利，前刀面应抗黏结，排屑应流畅。如采用硬质合金铣刀进行铣削时，圆周刃径向前角 $\gamma_0 \geq 7°$，后角 $\alpha_0 \geq 10°$。铣刀螺旋角 $\beta \geq 30°$，大的螺旋角可使圆周刃的实际切削前角变大。对于粗加工的铣刀，在切削刃上开出分屑槽，或者将切削刃制造成波形刃都能使排屑更好，切削更顺畅，效率更高。

采用硬质合金刀具切削铝合金时，可采用干切削或湿切削。如属精密或超精加工时，可加煤油冷却润滑，有助于保证加工质量。其加工时切削用量选择如下。

切削速度 V_c 可选择 300m/min 以上，进给量 $f=(0.05\sim0.25)$mm/Z，背吃刀量 a_p(沿铣刀轴向)$\leq d$(d 为铣刀直径)且最大值不超过 12mm，铣削宽度不超过 0.5d。

11.2.4 CAM 软件操作流程

step 01 调入配套教学资源"\part\11\11-2.prt"文件，在【要创建的 CAM 设置】选项组中选择 mill_multi_blader，进入加工环境。

在进行加工前对于零件几何体上一些影响刀轨生成的特征往往需要进行一些必要的处理，如本例中轮毂面上的 4 个 Φ6 的斜孔。在计算轮毂面粗精加工刀轨的时候会在这些孔的内部生成多余的刀轨，这些刀轨往往会导致不可预见的刀具轴的急剧变化，会造成操作的计算失败。因此在加工前对被加工零件进行适当的简化是十分必要的。但删除这些孔会导致孔的信息丢失，因此在删除这些面前需要提取出孔的轴心线以便于建立钻孔操作。

在菜单栏中选择【插入】|【派生曲线】|【抽取虚拟曲线】命令，在弹出的【抽取虚拟曲线】对话框中选择【类型】为【旋转轴】，在图形窗口中选择 4 个 Φ6 的斜孔面，单击【确定】按钮，完成孔轴心线的提取。

在菜单栏中选择【插入】|【同步建模】|【删除面】命令，在弹出的【删除面】对话框中选择【类型】为【面】，在图形窗口中选择 4 个 Φ6 的斜孔面，单击【确定】按钮，完成 4 个 Φ6 的斜孔面的删除。

step 02 创建加工坐标系及加工几何体。

展开工序导航器，切换到【几何】视图，系统进入加工环境后会自动建立一个加工坐标系，其坐标系原点及方位和工作坐标系一致，并自动建立 WORKPIECE 及 MULTI_BLADE_GEOM 子节点，如图 11-31 所示。

在工序导航器中双击 MCS，弹出 MCS 对话框，单击【指定 MCS】图标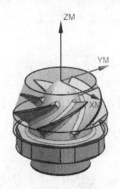，弹出 CSYS 对话框，在图形窗口中选择毛坯上表面圆心，如图 11-32 所示。单击【确定】按钮，返回 MCS 对话框，修改【安全设置】中的【安全设置选项】为【球】，单击【指定点】按钮，弹出【点】对话框，设置点为绝对坐标系下的坐标(0, 0, 0)。单击【确定】按钮，返回 MCS 对话框，设置【半径】的值为 120，单击【确定】按钮，完成加工坐标系的设定。

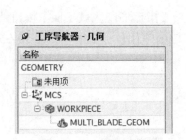

图 11-31 工序导航器-几何视图　　　图 11-32 设置加工坐标系原点

在工序导航器中双击 WORKPIECE，在弹出的【工件】对话框中单击【指定部件】按钮，弹出【部件几何体】对话框，在图形窗口中选择叶轮几何体，单击【确定】按钮，返回【工件】对话框。单击【指定毛坯】按钮，弹出【毛坯几何体】对话框，在图形窗口中选择毛坯几何体，单击两次【确定】按钮，完成工件几何体的设置。

在工序导航器中双击 MULTI_BLADE_GEOM，在弹出的【多叶片几何体】对话框中分别单击【指定轮毂】、【指定包覆】、【指定叶片】、【指定叶根圆角】，在图形窗口中选择相应的几何体，如图 11-33 所示，设置完成后单击【确定】按钮，返回到【多叶片几何体】对话框；在【多叶片几何体】对话框中设置【旋转】|【叶片总数】的值为 6，单击【确定】按钮，完成多叶片几何体的设置。

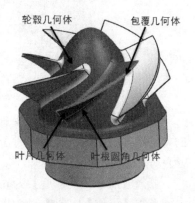

图 11-33 设置多叶片几何体

step 03 创建刀具父节点。

本零件加工需要使用的刀具如表 11-9 所示。

表 11-9 叶轮零件加工刀具

刀具号	刀具名称	刀具型号/规格	刀具材料	刀具长度(mm)
T1	MILL16r0	Φ16 立铣刀/2 刃	硬质合金	100
T2	BALL12	Φ12 球刀/2 刃	硬质合金	100
T3	BALL8	Φ8 球刀/2 刃	硬质合金	75
T4	Drill2.5	Φ2.5 中心钻/2 刃	高速钢	50
T5	Drill6	Φ6 钻头/2 刃	高速钢	75

step 04 加工底座六边形。

首先测量毛坯到底座六边形平面的距离为 6.11mm，以获得总的加工余量，如图 11-34 所示。

切换工序导航器到【几何体】视图，右击 WORKPIECE 节点，在弹出的快捷菜单中选择【插入】|【工序】命令，弹出【创建工序】对话框，选择【类型】为 mill_planar，选择【工序子类型】为底壁加工 ⊞，设置【位置】中的【程序】为 PROGRAM，【刀具】为 MILL16R0，【几何体】为 WORKPIECE，【方法】为 MILL_FINISH。单击【确定】按钮，弹出【底壁加工】对话框。

在【底壁加工】对话框中单击【几何体】中的【指定切削区域底面】按钮 ⬚，弹出【切削区域】对话框，在图形窗口中选择加工底座六边形中任意一个面，如图 11-35 所示，单击【确定】按钮，返回【底壁加工】对话框。

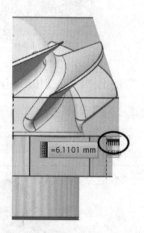

图 11-34 毛坯到底座六边形平面的距离   图 11-35 切削区域底面

在【底壁加工】对话框中确认【刀轴】为【垂直于第一个面】，修改【刀轨设置】中的【切削模式】为【跟随部件】，确认【步距】为【刀具平直百分比】，并修改【平面直径百分比】的值为 50。

修改【底面毛坯厚度】为 6.11mm，修改【每刀切削深度】为 2mm，分 3 层进行切削。

单击【操作】中的【计算刀轨】按钮 ▣，系统将建立底座六边形一个平面的加工操作。

　　本次操作建立了底座六边形一个平面的加工刀轨,可以利用刀轨变换功能建立其他 5 个平面的刀轨。在工序导航器中右击刚刚生成的刀轨,在弹出的快捷菜单中选择【对象】|【变换】命令,在弹出的【变换】对话框中修改【类型】为【绕直线旋转】,修改【变换参数】中的【直线方法】为【点和矢量】,单击【指定点】,在图形窗口中选择叶片毛坯上表面的圆心,单击【指定矢量】,在图形窗口中选择叶片毛坯上表面平面,使得矢量方向平行于 Z 轴方向。

　　修改【角度】的值为 60,选择【结果】为【复制】,修改【非关联副本数】为 5,单击【确定】按钮,完成底座六边形中其他 5 个面的操作的建立。

　　在工序导航器中右击刚刚生成的刀轨,在弹出的快捷菜单中选择【刀轨】|【确认】命令,在弹出的【刀轨可视化】对话框中选择【2D 动态】,单击【播放】按钮 ▶ 进行可视化仿真,其仿真结果如图 11-36 所示。单击【确定】按钮,退出【底壁加工】对话框,保存文件。

step 05　叶片粗加工。

　　切换工序导航器到【几何体】视图,右击 MULTI_BLADE_GEOM 节点,在弹出的快捷菜单中选择

图 11-36　底座六边形仿真结果

【插入】|【工序】命令,弹出【创建工序】对话框,选择【类型】为 mill_multi_blade,选择【工序子类型】为多叶片粗加工 ,设置【位置】中的【程序】为 PROGRAM,【刀具】为 BALL12,【几何体】为 MULTI_BLADE_GEOM,【方法】为 MILL_ROUGH。单击【确定】按钮,弹出【多叶片粗加工】对话框。

　　单击【驱动方法】中的【叶片粗加工】旁的【编辑】按钮 ,弹出【叶片粗加工驱动方法】对话框,修改【前缘】中的【径向延伸】为刀具直径的 200;修改【后缘】中的【变定义】为【指定】,修改后缘的【径向延伸】为刀具直径的 100,以增加铣削刀路,修改完成后单击【确定】按钮,返回【多叶片粗加工】对话框。图 11-37 显示了修改前后的区别,图 11-37(a)前缘和后缘的径向延伸为 0,图 11-37(b)前缘的径向延伸为刀具直径的 200%,后缘的径向延伸为刀具直径的 100%,修改径向延伸的目的是在粗加工时尽可能地去除叶片区域以外的毛坯余量。

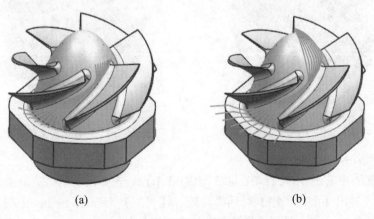

(a)　　　　　　　　　　　　(b)

图 11-37　径向延伸对比图

单击【刀轨设置】中的【切削层】按钮 ▦，在弹出的【切削层】对话框中设置【深度选项】中的【距离】为 2mm 每层，单击【确定】按钮，返回【多叶片粗加工】对话框。

单击【操作】中的【计算刀轨】按钮 ▦，单击【确定】按钮，生成两个叶片之间区域的一个粗加工刀轨，参见步骤 04 所述利用刀轨变换功能建立其他 5 个叶片之间区域的粗加工刀轨。

在工序导航器中对 WORKPIECE 进行可视化仿真，其仿真结果如图 11-38 所示。单击【确定】按钮，退出【多叶片粗加工】对话框，保存文件。

step 06 ▶ 叶毂精加工。

切换工序导航器到【几何体】视图，右击 MULTI_BLADE_GEOM 节点，在弹出的快捷菜单中选择【插入】|【工序】命令，弹出【创建工序】对话框，选择【类型】为 mill_multi_blade，选择【工序子类型】为轮毂精加工 ▦，设置【位置】中的【程序】为 PROGRAM，【刀具】为 BALL8，【几何体】为 MULTI_BLADE_GEOM，【方法】为 MILL_FINISH。单击【确定】按钮，弹出【轮毂精加工】对话框。

单击【驱动方法】工具条中的【轮毂精加工】旁的【编辑】按钮 ▦，弹出【轮毂精加工驱动方法】对话框，修改【前缘】中的【径向延伸】为刀具直径的 300；修改【后缘】中的【变定义】为【指定】，同时修改后缘的【径向延伸】为刀具直径的 120；修改【驱动设置】中的【切削模式】为【往复上升】；修改【步距】为【残余高度】，并设置【最大残余高度】为 0.02mm，修改完成后单击【确定】按钮，返回【轮毂精加工】对话框。

设置【径向延伸】或【切向延伸】的具体值时以刀轨覆盖整个轮毂面为准，可以不断调整并进行预览。

单击【操作】中的【计算刀轨】按钮 ▦，单击【确定】按钮，生成两个叶片之间轮毂区域的一个精加工刀轨。参见步骤 04 所述利用刀轨变换功能建立其他 5 个叶片之间轮毂区域的精加工刀轨。

在工序导航器中对 WORKPIECE 进行可视化仿真，其仿真结果如图 11-39 所示。单击【确定】按钮，退出【轮毂精加工】对话框，保存文件。

图 11-38　叶片粗加工仿真结果

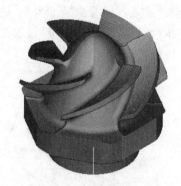

图 11-39　轮毂精加工仿真结果

step 07 ▶ 叶片精加工。

在工序导航器中右击 MULTI_BLADE_GEOM 节点，在弹出的快捷菜单中选择【插入】|【工序】命令，弹出【创建工序】对话框，选择【类型】为 mill_multi_blade，选择【工序子类型】为叶片精加工 ▦，设置【位置】中的【程序】为 PROGRAM，【刀具】为 BALL8，

【几何体】为 MULTI_BLADE_GEOM，【方法】为 MILL_FINISH。单击【确定】按钮，弹出【叶片精加工】对话框。

单击【驱动方法】中的【叶片精加工】旁的【编辑】按钮，弹出【叶片精加工驱动方法】对话框，修改【要切削的面】为【所有面】；单击【确定】按钮，返回【叶片精加工】对话框。

单击【刀轨设置】中的【切削层】按钮，在弹出的【切削层】对话框中设置【深度选项】中的【每刀切削深度】为【残余高度】，修改【残余高度】的值为 0.02，单击【确定】按钮，返回【叶片精加工】对话框。

单击【操作】中的【计算刀轨】按钮，建立一个叶片的精加工刀轨，参见步骤 04 所述利用刀轨变换功能建立其他 5 个叶片的精加工刀轨。对 WORKPIECE 进行可视化仿真，其仿真结果如图 11-40 所示。单击【确定】按钮，退出【叶片精加工】对话框，保存文件。

step 08　叶片圆角精加工。

在工序导航器中右击 MULTI_BLADE_GEOM 节点，在弹出的快捷菜单中选择【插入】|【工序】命令，弹出【创建工序】对话框，选择【类型】为 mill_multi_blade，选择【工序子类型】为圆角精加工，设置【位置】中的【程序】为 PROGRAM，【刀具】为 BALL8，【几何体】为 MULTI_BLADE_GEOM，【方法】为 MILL_FINISH。单击【确定】按钮，弹出【圆角精加工】对话框。

单击【驱动方法】中的【圆角精加工】旁的【编辑】按钮，弹出【圆角精加工驱动方法】对话框，修改【要切削的面】为【所有面】；修改【驱动设置】中的【步距】为【残余高度】，修改【最大残余高度】的值为 0.02mm，修改【切削模式】为【螺旋】，单击【确定】按钮，返回【圆角精加工】对话框。

单击【操作】中的【计算刀轨】按钮，建立一个叶片圆角的精加工刀轨，参见步骤 04 所述利用刀轨变换功能建立其他 5 个叶片圆角的精加工刀轨。对 WORKPIECE 进行可视化仿真，其仿真结果如图 11-41 所示。单击【确定】按钮，退出【圆角精加工】对话框，保存文件。

图 11-40　叶片精加工仿真结果　　　图 11-41　叶片圆角精加工仿真结果

step 09　精加工叶毂曲面底部 6°斜面及圆角。

在工序导航器中右击 WORKPIECE 节点，在弹出的快捷菜单中选择【插入】|【工序】命令，弹出【创建工序】对话框，选择【类型】为 mill_multi_axis，选择【工序子类型】为可变流线铣，设置【位置】中的【程序】为 PROGRAM，【刀具】为 BALL8，【几何体】

为 WORKPIECE，【方法】为 MILL_FINISH。单击【确定】按钮，弹出【可变流线铣】对话框。

单击【几何体】中的【指定切削区域】按钮，弹出【切削区域】对话框，在图形区域选择如图 11-42 所示的底部 6°斜面及圆角面，单击【确定】按钮，返回【可变流线铣】对话框。

单击【驱动方法】中的【方法】右侧【编辑】按钮，弹出【流线驱动方法】对话框，保持系统默认流线设置。修改【驱动设置】中的【切削模式】为【螺旋或螺旋式】，修改【驱动设置】中的【步距】为【残余高度】，修改【最大残余高度】为 0.02mm，单击【确定】按钮，返回【可变流线铣】对话框。

修改【投影矢量】中的【矢量】为【朝向驱动体】。

修改【刀轴】中的【轴】为【远离点】，单击【指定点】按钮，弹出的【点】对话框中【输出坐标】选项中的【参考】选择【绝对-工作部件】，并输入【X】为 0，【Y】为 0，【Z】为 10。单击【确定】按钮，返回【可变流线铣】对话框。

点的位置选择可以参照图 11-43 所示，以保证切削时较少的退刀，同时在切削时刀具和被加工面有较好的夹角。

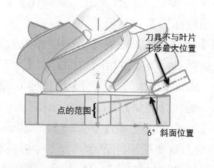

图 11-42　指定切削区域　　　　图 11-43　确定刀具轴点的范围

单击【操作】中的【计算刀轨】按钮，建立叶毂曲面底部 6°斜面及圆角面的精加工刀轨。对 WORKPIECE 进行可视化仿真，其仿真结果如图 11-44 所示。单击【确定】按钮，退出【可变流线铣】对话框，保存文件。

step 10 钻 4×Φ6 斜孔中心孔。

在工序导航器中右击 WORKPIECE 节点，在弹出的快捷菜单中选择【插入】|【工序】命令，弹出【创建工序】对话框，选择【类型】为 drill，选择【工序子类型】为定心钻，设置【位置】中的【程序】为 PROGRAM，【刀具】为 DRILL2.5，【几何体】为 WORKPIECE，【方法】为 DRILL_METHOD。单击【确定】按钮，弹出【定心钻】对话框。

单击【几何体】中的【指定孔】按钮，在弹出的【点到点几何体】对话框中单击【选择】按钮，在弹出的对话框中单击【一般点】按钮，弹出【点】对话框，在图形窗口中选择步骤 01 中提取出来的孔轴心线端点，如图 11-45 所示，单击【确定】按钮，返回上级对话框，单击【选择结束】按钮，返回【点到点几何体】对话框，单击【规划完成】按钮，返回【定心钻】对话框。

修改【刀轴】中的【轴】为【指定矢量】，弹出【矢量】对话框，选择刚刚定义孔点

的那根孔轴心线定义矢量，由叶轮内部指向叶轮外部，如图 11-45 所示。单击【确定】按钮，弹出【定心钻】对话框。

图 11-44　可变流线铣加工仿真结果　　　图 11-45　孔圆心位置及刀轴矢量方向

单击【循环类型】中的【循环】右侧的【编辑】按钮，弹出【指定参数组】对话框，单击【确定】按钮，弹出【Cycle 参数】对话框，单击 Depth-0.0000，弹出【Cycle 深度】对话框，单击【刀肩深度】按钮，在弹出的对话框中修改【深度】的值为 1mm。单击【确定】按钮，返回【Cycle 参数】对话框，单击【Rtrcto-无】按钮，修改退刀类型，在弹出的对话框中单击【距离】按钮，在弹出的对话框中修改【退刀】距离为 20，单击【确定】按钮，返回【Cycle 参数】对话框。

单击【刀轨设置】中的【避让】，在弹出的对话框中单击【From point-无】按钮，在弹出的【From 点】对话框中单击【指定】，弹出【点】对话框，在图形窗户中选择如图 11-45 所示的孔的轴心线起点位置，修改【点】对话框下端的【偏置】中的【偏置选项】为【沿矢量】，在图形窗口中选择如图 11-45 所示的孔的轴心线，使得矢量方向由叶轮内部指向外部，同时修改【距离】为 20。单击【确定】按钮，返回【From 点】对话框。

设置退刀距离和起始点位置是为了中心钻钻头从已加工孔转移到下一个待加工孔的上方时能够远离工件进行转移，以免碰撞已加工部位。

单击【刀轴-不活动】按钮，弹出【矢量】对话框，选择如图 11-45 所示的刀轴矢量方向，单击【确定】按钮，返回【From 点】对话框，此时刀轴变为【刀轴-活动的】。单击两次【确定】按钮，返回【定心钻】对话框。

单击【操作】中的【计算刀轨】按钮，建立一个Φ6 斜孔中心孔的钻孔加工操作，参见步骤 04 所述利用刀轨变换功能建立其他 3 个Φ6 斜孔中心孔的钻孔加工操作。

step 11　钻 4×Φ6 斜孔。

钻 4×Φ6 斜孔的操作和步骤 10 钻 4×Φ6 斜孔中心孔相似。需要注意的是，在建立操作的时候选择Φ6 钻头，同时修改钻孔深度到合适的距离，读者可以参照前文自行生成该工序的操作。

对 WORKPIECE 进行可视化仿真，其最终仿真结果如图 11-46 所示，保存文件。

图 11-46　叶轮加工最终仿真结果

11.2.5 后处理与程序单

在工序导航器中,切换到【程序顺序】视图,选择创建的程序组如 PROGRAM,然后右击,弹出快捷菜单,选择【后处理】命令,如图 11-47 所示,打开【后处理】对话框,选择【后处理器】为 MILL_5_AXIS,如图 11-48 所示。在【文件名】文本框中输入文件名及路径。单击【确定】按钮,系统开始对选择的程序组操作进行后处理,产生一个文本文件,如图 11-49 所示。将 NC 文件输入数控机床,实现零件的自动控制加工。

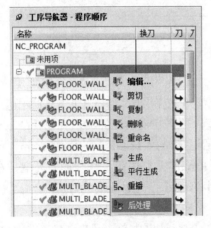

图 11-47 选择【后处理】命令

图 11-48 【后处理】对话框

```
N0010 G40 G17 G94 G90 G70
N0020 G91 G28 Z0.0
:0030 T01 M06
N0040 G0 G90 X84.29 Y0.0 A60. B90.
N0050 G43 Z119.4948 H01
N0060 Z52.
N0070 G1 Z49. F250. M08
N0080 X73.29
N0090 Y-16.7033
N0100 X54.79
N0110 G3 Y16.7033 I-448.1923 J16.70
N0120 G1 X73.29
N0130 Y0.0
N0140 X65.29
```

图 11-49 生成 NC 程序

11.3 本 章 小 结

本章主要介绍了加工中心的分类、特点、加工范围以及加工中心的选用等基础理论知识,同时重点讲解一个复杂腔体类零件和一个推进器叶轮零件的五轴加工工艺及 UG NX CAM 操作流程,使读者对加工中心所加工零件的定位安装、切削参数的选取、复杂零件工艺路线的分析、具体工序的划分以及软件操作有较深入的了解和掌握。

思考与练习

一、思考题

1. 简述五轴加工与三轴加工的区别？
2. 简述五轴加工的优点。
3. 简述五轴加工的对刀方法。

二、练习题

1. 完成如图 11-50 所示零件加工工艺编制。
2. 完成如图 11-51 所示零件加工工艺编制。

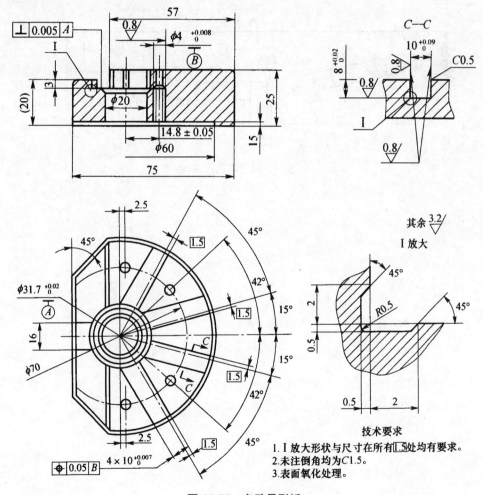

技术要求

1. I 放大形状与尺寸在所有 1.5 处均有要求。
2. 未注倒角均为 C1.5。
3. 表面氧化处理。

图 11-50 多孔异形板

全部 $\overset{3.2}{\bigtriangledown}$

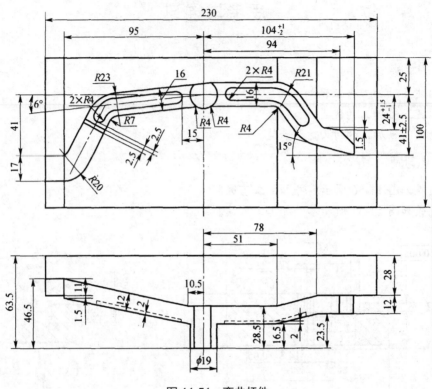

图 11-51 弯曲杆件

附录 1 FANUC 数控系统常用 G 代码

G 代码是 NC 程序的准备功能代码。它指示数控系统控制机床进行某种动作，为插补运算做好准备。G 指令由字地址 G 后接两位数字组成。表 1 是 FANUC 数控系统常用 G 代码。

表 1 FANUC 数控系统常用 G 代码

代 码	组 别	功 能	注 释
G00	01	快速定位	模态
G01		直线插补	模态
G02		顺时针圆弧插补	模态
G03		逆时针圆弧插补	模态
G04	00	暂停	非模态
*G10		数据设置	模态
G11		数据设置取消	模态
G17	16	XY 平面选择	模态
G18		ZX 平面选择(缺省)	模态
G19		YZ 平面选择	模态
G20	06	英制(in)	模态
G21		米制(mm)	模态
*G22	09	行程检查功能打开	模态
G23		行程检查功能关闭	模态
*G25	08	主轴速度波动检查关闭	模态
G26		主轴速度波动检查打开	非模态
G27	00	参考点返回检查	非模态
G28		参考点返回	非模态
G31		跳步功能	非模态
*G40	07	刀具半径补偿取消	模态
G41		刀具半径左补偿	模态
G42		刀具半径右补偿	模态
G43	00	刀具长度正补偿	模态
G44		刀具长度负补偿	模态
G45		刀具长度补偿取消	模态
*G50	00	工件坐标原点设置，最大主轴速度设置	非模态
G52		局部坐标系设置	非模态
G53		机床坐标系设置	非模态

续表

代　码	组　别	功　能	注　释
G54		第一工件坐标系设置	模态
G55		第二工件坐标系设置	模态
G56	14	第三工件坐标系设置	模态
G57		第四工件坐标系设置	模态
G58		第五工件坐标系设置	模态
G59		第六工件坐标系设置	模态
G65	00	宏程序调用	非模态
G66	12	宏程序模态调用	模态
*G67		宏程序模态调用取消	模态
G73		高速深孔钻孔循环	非模态
G74	00	左旋攻螺纹循环	非模态
G75		精镗循环	非模态
*G80		钻孔固定循环取消	模态
G81		钻孔循环	模态
G84		攻螺纹循环	模态
G85	10	镗孔循环	模态
G86		镗孔循环	模态
G87		背镗循环	模态
G89		镗孔循环	模态
G90		绝对坐标编程	模态
G91	01	增量坐标编程	模态
G92		工件坐标原点设置	模态

注 1：模态 G 代码是指直到同组的另一个 G 代码被指定之前一直有效。非模态 G 代码是指只有在本程序段中有效，在下一个程序中必须被重新指定。

注 2：①当机床电源打开或按重置键时，标有"*"符号的 G 代码被激活，即缺省状态。

②不同组的 G 代码可以在同一程序段中指定；如果在同一程序段中指定同组 G 代码，最后指定的 G 代码有效。

③电源打开或重置，使系统被初始化时，已指定的 G20 或 G21 代码保持有效。

④电源打开被初始化时，G22 代码被激活；重置使机床被初始化时，已指定的 G22 或 G23 代码保持有效。

附录 2　FANUC 数控系统常用 M 代码

M 代码是 NC 程序的辅助功能代码，用于控制机床或系统的开关等。它由 M 后接两位数字组成。表 2 是 FANUC 数控系统常用 M 代码。

表 2　FANUC 数控系统常用 M 代码

代　码	功　能	注　释
M00	程序停止	非模态
M01	程序选择停止	非模态
M02	程序结束	非模态
M03	主轴顺时针旋转	模态
M04	主轴逆时针旋转	模态
M05	主轴停止	模态
M06	换刀（用于带有刀库的加工中心机床换刀	非模态
M07	2 号冷却液打开	模态
M08	1 号冷却液打开	模态
M09	冷却液关闭	模态
M30	程序结束并返回	非模态
M31	旁路互锁	非模态
M52	自动门打开	模态
M53	自动门关闭	模态
M74	错误检测功能打开	模态
M75	错误检测功能关闭	模态
M98	子程序调用	模态
M99	子程序调用返回	模态

参 考 文 献

[1] 赵耀庆，罗功波，于文强. UG NX 数控加工实证精解[M]. 北京：清华大学出版社，2013.

[2] 于文强，严翼飞. 数控加工与 CAM 技术[M]. 北京：高等教育出版社，2015.

[3] 于文强，张丽萍. 金工实习教程[M]. 北京：清华大学出版社，2015.

[4] 徐峰，苏本杰. 数控加工实用手册[M]. 安徽：安徽科学技术出版社，2015.

[5] 杨丙乾. 数控编程与加工[M]. 北京：电子工业出版社，2011.

[6] 翟瑞波. 数控加工工艺[M]. 北京：北京理工大学出版社，2010.

[7] 罗永顺. 数控加工工艺与实训[M]. 北京：机械工业出版社，2013.

[8] 杨叔子. 数控加工[M]. 北京：机械工业出版社，2012.

[9] 陈良骥. 复杂曲面数控加工相关技术[M]. 北京：知识产权出版社，2011.

[10] 范彩霞，路素青. 数控编程与操作项目式实训教程[M]. 北京：国防工业出版社，2012.

[11] 卢万强，饶小创. 数控加工工艺与编程[M]. 北京：机械工业出版社，2020.

[12] 姜永成，夏广岚. 数控加工技术及实训[M]. 北京：北京大学出版社，2011.

[13] 侯书林，朱海. 机械制造基础(上册)——工程材料及热加工工艺基础[M]. 2 版. 北京：北京大学出版社，
2011.

[14] 于文强，梁霭明. Pro/ENGINEER 基础与实例应用[M]. 北京：清华大学出版社，2011.

[15] 于文强，黄建建. Mastercam 基础与实例应用[M]. 北京：清华大学出版社，2011.

[16] 于文强，杜泽生. UG NX 9.0 机械设计教程[M]. 北京：电子工业出版社，2015.

[17] 侯书林，于文强. 金属工艺学[M]. 北京：北京大学出版社，2012.

[18] 于文强，张丽萍. 机械制造基础[M]. 北京：清华大学出版社，2010.

[19] 于文强，黄道权. Mastercam X 辅助设计与制造教程[M]. 北京：清华大学出版社，2009.

[20] 于文强，陈振辉. Mastercam X 中文版基础教程与上机指导[M]. 北京：清华大学出版社，2007.